玉石、半宝石、彩（奢）石及矿物装饰

Decoration with jade, semiprecious stone, colorful or luxurious stone, and minerals

奢华石材装饰

Decoration with Luxurious Stone Materials

III

（顶级材料装饰）

Decoration with top-grade materials

中国建材工业出版社

China Building Materials Industry Press

图书在版编目（CIP）数据

奢华石材装饰. 3，玉石、半宝石、彩（奢）石及矿物装饰/ 溪石集团发展有限公司，世联石材数据技术有限公司主编. -- 北京 : 中国建材工业出版社，2013.6
ISBN 978-7-5160-0469-2

Ⅰ. ①奢… Ⅱ. ①福… ②世… Ⅲ. ①建筑材料－装饰材料－石料 Ⅳ. ①TU56

中国版本图书馆CIP数据核字(2013)第130365号

主　编

溪石集团发展有限公司、世联石材数据技术有限公司

Co-Edited by

Xishi Group Development Co., Ltd. and Shilian Stone-Data Co., Ltd.

执行主编：林润坪

Executive Editor-in-Chief: George Lin

责任编辑：贺悦　刘京梁　林剑平

Editor: He Yue　Liu Jingliang　Lin Jianping

技术总监：黄俊孝

Technical Supervisor: Huang Junxiao

文字编辑：王英　林伟　林琛

Word Editor: Wang Ying　Lin Wei　Lin Chen

设计单位：家和兴文化传媒工作室

Designed by Kaho Cultural Media Studio

总设计：黄其钊

General Design: Huang Qizhao

平面设计：林叶青　林迪慧　林冠望

Layout Design: Lin Yeqing Lin Dihui Lin Guanwang

摄影：邓国荣　林冠葛　刘宏韬　林辰瑀

Sampling and Photography:

Deng Guorong　Lin Guange　Liu Hongtao　Lin Chenyu

编 委 会

本册编辑说明

玉石、半宝石、彩石、矿物、梦幻奢石，这些自然界稀有的资源被人类发现后，首先是被用作首饰装饰材料。而随着现代超薄加工技术的发展，上述材料开始成为建筑装饰的材料。那些不宜用于加工首饰的材料，被加工成建筑装饰板材、异型石材、室内用具及工艺摆设品等。本册把上述材料的特征进行独立编辑，目的是解密自然的奇妙之处，促进人们对石材装饰应用的进一步了解和实践。

本册重点在于介绍玉石、半宝石、彩石、矿物、梦幻奢石材料的特性。

1. 珍贵性和稀缺性，具有很强的收藏价值。

2. 奇特性。梦幻奢石是从大量的板材中精选出来具有奇特性的大板，具有奇特的纹理，鬼斧神工的、不可思议的图案，玉质感和绚丽的色泽（且往往是标准色）。

3. 装饰性。因具有高贵、高雅、梦幻、甚至诡异，禅意等质地气质和图案特征，可成为空间中艺术装饰很好的表现。

上述材料特征，尤其是质地和纹理特征以及特别的透光性和梦幻的图案，表现成固化的肌理，是自然鬼斧神工的遗存。本册所选的大部分材料一般适用于室内装饰，特别是局部点缀装饰；或者利用这些独特的材料与其他装饰材料配合，形成空间独特的装饰艺术特色。

我们相信，通过本书的出版，能进一步使更多的设计师、顾客对“石材”的理解形象化，形成更高的审美延伸，能够推动石材应用具有更高的艺术、文化境界。同时我们也希望能借此推动人们更好地珍惜自然资源，更加合理地利用自然资源。

《奢华石材装饰》编委会
2013年 9月

目 录 Catalogue

玉石

半宝石及矿物类

1.玛瑙石

2.其它类半宝石、矿物

彩石

1. 特色品种

贝壳螺钿的装饰

人造宝玉石装饰材料

宝石及矿物类

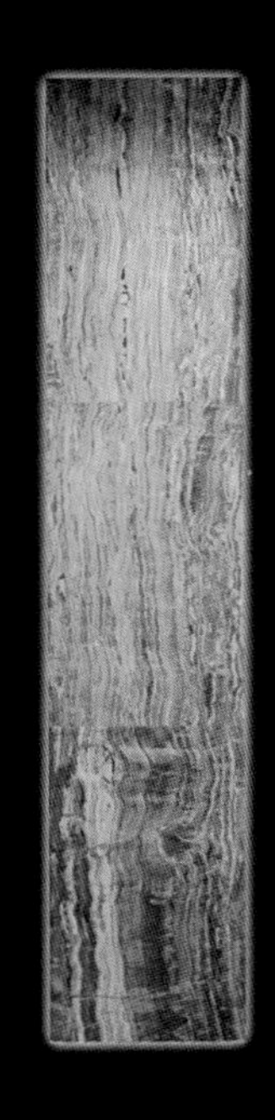
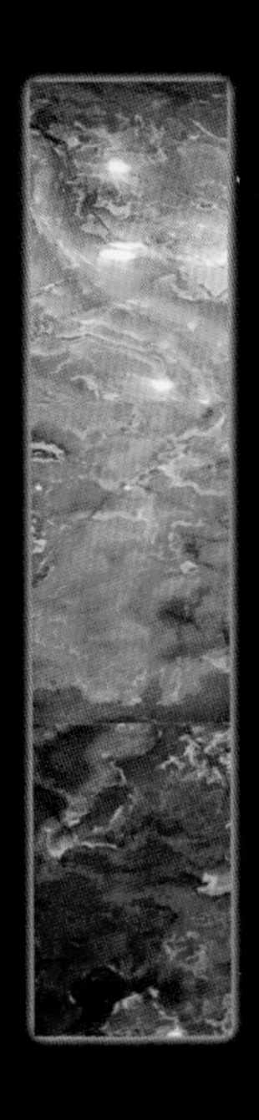
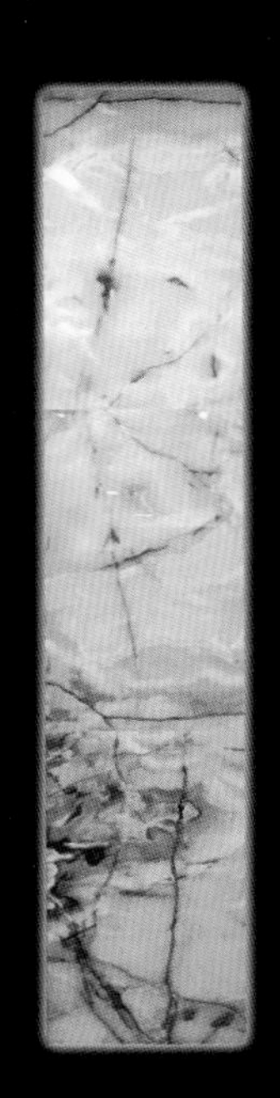
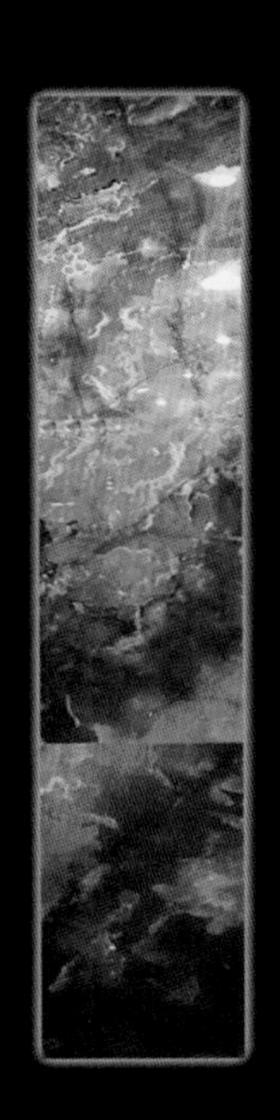
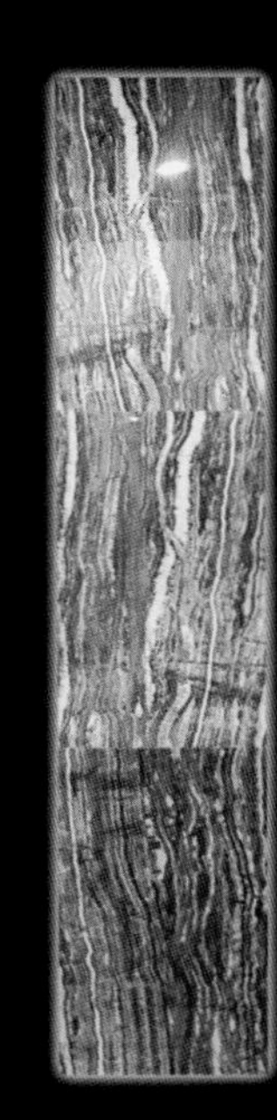
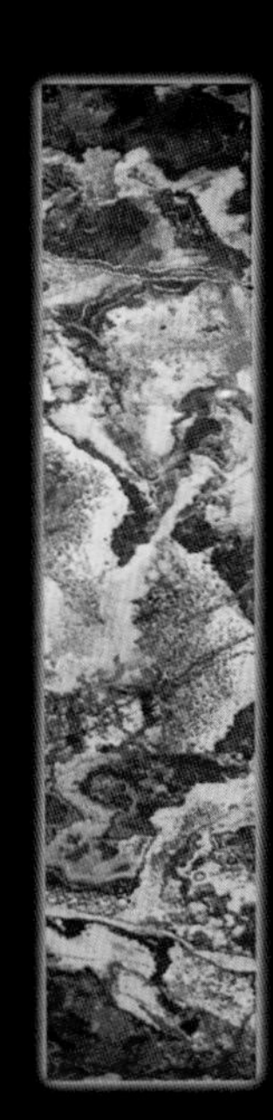

玉石独特的质地和纹理

中国人很喜欢玉石，尤其在古代，认为玉有六德:“温、润、洁、细、凝、腻”！常用玉来比喻君子：“玉如君子”，就是“君子比德于玉”，正好符合了君子之六德:"仁、厚、礼、义、智、信。"说明古代人对石头的认识，从质感的角度，把玉当成最好的石头！

在异型建材上，玉石可以加工成各种异型建筑构件，如栏杆、柱、线条等；或加工成各种艺术摆设件，具有很好的透光性，所以，在装饰上备受青睐。

玉石是自然界最美的石头，历来就是稀缺珍贵的。由于建筑装饰需要很大量的玉石资源，没有大型矿山，玉石要成为装饰材料，是不可能的。根据地质发现，在中东地区，伊朗、阿富汗、巴基斯坦、土耳其等国家发现了大型火山岩型玉石矿山，能够开采出大型荒料，为玉石能够进入建筑装饰打下基础。

由于现代切板技术的进步，抛光之后的玉具有凝脂质感，从而给空间带来温润的美感。把这种高档材料应用到建筑装饰上，可以展示与其他材料不同的空间艺术效果，尤其是中国古典风格的装饰上，更好地展示了玉石装饰的功能。

玉石原石

玉石：凝胶状、具有层理产状；微透明到半透明；色彩淡雅、质地脂滑似肌肤。所以玉石成为东方人喜爱的宝贵材料，成为玉石文化的重要元素之一。

玉石原石由于没有很好的劈开面，都是隐晶质的结晶矿。所以，开采出来的玉石，原石假如没有采用机切，荒料的表面一般都是很不规则的贝壳断面。

常见的玉石种类按色彩分，包括：白色类、黄色（含褐色）类、绿色类、青色类、紫色类、蓝色类等。

玉石利用的形式主要有：玉石工艺品、建筑装饰异型、玉石板材等等！

具有大型荒料、已经具备用于大型装饰、适合各种加工工艺的玉石主要产地如图中。

白玉类：阿富汗、伊朗、斯里兰卡。

青玉类：伊朗、斯里兰卡。

绿玉类：伊朗、中国。

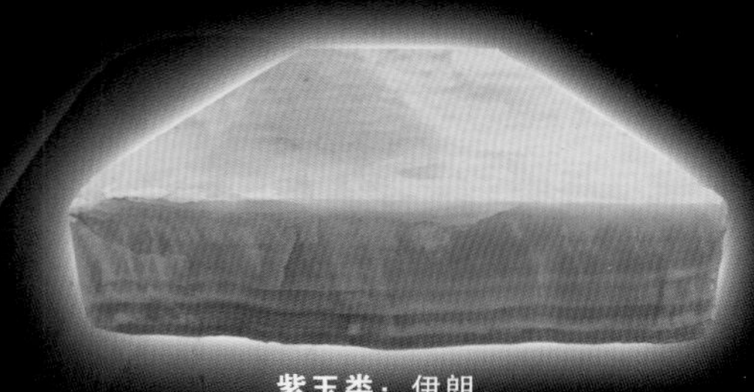

紫玉类：伊朗。

黄玉类：伊朗、土耳其。

蓝玉：伊朗、巴西。

玉石的纹理

玉石似乎都有纹理结构，有句形象形容玉石的话即“十玉九疵”，说的就是玉石中存在着这样或那样的影响玉石利用的不利要素。对于玉石来说，纹理或者裂隙是它的必然存在形式。所以，掌握这些纹理的规律，对于应用好玉石是很有利的。

玉石也有部分难得的、没有纹理的料，它们是宝贵的工艺用材。玉石的纹理从微小的棉絮状、斑块状到有规律的平行纹、图案纹等，玉石的装饰就是很好地利用这些图案，构成很有想象力的平面组成。

块状纯色玉石

块状纯色玉石：可以用于雕刻工艺品或者装饰，玉若没有色差和裂纹，比较好用。

层状纯玉

层状纯色玉石：在工艺雕刻中可用，但是，需要考虑这些层次节理，装饰也可用；切割成板材具有很强的平行纹。

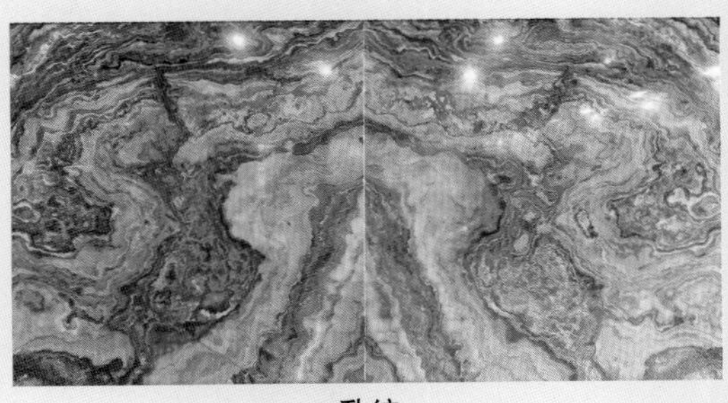

乱纹

乱纹的木纹玉（伊朗）：纹理梦幻，具有图案感很强的装饰性。

冰花纹

冰花纹：是一种很有诗意美感的纹理，纹理常会出现花朵、云朵等具象的图案。

玉石的质地特征

纯色料：色泽基本一致、无裂纹、无色线，白玉、紫玉、青玉等玉石料中，有部分是纯色料，适合高档雕刻用料。

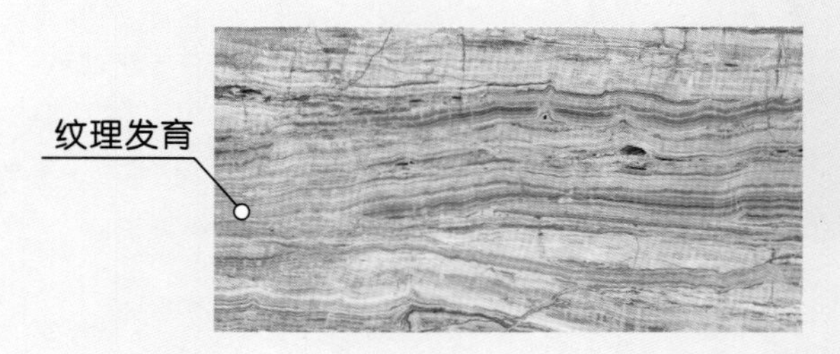

纹理料：料中具有的纹理，有的具有定向性，如竹玉、木纹玉等平行纹具有平行纹理和规律性；有的具有放射性；有的方向性不明显，大部分玉石具有延伸性的纹理，比较狂乱、或者根状，或者乱纹。

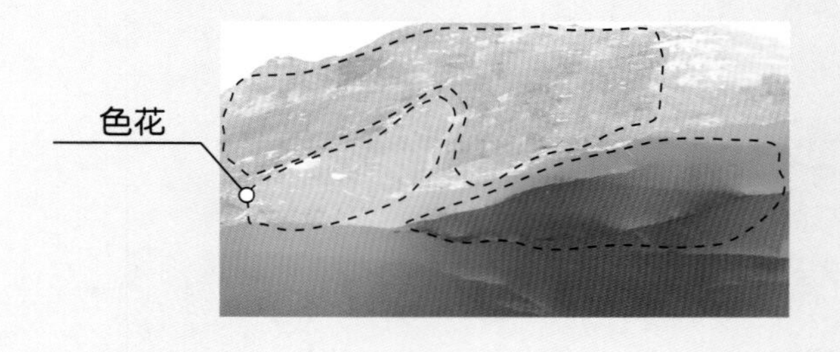

花料：花色有很多颜色的交织浸染状，如紫袍玉、红花白玉等。做工艺品也很漂亮，异型和板材均很有质感。

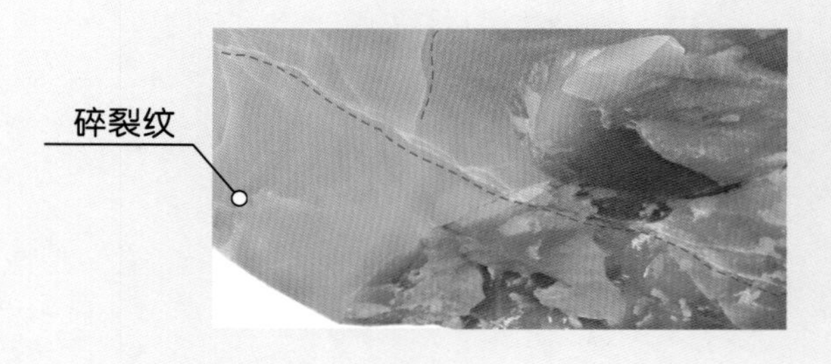

裂纹料：微裂隙明显。不利雕刻，因此，常加工成异型或者板材，如青玉等。

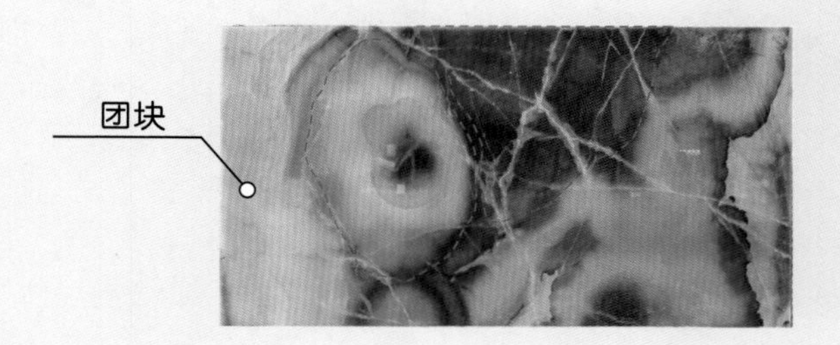

斑块料：结晶成蛋壳状，或者碎块胶结状。一般用来加工板材装饰，异型也可，如绿玉等。

玉石的透光性

玉石在自然光之下和背后加上光源，所产生的透光，形成美仑美奂的画面效果，这样的效果成为奢华装饰的重要元素，因此，玉石装饰，通常考虑与光源的结合装饰，在门套、圆柱、地面、吧台等地方，加上光源之后的玉石装饰效果更显富丽堂皇，奢华无比。

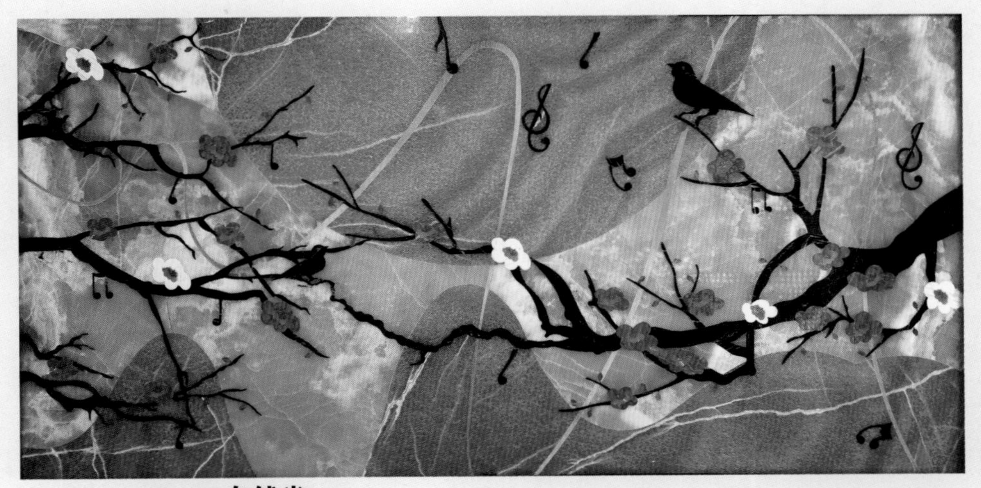

喜上眉梢的玉石拼画**自然光**效果

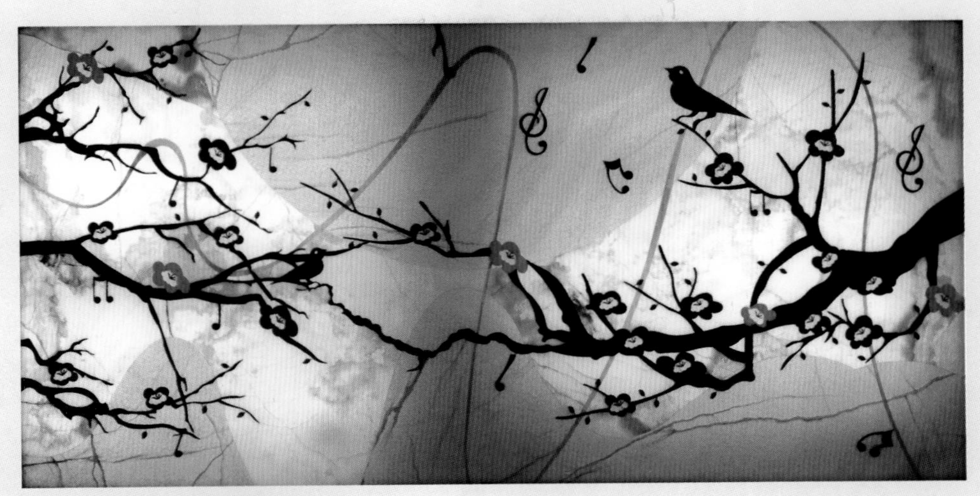

喜上眉梢的玉石拼画**透光**效果

玉石的大型荒料

玉石能够成为建筑构件、墙面、地面板材等装饰材料，没有足够的材料和荒料形体，要成为奢华装饰的材料就比较困难，所以，来自中东及非洲、南美洲的各种玉石大料成为装饰的重要材料。

玉石： 凝胶状，也具有层理性，微透明，色彩淡雅，质地脂滑，所以玉似肌肤，受东方人喜爱。

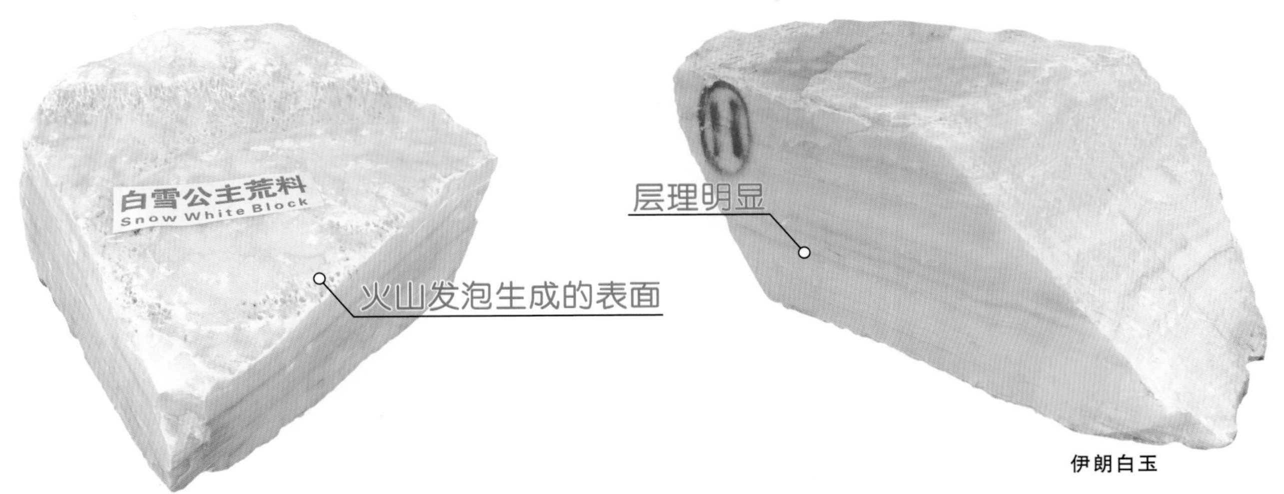

伊朗白玉

白雪公主： 块度大，比较柔和的色泽，色调比较一致，层理明显。

伊朗玉石： 层理纹明显，板材加工双面不一。这种纹理的玉石，做弧面或者球形加工，体现的纹理很美观。由于原石很大，所以，具备加工成大型异型或大板材等装饰材料。

横条纹的白玉： 开采出来的玉石原石，呈隐晶质，外表贝壳状断口，不规则的面。虽然是没有很好的霹雳面胶结的块状矿石，但是有很好的柔韧性，切割之后，断面很平滑，并且具有平行纹理。

红花白玉：阿富汗产的，质感清透，白种飘着红色的花，形成飘丝的色彩。适合工艺品加工，板材，异型等建筑构件的加工。

伊朗产的金丝玉缕玉：层理很强，空洞明显。适合加工成装饰性的几何板或者几何异型。

斯里兰卡产的白玉：横断面肌理也是黑白相间。

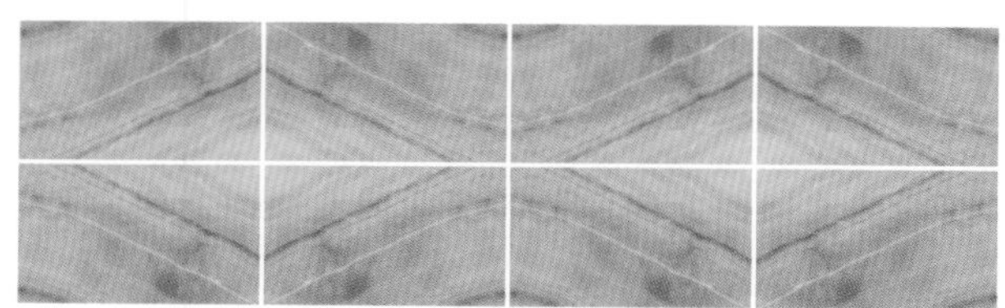

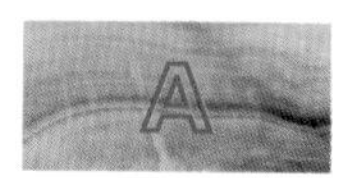

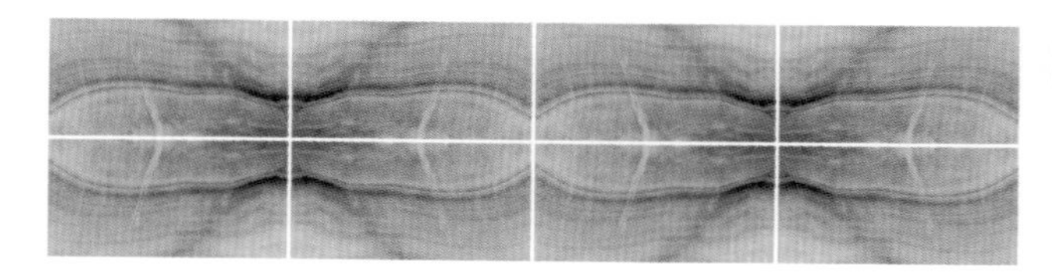

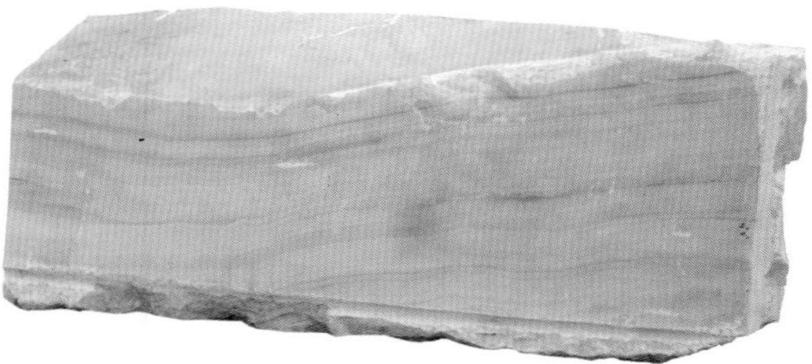

斯里兰卡产的白玉：冰质感，层理明显。适合加工板材和几何形的异型装饰构件。

竹节玉：青玉是玉石种类中储量较大的品种。按色彩分，有淡青玉（颜色比较浅）、青玉（中色调）、古青玉（色调深浓）；按纹理分，有无纹纯净的料；有平行纹的料；有纹理不定向的料等等。因此，对玉石品质的了解，是玉石得到最佳应用的基础。

矿石上部斑驳的表面，说明这些也是火成岩！

淡青玉：矿石横断面，条纹较清楚，质地褐色的材质和绿色的材质相间而生。适合加工板材和几何形的异形建筑装饰构件。

青玉：产地伊朗。矿石横断面层理性强，中度绿色的青色。适合加工成板材和几何异型建筑装饰构件。

矿石正上面色泽沉绿，块状形态。

无纹纯青玉：玉石品种中质地透明度好，颜色纯正，适合艺术品加工。

古青玉：随形，纹理呈平行状和不规则状，具有山形的层状，又有如同云雾缭绕的纹理。

裂纹变色青玉：质地如冰糖，块状，微裂隙，色温略鲜。适合雕刻艺术品、器皿、板材等异型加工。

绿色玉石：透明，表面有细纹，质地不是很纯净，伊朗贾法石材。

小山玉石：中国内蒙古产淡绿色玉石，隐晶状，色彩呈泼墨状。不是很均匀，有条带的分布。适合板材、几何异型加工。

褐色玉石

木纹玉：产地伊朗，纹理规整平行，适合板材加工，建材装饰，器皿类的工艺品加工，卫浴盆加工。

条纹玉石：每个面的纹理效果不一样，巧妙利用不同切面纹理，在装饰上可产生很好的应用效果！

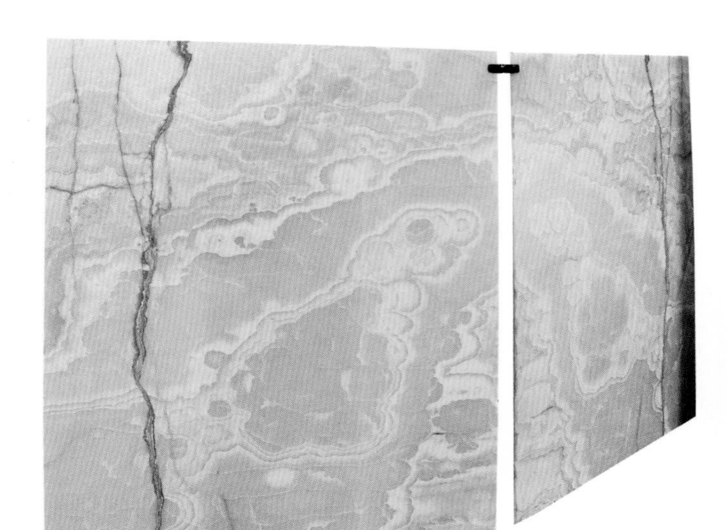

天蓝色麒麟玉：产地为巴西，图案清晰，色泽淡雅，适合透光装饰、异型加工等。

金兰玉石原矿：产地为伊朗，纹理丰富，色泽锈黄，适合建筑室内装饰。

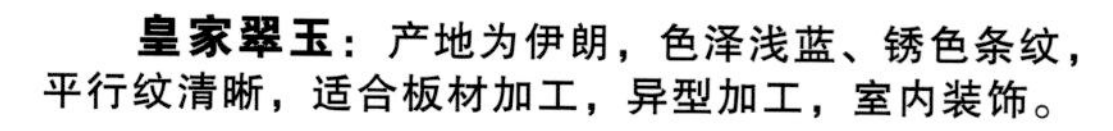

皇家翠玉：产地为伊朗，色泽浅蓝、锈色条纹，平行纹清晰，适合板材加工，异型加工，室内装饰。

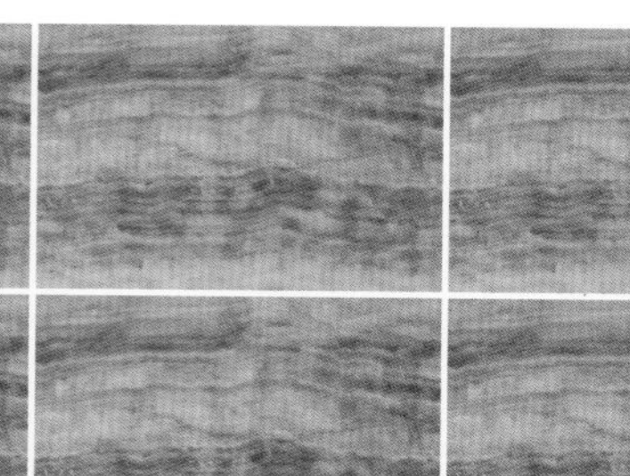

条纹，浅蓝与土黄色相间的玉石。

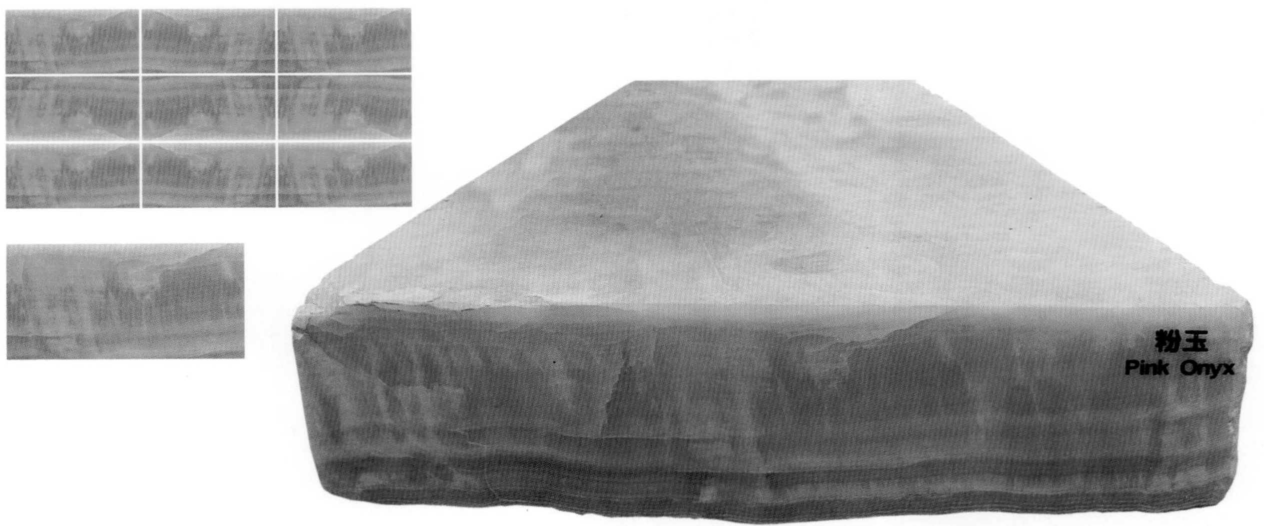

粉红玉：色泽粉红温润，有水嫩质感，具有纹理、有些很纯，没有纹理，是高档雕刻品和板材加工的好料。

浅紫玉：玉石表皮的发泡状况，热液状况下形成；平行层理状，三个切面不同的效果。

自然光下玉板材

白玉

玉石通过机械切割形成板状，是建筑装饰的基本材料元素。

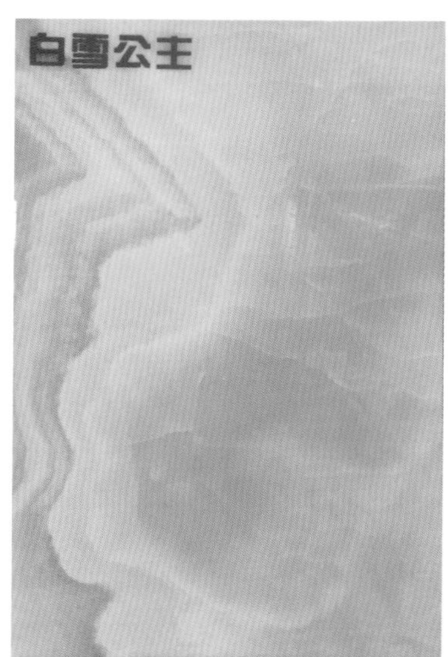

白玉，雪纹。

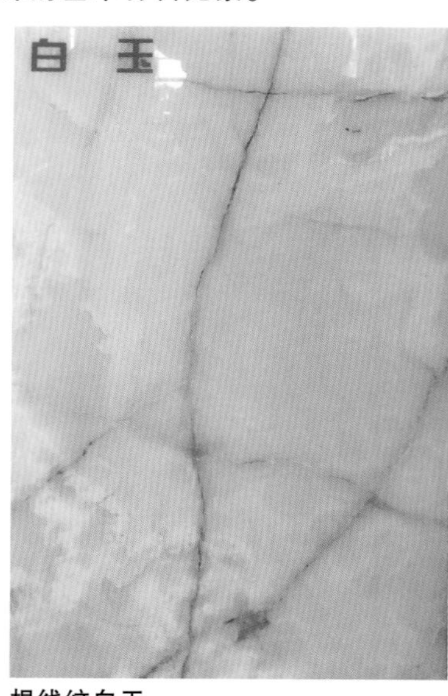

根线纹白玉

粉玉，有点粉砂质感。

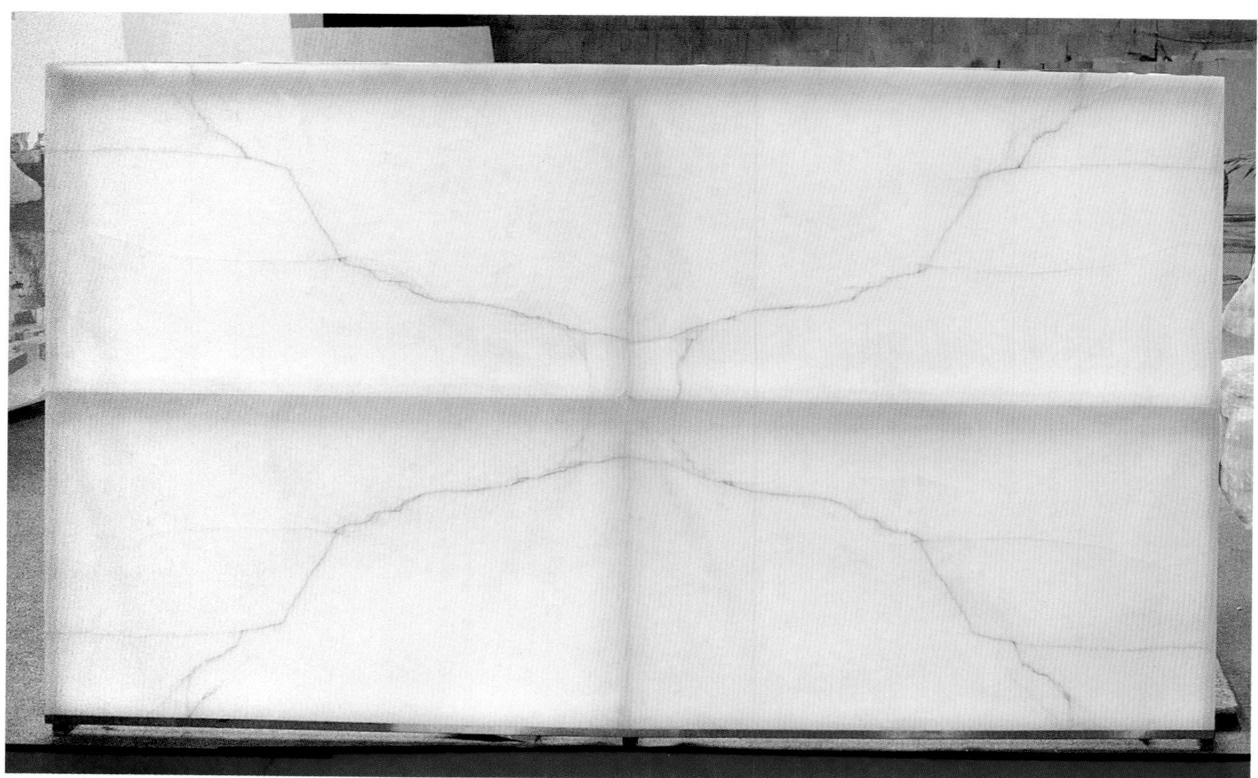
根线纹白玉

青玉

色块比较大，色变化大，不均匀，有色差。

半透明，基本为绿色，只是渐变，有裂纹感，斑块状。

波浪纹，由左往右色从浓变到浅。

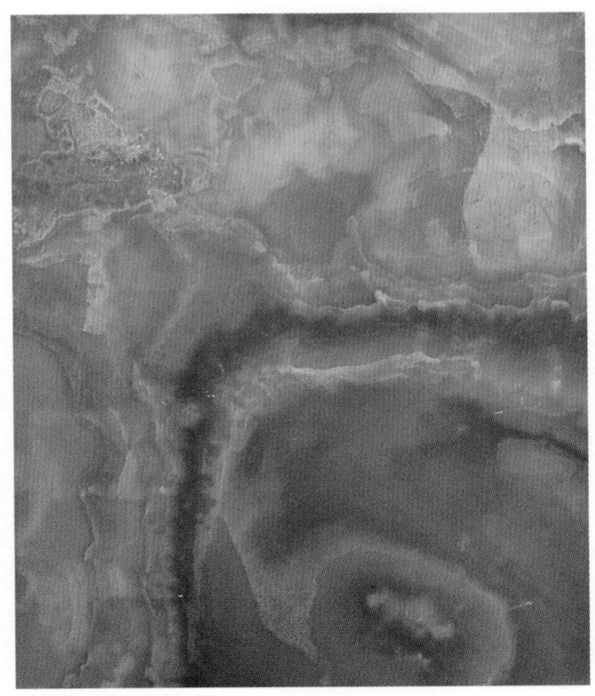

深绿色，层理状明显。

绿玉

绿玉颜色多变，纹理多变，所以，应用起来比较多样。

青竹琥珀（直纹）**Bamboo Juli**（Ruled）

青竹琥珀（乱花）**Bamboo Juli**（Squandering）

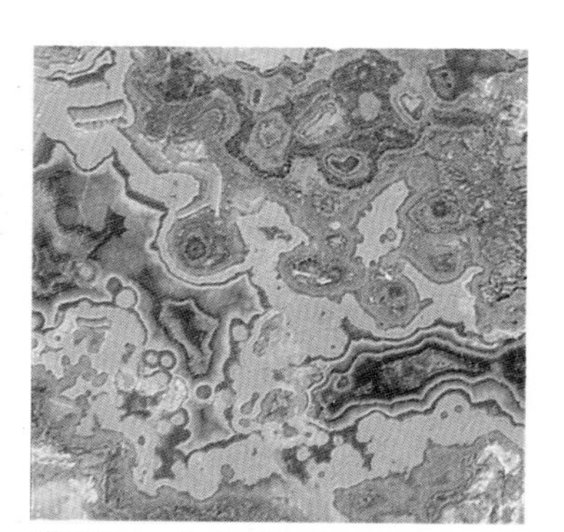

浅翠玉：绿色锈斑纹，丰富的纹理。

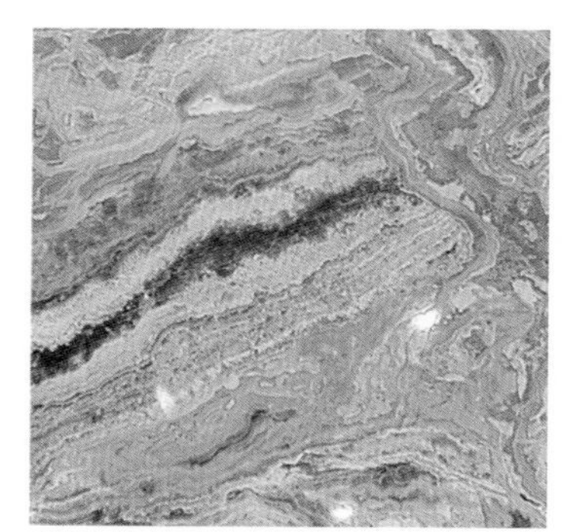

卷纹豆绿玉

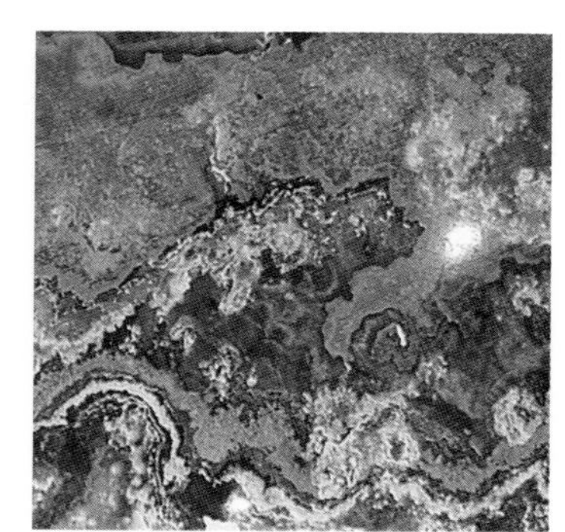

浓绿锈斑玉

翠玉：绿色的玉石，有点锈纹。

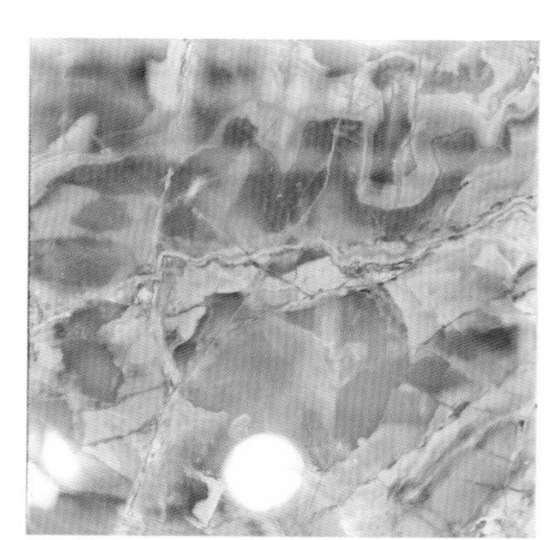

斑状古青玉：颜色比较浓青，冰裂纹。

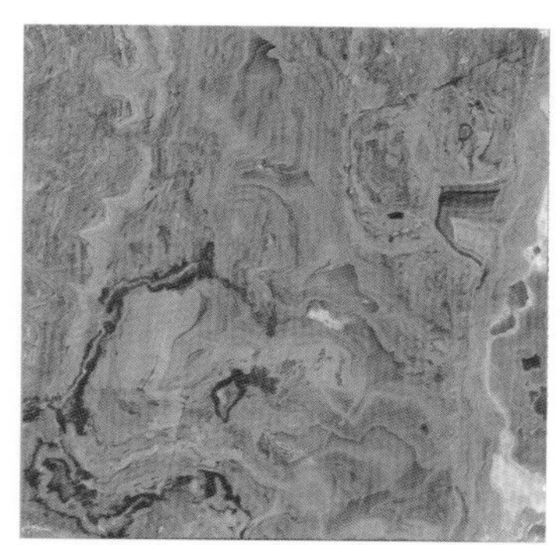

绣青玉：大部分是被绣色的色彩覆盖，只有部分的青色玉石。

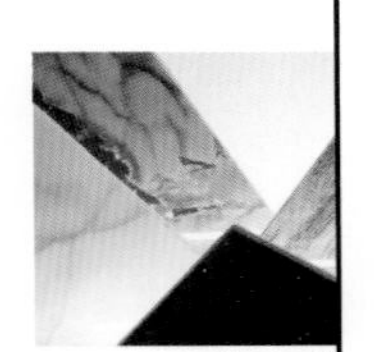

绿玉

纹理比较稀少的绿玉

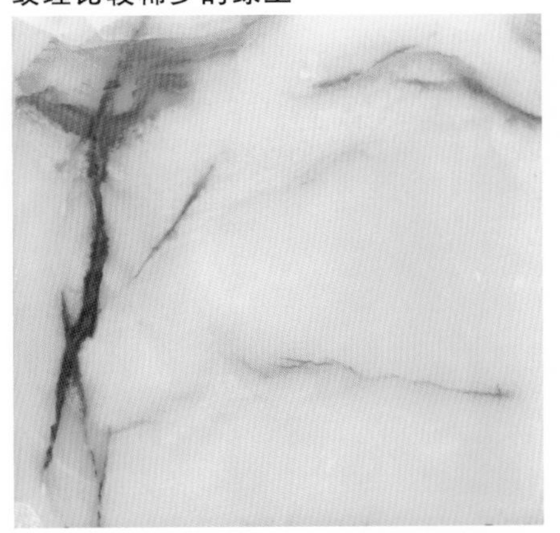

淡青玉：颜色比较淡雅，青色中带有点淡黄。

古青玉：春天（绿野），纹理比较稀，产状比较随意。

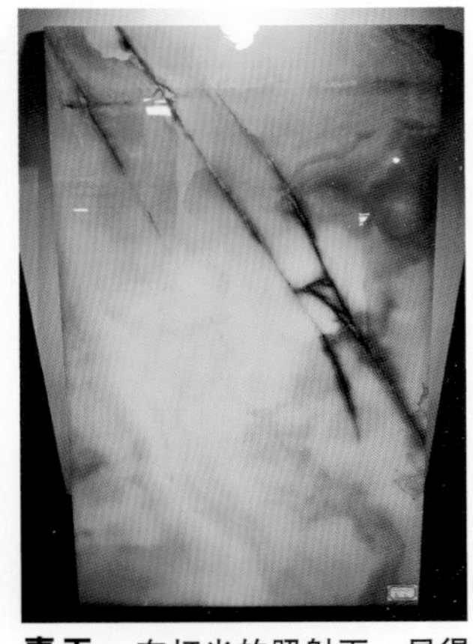

青玉：在灯光的照射下，显得柔和温润。

博得玉LIght Onyx，乳黄色，根网形的纹理。

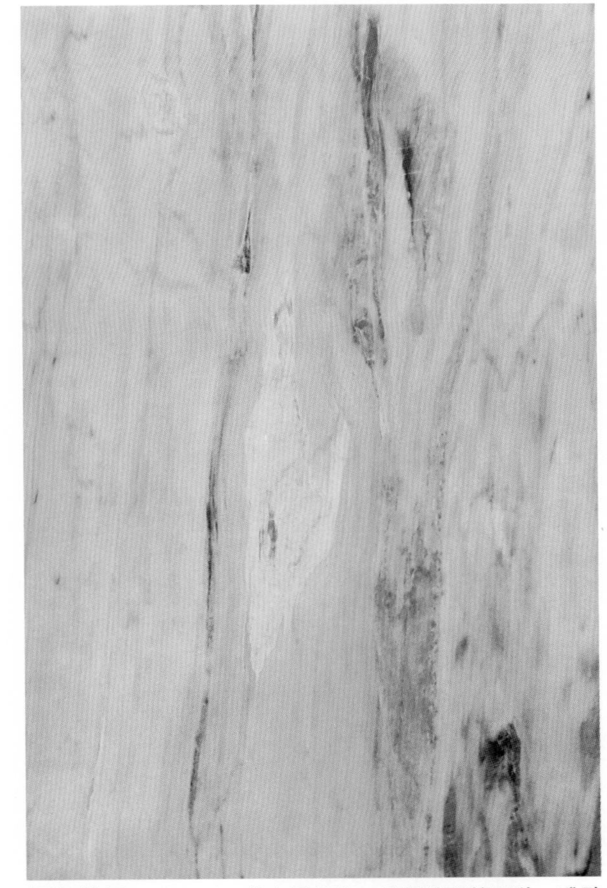

缅甸翠玉：微透明，带点翠绿丝，平行纹理的石种，雅致！

自然光下玉板材

黄玉

黄玉条纹清晰，具有比较强的平行纹，装饰起来容易对纹。

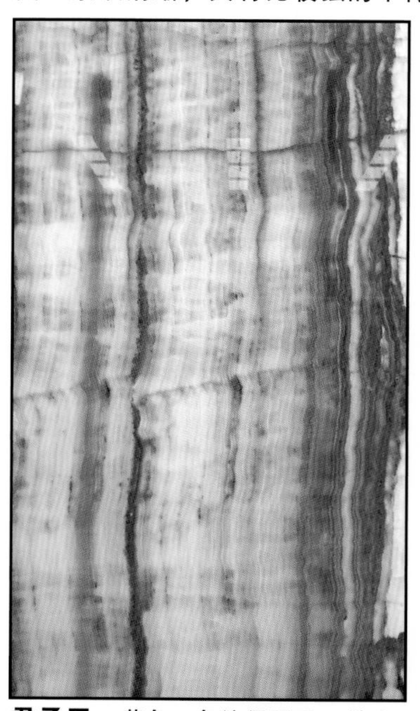

君子玉：黄色，条纹很明显，稀疏，间隔大，产自土耳其。

君子玉：黄褐色，条纹比较密、细，产自土耳其。

木纹玉：密集型纹理，产自土耳其。

黄玉：淡黄色条纹的石材，条理清晰，产自伊朗。

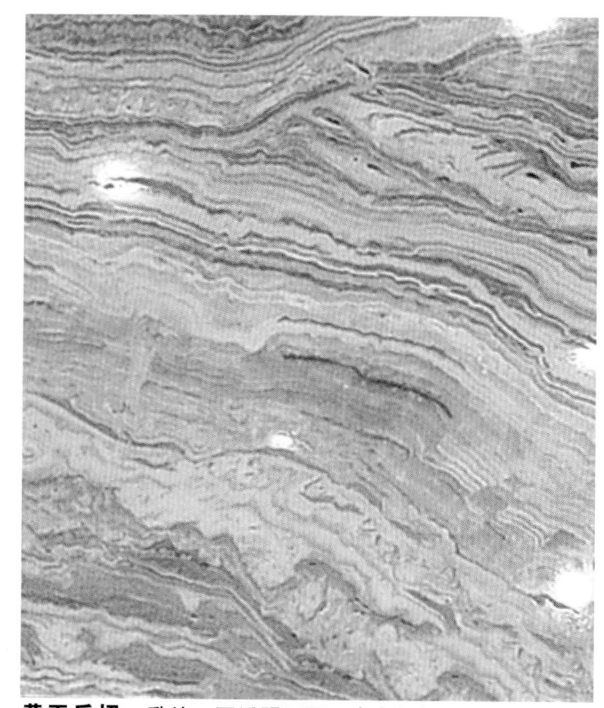

黄玉反切：乱纹，不透明玉石，产自伊朗。

褐色玉石

条纹清晰，正反切画面反差大。

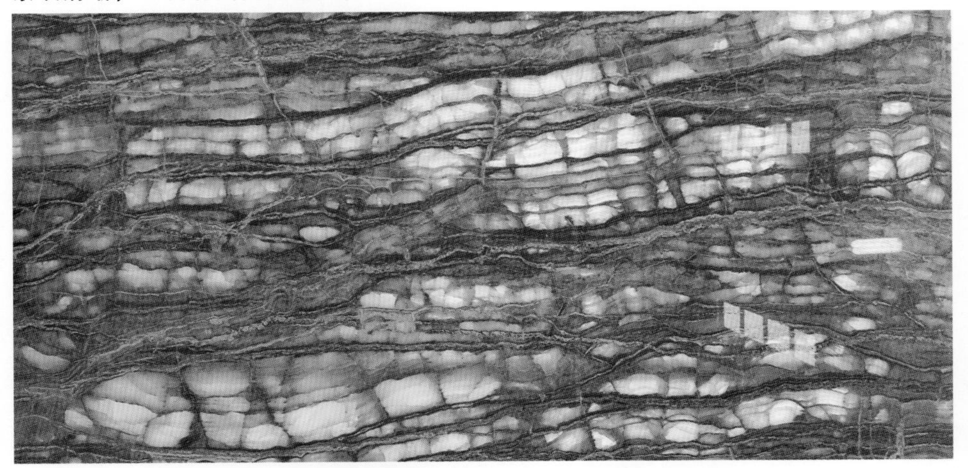

金丝红玉：褐黄色，流粒状，构成生动的画面，透明的白色玉石！

金丝红玉反切面：（朱红苔藓玉）鬼脸纹，画面夸张。Red Onyx.

蓝玉

根线纹，深蓝色，有油画质感。

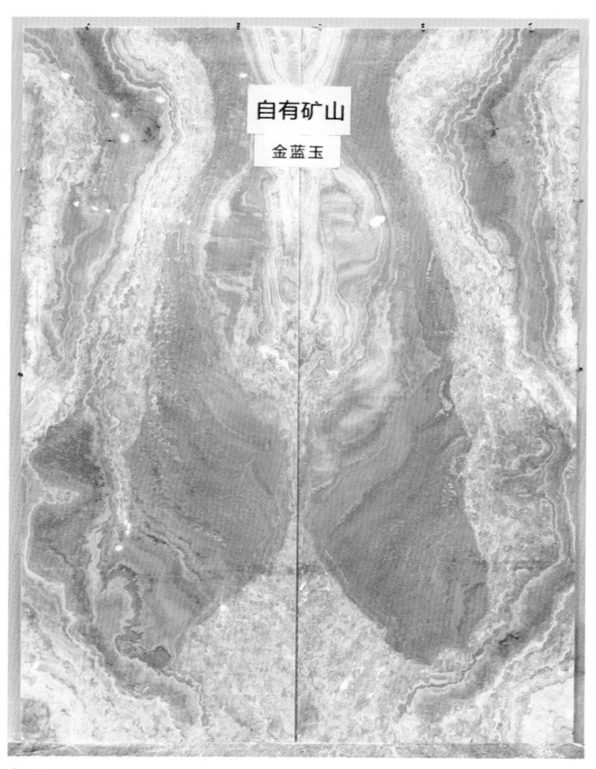

伊朗金兰玉：对拼图案，鬼脸图案。

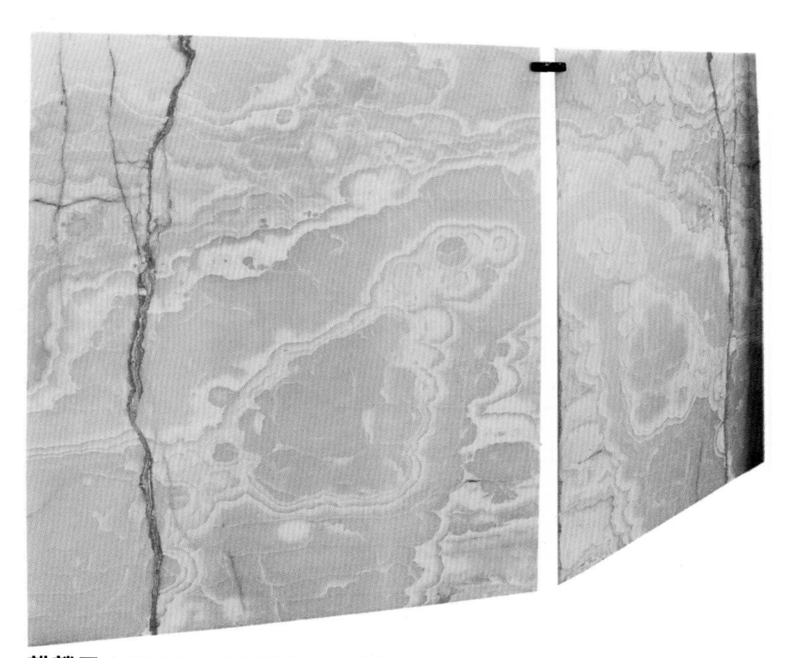
麒麟玉（巴西）：底色淡蓝，天蓝色，云丝纹图案。

粉玉、红花紫玉

粉玉：鱼泡纹，粉红色，暖色。

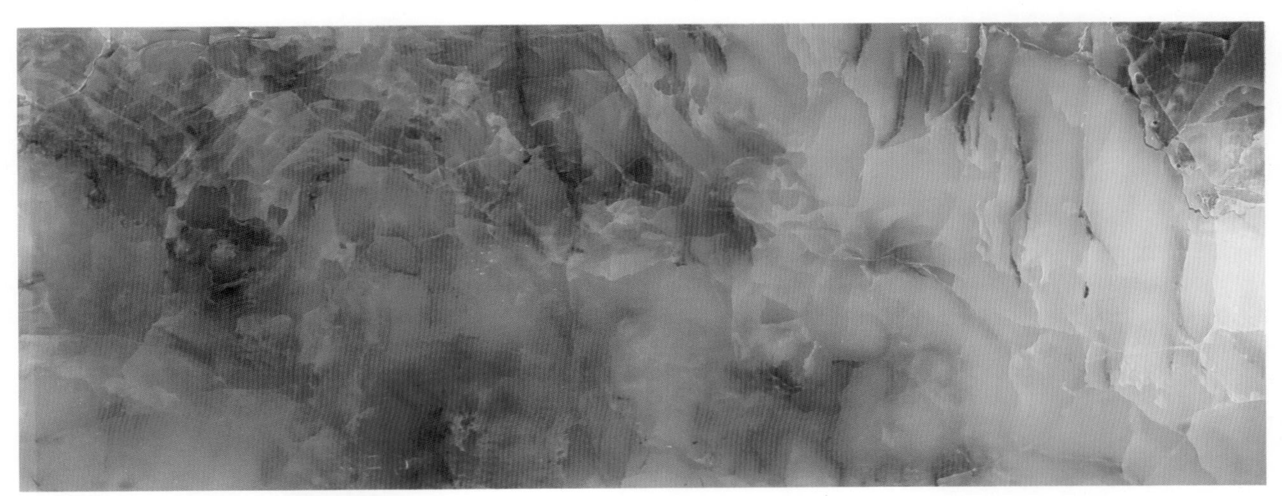

红花紫玉：花纹比较大，呈花朵状。

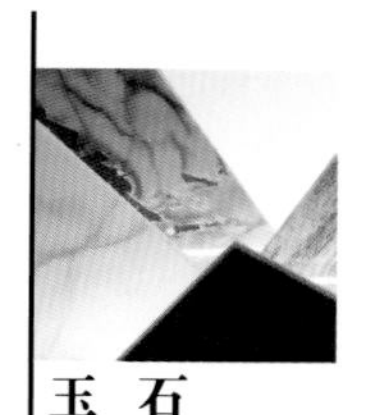

灯光下的玉石特征

光源对玉石有着**非常大**的影响，

在灯光下，玉石产生**美仑美奂**的装饰效果！

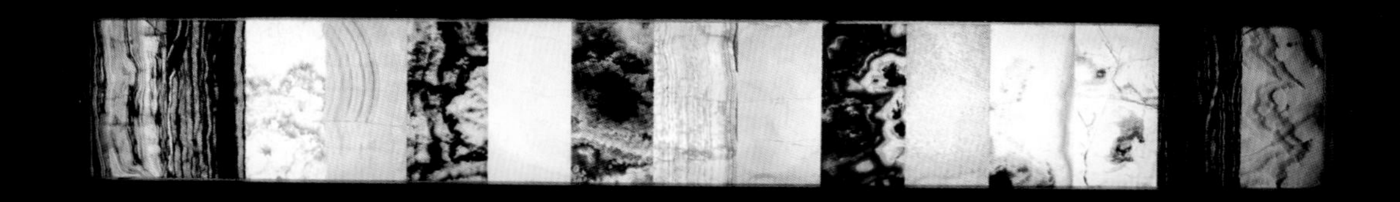

玉石和普通石材的区别：玉石具有一定的透光性，半透明到透光率更好。同时具有一定的吸光性，玉石板材在光源照射之下显得很温润雅致。所以，把玉石与光源结合使用在装修上成为时尚！

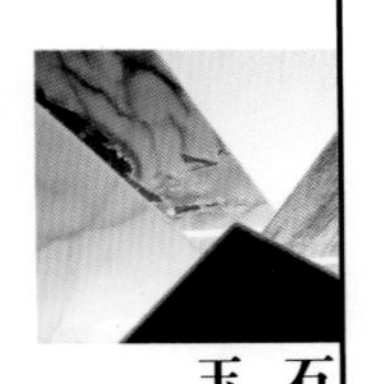

白玉

白雪公主 Snow White Onyx：纯白色，纹理少，画面显得淡雅。

白雪公主 Snow White Onyx：白雪状的纹理，具有雪地一般雅致的风光画面，适宜一些公共优雅环境装饰。

白玉石 White Onyx：底色为白色，面上有黄褐色啡斑的白玉。色泽淡雅，黄色渐变有画意感。

灯光下的玉石特征

青玉

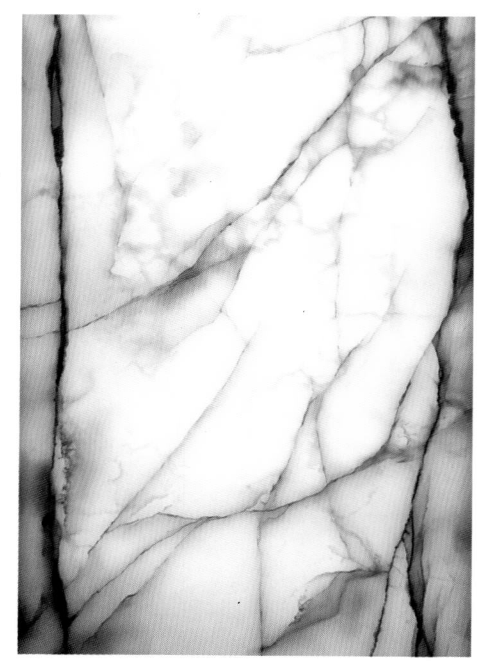
淡青玉 Light Green Onyx：浅绿色，具有飘丝线的纹理。

纯青玉：竖切面如雾如丝的质感，感觉很朦胧、祥和。适合家居宁静的环境装饰。

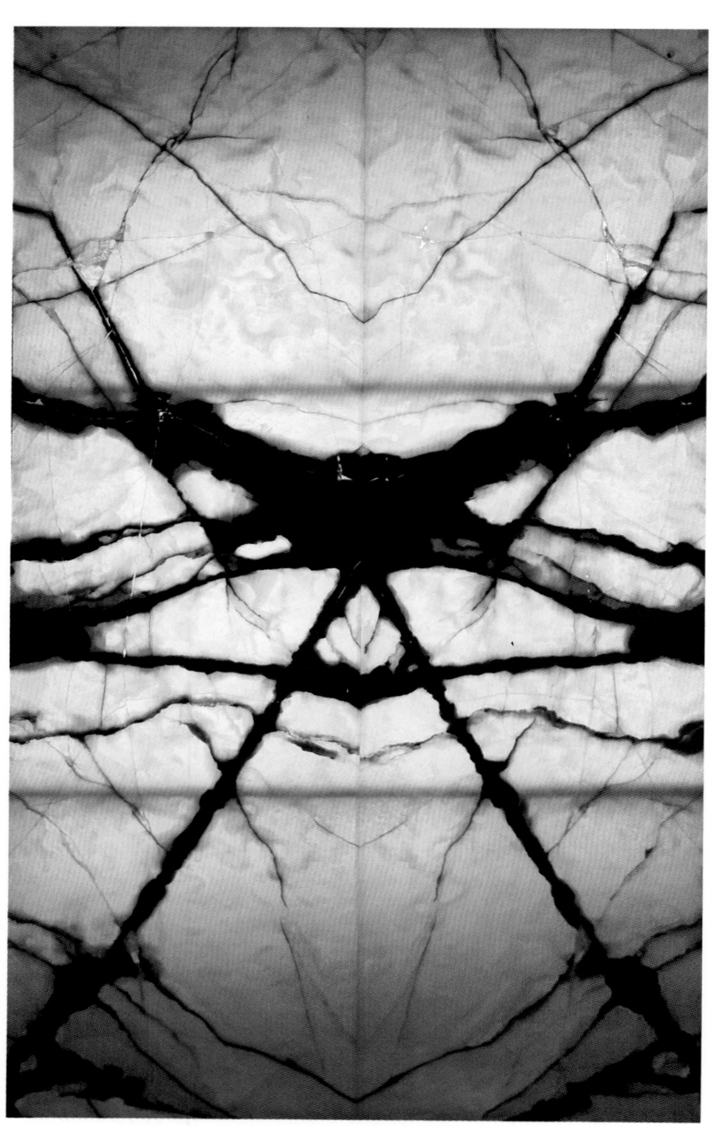
根青玉：根状纹构成的原始森林树根状图案，原始野性。适合酒店、娱乐、会所等空间装饰。

绿玉

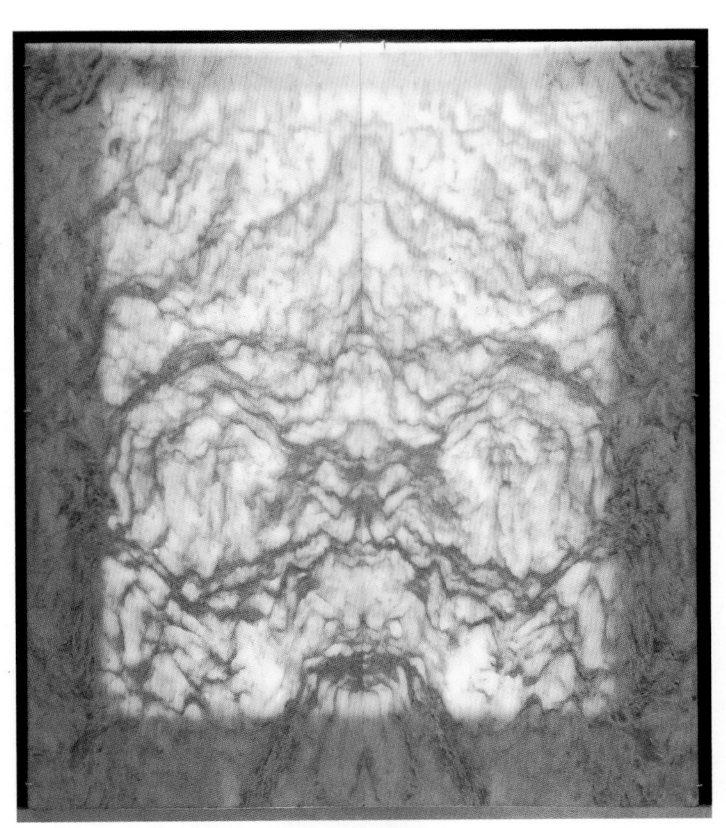

淡绿玉石 Onyx Pink：波浪纹，画意般给人一种宁静水景的感觉。

根绿玉：根线发达

炫玉石

灯光下的玉石特征

黄玉

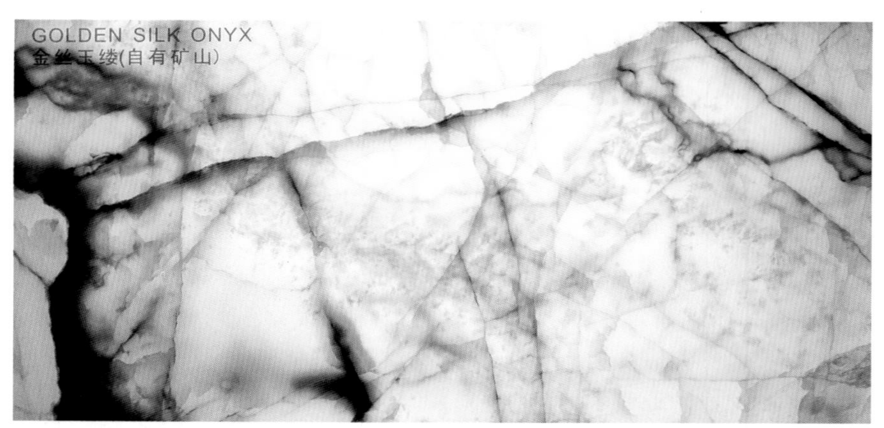

金丝玉缕（伊朗）：淡黄色的玉石板，质地温和；锈黄色的裂纹特别艳丽，具有很强的装饰性。

白玉洞（伊朗）：纹理呈波浪曲折，如同海水奔腾的波浪线。

金兰玉（伊朗）：画面如同天边变幻的晚霞，具有装饰性美感。

云丝玉：构成丝滑流畅的平面图案。

紫玉

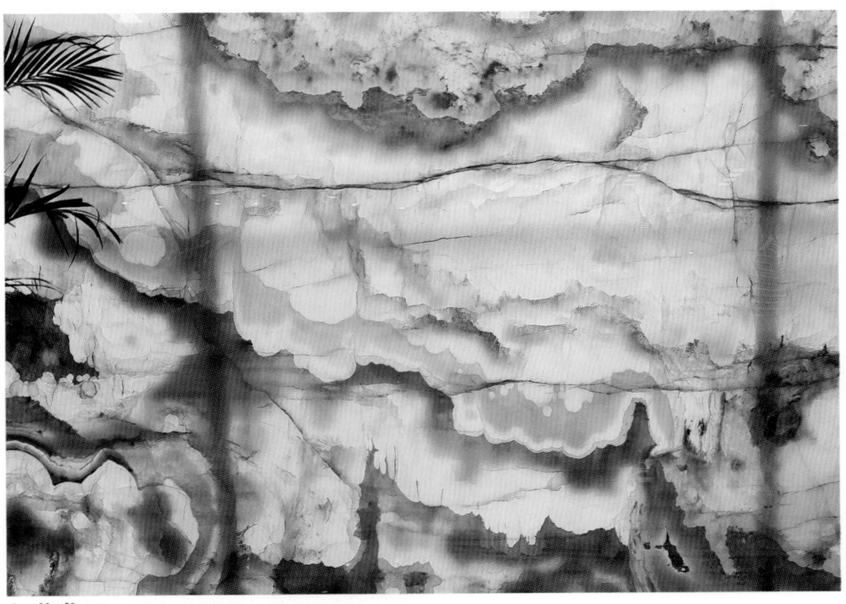

红花紫玉：花纹比较大。

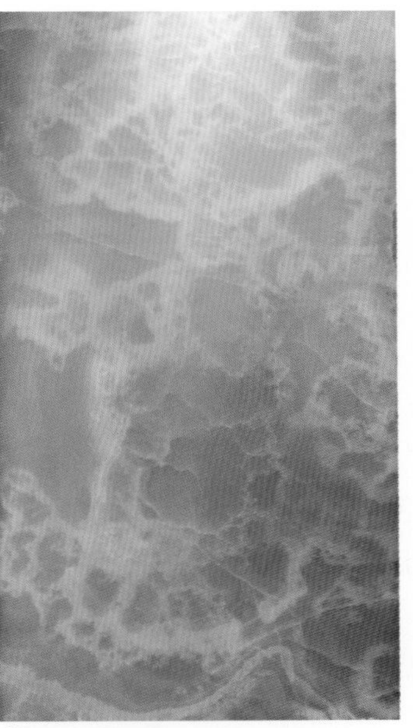

紫玉：粉红色，有发泡纹，具装饰性。

褐色玉石

反切面：条纹清晰，很飘逸的纹理。

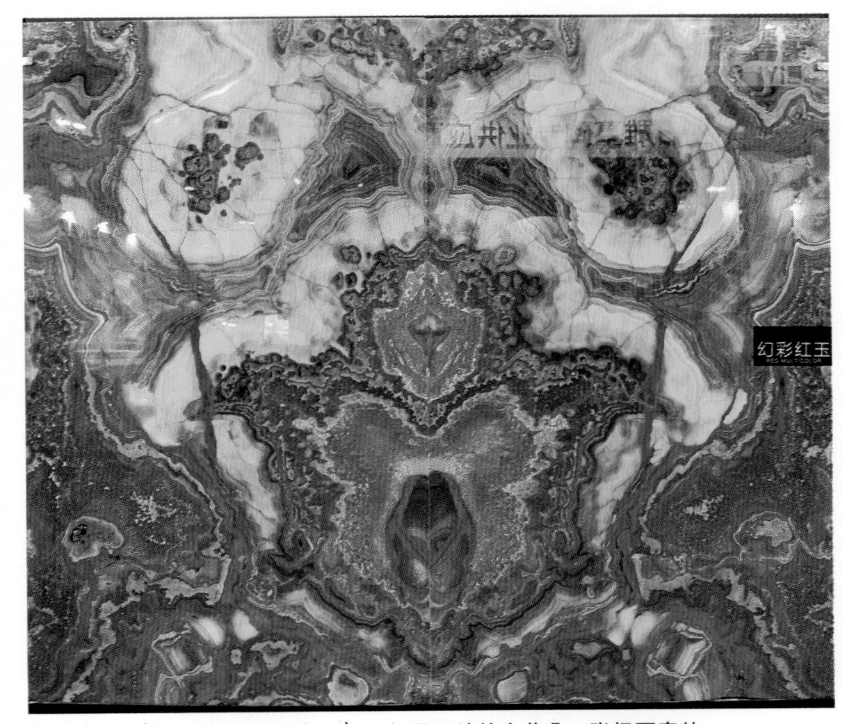

幻彩红玉（Red Multicolor）：如同开放的大花朵，张扬而奇特。

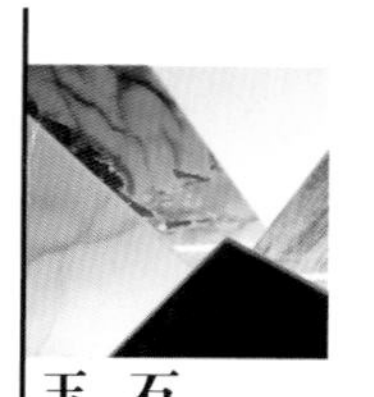

艺术摆设用柱

颜色较纯的绿玉，镂空螺旋摆设柱。

罗马柱式玉石摆设柱

层状玉雕刻加工

色彩层次清晰，能够按照不同的质地雕刻出栩栩如生的艺术品。

春之韵，三层色的巧妙处理。

俏色的梅花

层状玉石的俏色雕刻，形成层次感的玉石。

皮料和肉料不一样，双色的俏色，也是惟妙惟肖。

层理玉石的利用，雕刻成不同层次的物品，形成审美很好的工艺品。

三层色的玉石雕刻的如意

层状玉的磨圆加工

磨圆对于层状纹理的结构的石材，会形成两种的艺术效果，一种是竖向的磨圆，能够产生闭合的圆形线，好像是苹果纹，另一种是垂直于纹理加工，能够形成叠层的纹理，并且纹理的卷曲，会形成渐变的升提的艺术效果。

平行层理纹加工的瓶罐

平行纹雕刻的瓶罐

层状白玉加工的聚宝盆

平行纹的横向加工，成为层理清晰的装饰瓶！

平行纹加工，形成环状纹。

平行纹的竖向加工，成为瓶肚有图案的花纹。

纯色玉雕刻

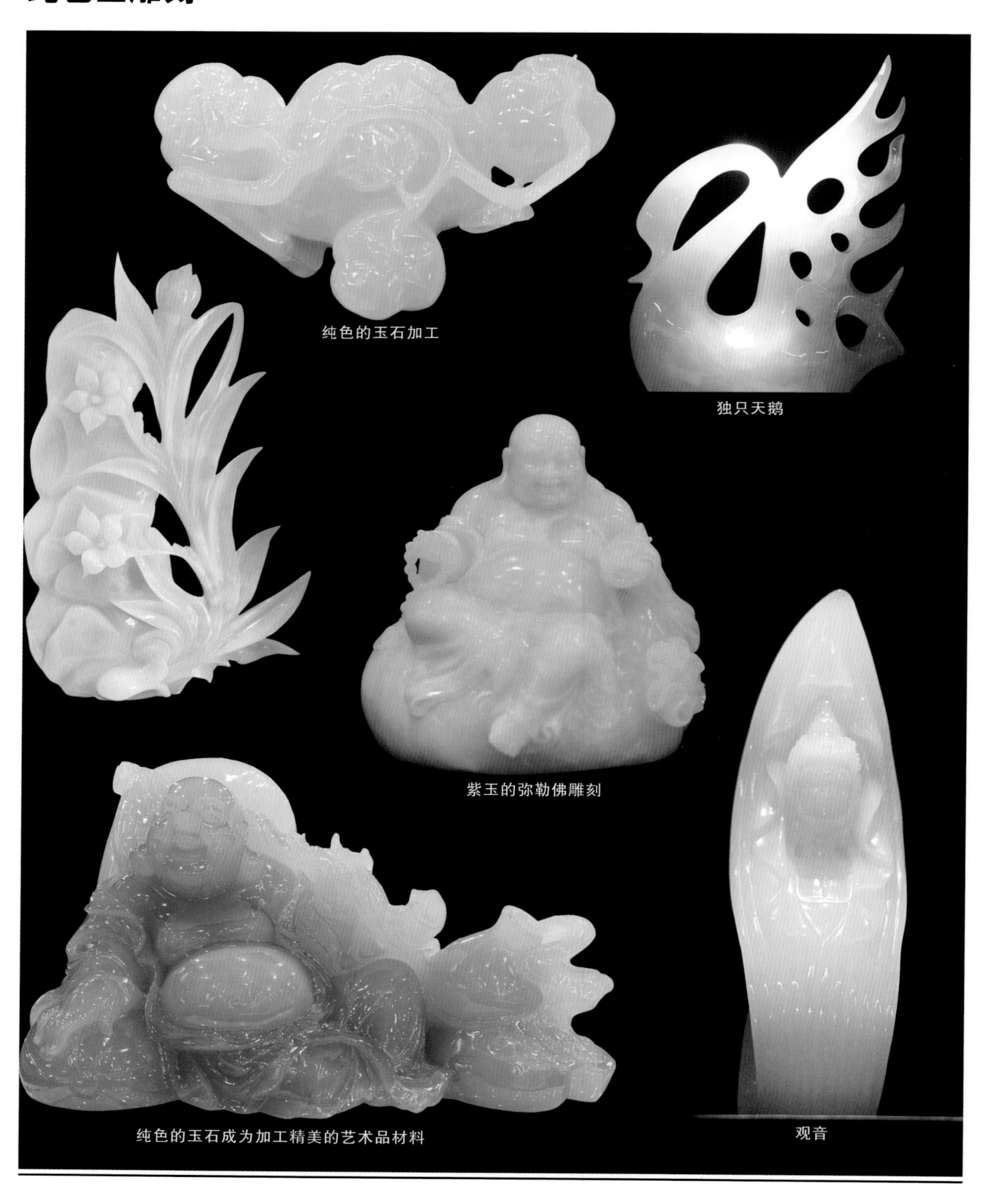

纯色的玉石加工

独只天鹅

紫玉的弥勒佛雕刻

纯色的玉石成为加工精美的艺术品材料

观音

渐变色的玉石加工

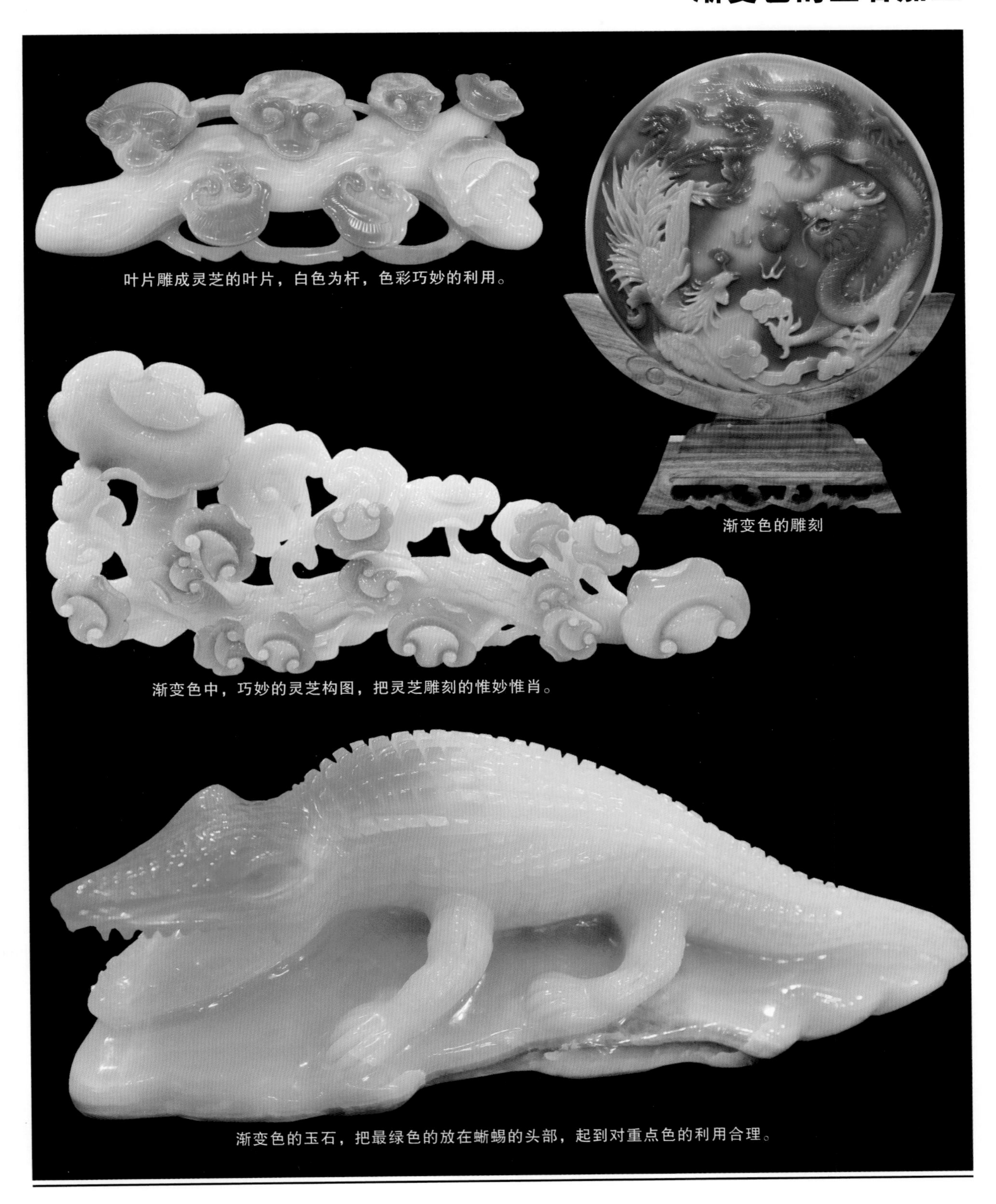

叶片雕成灵芝的叶片，白色为杆，色彩巧妙的利用。

渐变色的雕刻

渐变色中，巧妙的灵芝构图，把灵芝雕刻的惟妙惟肖。

渐变色的玉石，把最绿色的放在蜥蜴的头部，起到对重点色的利用合理。

纹理加工的工艺品

纹理：玉石中有些纹理形成神奇的图案，通过适当的形体，能够表现出一定文化意义的图案内容。

彩虹纹，伊朗青玉。

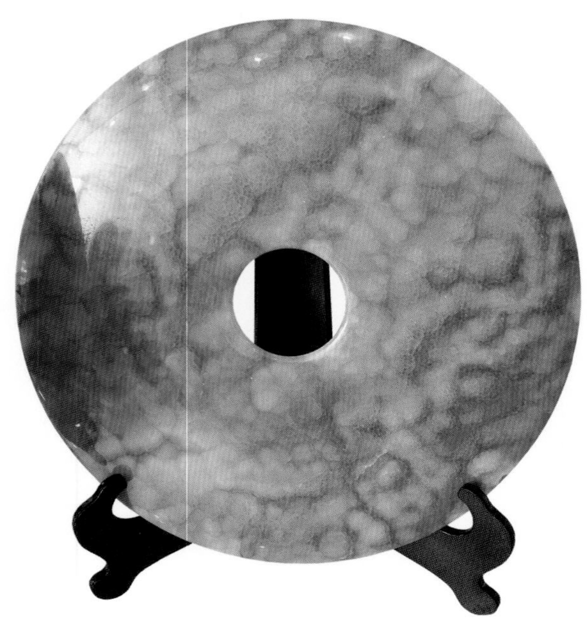

鱼籽纹，特殊的质地也是比较受人喜爱的艺术品。

哥窑裂纹或者说是网线纹是工艺的特色

纹理如陶瓷个哥窑纹的玉石纹理工艺品

多彩俏色

秋荷蟹韵，优秀奖，作者：陈深泉。

多彩的玉石带来色彩的多种想象，尽管有时无法做到俏色，但是，可以想象这样比纯色的玉石另有意境。

清丽、油润的果盘。

仿生雕刻

花点纹与自然界的物象类似的仿生雕刻，很具市场价值。玛瑙玉。

略有差异色，但是应用很好！

类似酱色釉面，仿陶的质地。

大型雕刻摆件

团龙戏珠

九龙戏珠

雄鹰

透光玉石在工程中的实际应用

作为装饰材料，起码要应用在地面、墙面或者建筑的构建装饰！玉石等大理石的透光装饰，可以利用纹理特征做出比较有艺术感的画面！比较刺激，有特色！

玉质石材带着油脂光泽和灵透的质感，往往给人一种比较特别的感觉。在室内的壁画、建筑构件上的装饰案例表明，这种材料确实带来了玲珑剔透的空间绚丽装饰效果。

豪华大厅

墙壁和地面及楼梯等全部采用玉石装饰

玉石装饰的空间，肌理丰富，质地润滑。

整体装饰效果

豪华客厅

墙壁壁龛采用锈斑玉石透光板，地面采用青玉装饰形成古典与时尚的结合。

中式风格装饰客厅，墙壁采用窗格装饰，地面纹理梦幻。

金黄色时尚客厅：左墙壁装饰的橘子玉透光大理石，在光作用下，色彩柠檬、柔和及有聚宝盆图案的寓意“财雄天下”之意。右墙壁在两柱透光柱强调之下，装饰艺术品架。吊顶与玉石类似图案的LED，与地面大纹理红宝玉搭配，时尚富丽。

豪华客厅

古典式玉石装饰空间

地面、壁炉摆设，拱券柱廊、壁画等均采用玉石装饰，体现装饰高档材料的应用。

豪华客厅

客厅大面积用玉石铺设，以欧式壁龛风格装饰墙壁，地面拼板装饰。

玉石装饰的空间：左侧墙壁按古典装饰，后侧以玉石纹理装饰。

豪华客厅

中式古典客厅案例一：左墙壁装饰玉石中的代表，平安扣；右墙壁装饰宝鼎形的壁画，文化寓意深。地面也是行云流水的白玉装饰，富丽堂皇而具有文化含义。中式古典家具的摆设增添更浓的文化气氛。

中式风格装饰的客厅案例之二，东方人爱玉，以白玉石装饰的墙壁与红木的窗棂、门套、壁柜、门板色彩上形成了强烈的互衬，作为材料的组合已经是协调的。地面装饰用行云流水般的肌理白玉，其在红宝石的大块度的陪衬对比之下，生动富丽。

豪华客厅

创意壁画和地面

多彩的地面几何拼块，墙壁圆形图案组合壁画装饰的美妙空间（几何图案装饰）。

地面抽象拼板，墙壁分别采用抽象画与纹理壁画（抽象图案装饰）。

豪华餐厅

地板、墙壁、线条等全部采用黄玉石装饰，体现高档装饰的艺术。

整体装饰效果

豪华餐厅

餐厅案例：左墙壁装饰平安扣与红木板材，右墙壁在红木线条框，中间装饰有错开拼板纹理性白玉，形成木材的纯色与玉石花色质地与纹理的对比。地面采用条纹白玉与梦幻红宝石框边装饰。生动与富丽。

中式餐厅：左墙壁装饰玉石拼块壁画，显得简洁，右墙壁采用玉石边框，中间装饰中国画，统一了空间的气场。地面中央装饰纹理性的白玉，外框也是纹理梦幻，色彩深褐色的红宝石。在中式家具的点缀下空间富有诗意。

厨房装饰

翡翠蓝台面和绿玉石几何图案墙壁

平行纹黄玉与乱纹透明大理石雕组合铺设、对比（纹理对比案例）。

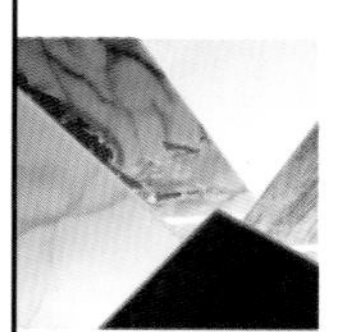

整体装饰效果

过道

金丝白玉：装饰的过道墙面，流线的平行纹，飘逸流动，对过道空间来说是一种很活泼的装饰风格。地面中间也是采用同一方向的白玉，线条采用深色的红宝石构成图案。

过道地面中间采用七彩玛瑙玉，边线采用红宝石和拼色美玉线条，纹理对比强烈，莹润的七彩玛瑙主色点缀的空间灵动、温馨。边框的彩色纹理，起到衬托和补充作用。

过道

空间中只有过道采用玉石，地板中央利用有纹理的玉石图案来装饰。地面玉石装饰与整个墙壁形成质地对比，华丽。

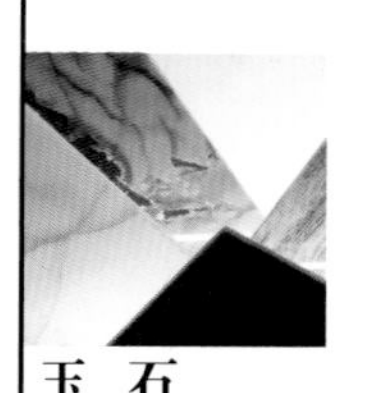

过道

青色玉石板材形成绚丽、高贵的空间，但同时也极具冷调感。

豪华卫浴

青玉石和丰年白玉装饰的卫浴空间，墙面乱花的青玉与条纹平行的白玉间色装饰，地面以白玉拼成菱形图案，外框青玉，色彩对比，图纹对比，亮丽而有规则。

青玉装饰欧式浴盆

青玉拼板的台面，如同大写意的台面，散发出一股随意之美。

整体装饰效果

豪华卫浴

墙壁采用七彩玛瑙玉凹边拼板，台面也是该石种，白玉的洗手盆和白色的坐盆及浴缸形成点缀式的色彩，墙壁凹面装饰深色金琥珀强调马桶部位，形成墙壁间色层次。整个空间立体富丽。

浴缸处细节装饰

白玉盆架在金黄色的橘子玉上，晶莹亮丽。

豪华卫浴

地板、墙壁、线条等全部采用玉石装饰，体现高档装饰的艺术。棕色的大理石板，起到突出玉石的装饰。

豪华卫浴

卫浴中地面玉石的装饰，墙壁线条采用玉石，壁画也采用玉石板。

玉石装饰的卫浴空间

豪华卫浴

欧式奢华装饰的卫浴空间，在红宝石的罗马柱装饰之后的大型浴盆富丽奢华。拼板的洗手盆墙壁之前台面盆装饰古典宁静。

墙壁装饰青玉石板，墙裙部位装饰褐色斑飞黄玉，色彩层次明显，线条清晰。品味古朴的奢华。

豪华卫浴

白玉装饰的古典卫浴，至纯至美，晶莹剔透的温润白玉，延续一种生活的品味，释放一种浪漫的情怀。

褐色玉石的墙面与洗手盆古典贴面装饰

白玉装饰的墙壁和白色的陶瓷浴盆

玉石室内装饰特色

以玉石板材装饰室内空间，形成了温润、优雅的空间环境，是空间特别的标志。玉石在室内装饰，体现材料的稀缺性、自然性，达到提高空间的档次。

透光墙壁装饰

张力很强的玉石墙壁，通常用于过道的墙壁装饰。

透光墙壁装饰

玉石成为空间点缀的装饰材料，在大型酒店等通道装饰中可以与灯源配合，形成通道的指示光源，同时也让人在这空间之中欣赏玉石肌理之美。

透光墙壁装饰

玉石通过透光之后，成为艺术画墙壁。

纹理多样的玉石背景墙。通过形体不一样的加工，形成自然风光的壁画。

透光墙壁装饰

平行条纹透光下也是美图

波浪纹的两种玉石组合壁画

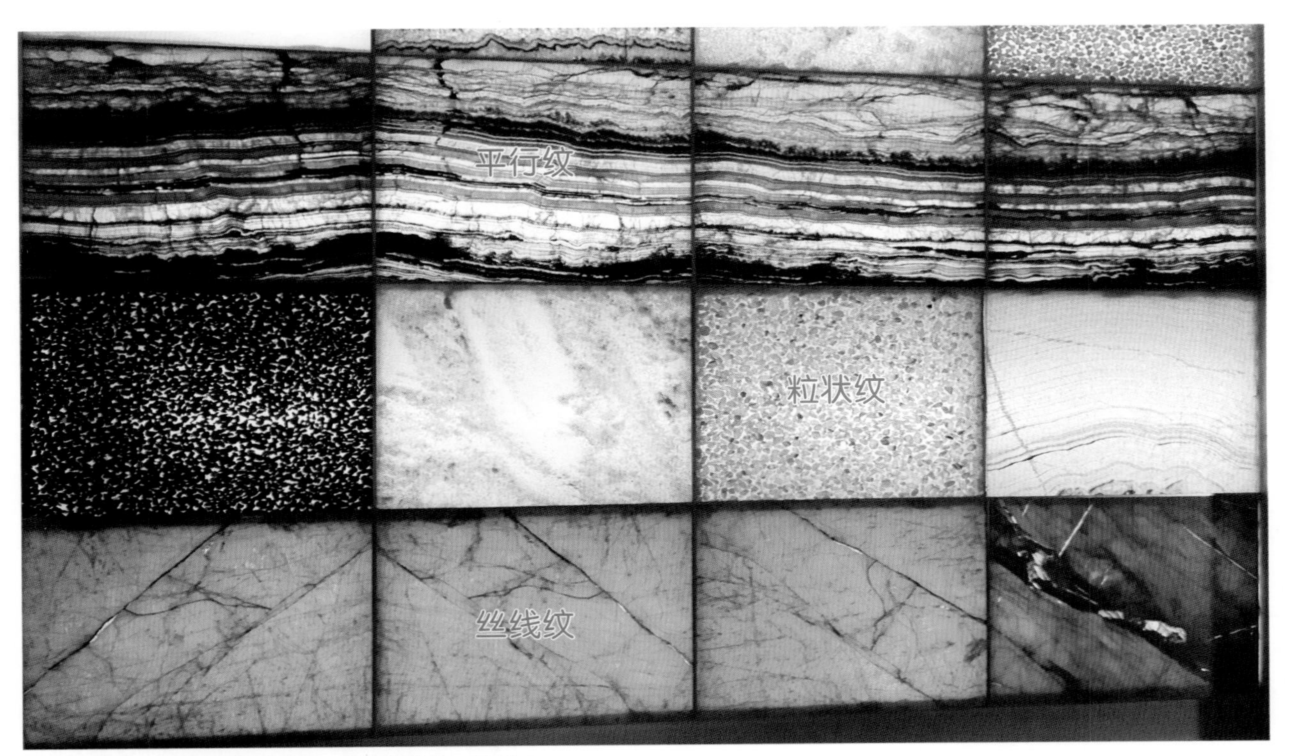

透光把各种纹理玉石变得如画，形成装饰的一种形式。

透光墙壁装饰

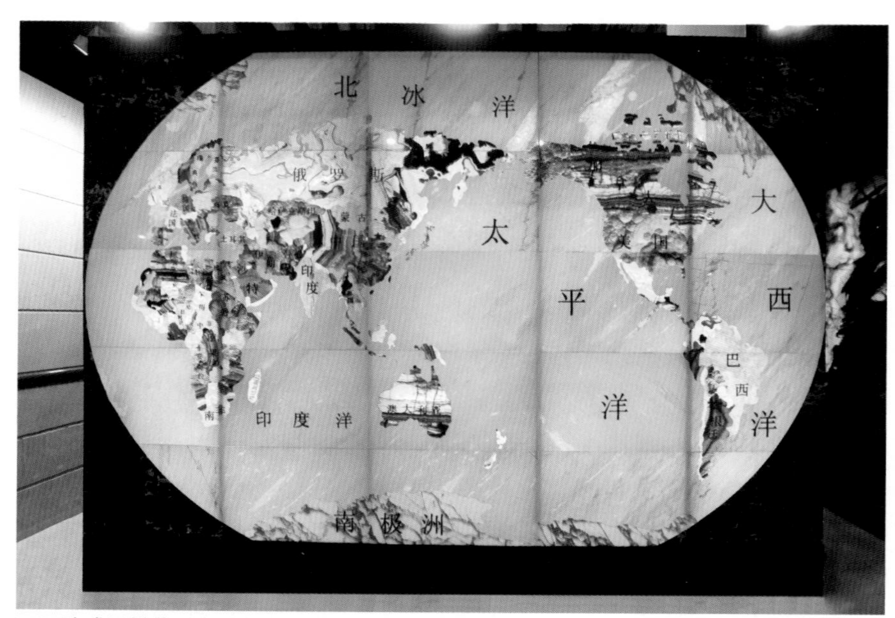

玉石地球图拼花以各种颜色玉石表现海洋与陆地

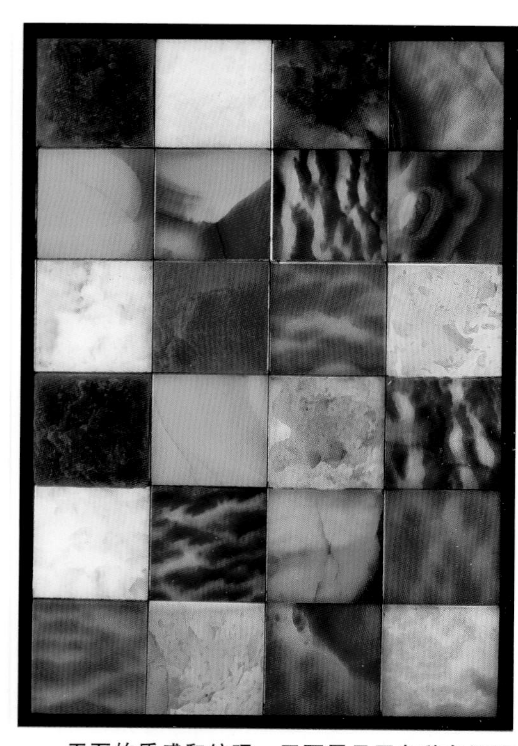

玉石的质感和纹理：玉石展示了各种色泽和多种多样的纹理特征，通透、亮丽、凝脂感！梦幻的无穷变幻的纹理，可以产生出多样的装饰效果，漏窗或者屏风可以以此装饰用。

玉石肌理装饰的墙面

中式墙壁凹陷，透视出空间的阴阳和合道理。

中式格调的玉石装饰风格之一：窗棂与白玉的组合。

中式古典墙面，乱纹地面显得自然，窗户、门框棕色调稳定了空间。

玉石肌理装饰的墙面

玄关为吉祥平安扣的墙壁

中国画镶在壁龛中及水墨玉纹理拼画组成的墙壁空间，地面和墙面装饰平行纹黄玉。

玉石肌理装饰的墙面

火焰纹的玉石背景墙

斑啡状的玉石板材，按照横向板条与玻璃组成墙面。二者质地类似，比较和谐。

以锈斑纹玉石工程板装饰的墙面空间

玉石肌理装饰的墙面

玉石板材装饰的墙壁

积木板条的墙面

玉石肌理装饰的墙面

墙裙式墙壁

玉石古典雕刻式墙壁

几何拼接壁画

锈黄色纹理玉石穿插在淡绿色的玉石中，形成点缀的色彩。

淡绿色与白色玉石板按照古典砖拼接的墙

紫红色玉石板按照古典砖装饰的墙

“福”字玉石壁画

几何拼块壁画

古典砖斜拼块和边框采用卷花圆细线条拼装的壁画

几何拼块壁画

客厅沙发后的背景，用玉石雕刻的壁画。

粉玉装饰的连续三面古典墙面

几何拼块壁画

两色玉石交叉拼花

浅绿色大板块的边缝间夹绿色的玉石壁画

几何拼块壁画

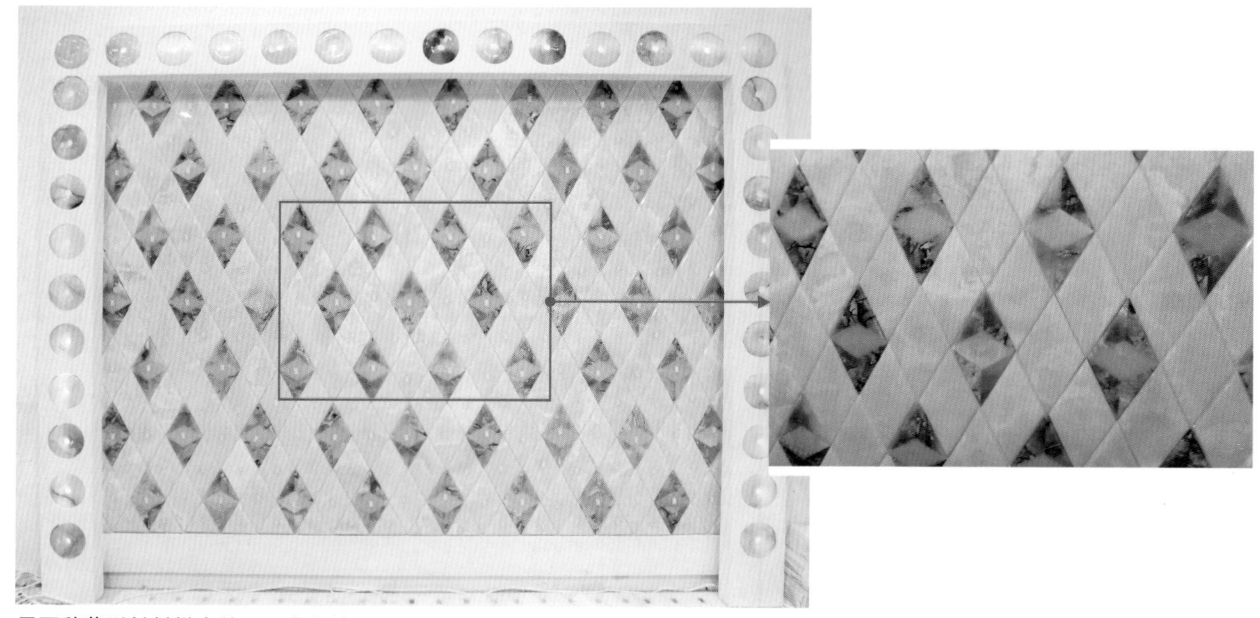

用两种菱形材料拼出的玉石背景墙

中式杂块拼装的壁画

大方块角边错动处安装小方块拼成的壁画

几何拼块壁画

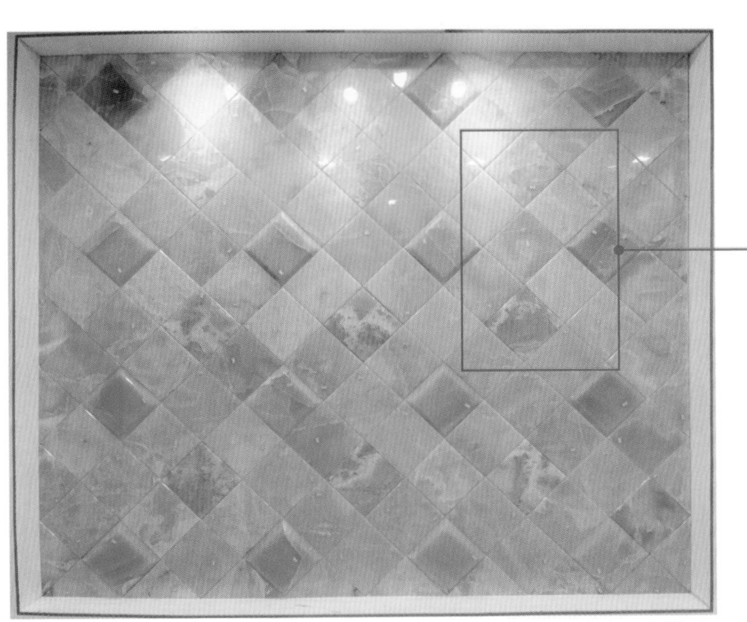

规格一样的三色玉石，部分板材较为突出，凹凸与多色交错的玉石拼画。

侧视

中间青玉比较厚，形成凸出的部位，并且紫色鲜艳、美观。

侧视

大板块为凸面形板材，四面倒边。

拼块之间凹部，夹一片浓绿的板材，厚度不一，产生立体错动的壁画效果。

几何拼块壁画

墙面采用玉石、线条、凹凸的变化装饰，使空间很立体。

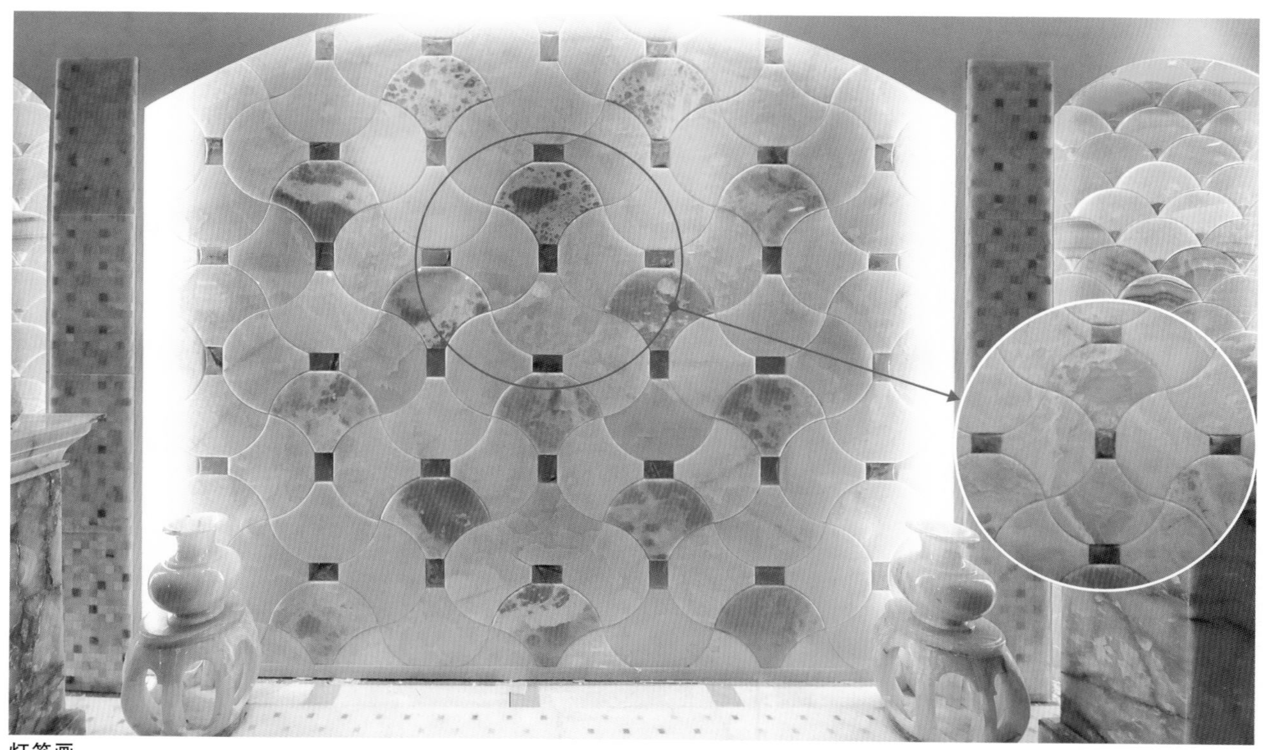

灯笼画

几何拼块壁画

中间加入四块拉毛粗糙的玉石

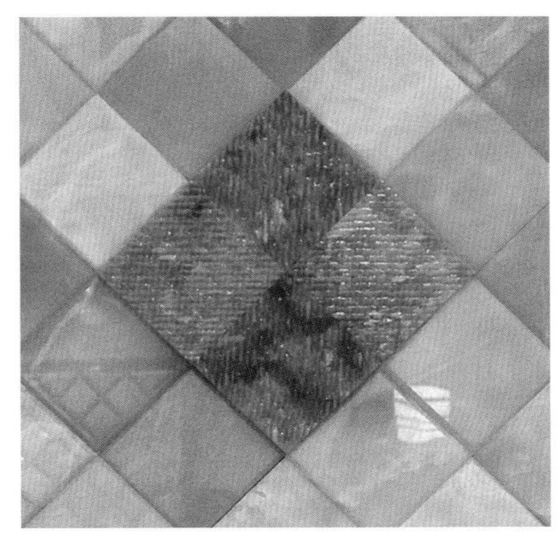

拉毛玉石板

不规则多边形的玉石装饰

几何拼块壁画

中式鱼鳞片壁画

条板玉石与多边形玉石组合的图案

多边形深色玉板浮出墙壁，厚度差异壁画。

玉石拼画

中国古典壁画常利用自然界中的“花、鸟、鱼、虫、草”来表现人的各种美好寓意与向往，玉石的色彩多样，在能工巧匠的创意下，一幅幅生动的“画”，价值连城。

博古玉石壁画： 以白色的大理石（或人造石板）为底板，以各种颜色的玉石加工成与自然花草等类似的造型，利用胶粘接出立体的画面，是现代室内装饰中高档的艺术品。

松鹤延年： 选择有一定画意纹理和近创意意境色泽的大理石板材，通过结合板材的色泽和肌理，用各种色彩的玉石加工之后粘贴出一幅与真实画面一样的石材画。这是石材肌理的艺术利用。

壁画装饰

玉石拼画

锦上添花： 晚霞红大理石板材做画面底板，把各种绽开的牡丹花、梅花这些象征富贵、祥和的花按照画的构图粘贴在板材上，最后再把象征主题的锦鸡点缀画之中，构成“锦上添花”的画面，具有很美的自然吉祥的意境。寓意一切美好，好运连连。

春满人间福满堂

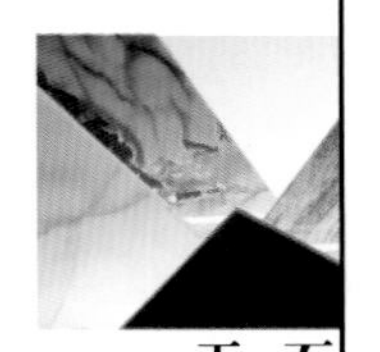

玉石拼画

松鹤延年： 云纹玉石底板粘贴画。

花开富贵： 纯白大理石底板粘贴的玉石画。

花开富贵： 竹报平安，根线纹的玉石底板粘贴的立体画。

玉石拼画

报春图

喜上眉梢

喜上眉梢： 拼画的玉石浮雕壁画

雕刻壁画

“福”字阴刻挂画，或壁画装饰画。

传统纹样雕刻壁画

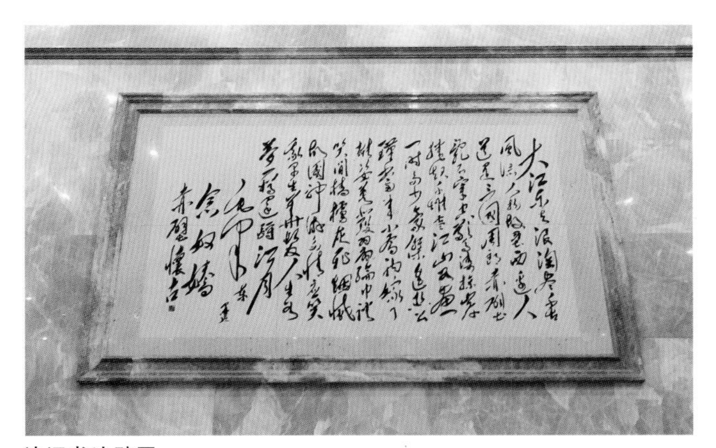

诗词书法壁画

欧式花纹壁画

雕刻壁画

两边为古青玉雕刻画，中间为玉石拼画，浓郁清雅。

梅花点点报春来

龙凤呈祥

拼花壁画

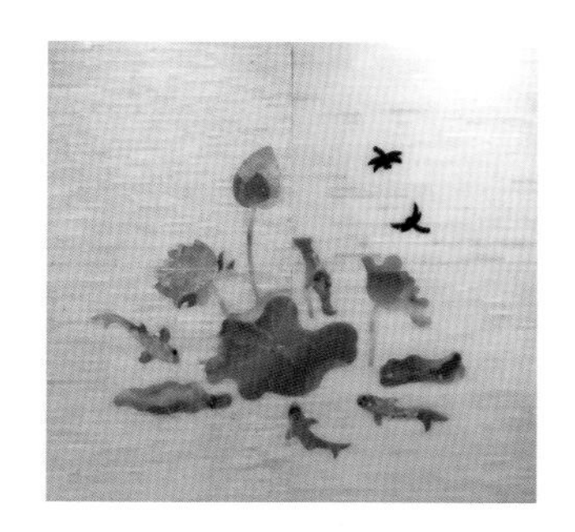

利用玉石的多种色彩，处理成的吉祥画面。

欧式草纹拼板

玉石拼画

拼花壁画

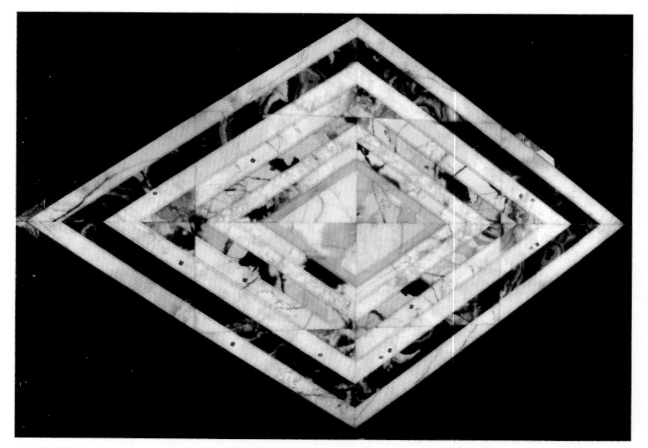

几何对接画，形成比较规矩的图案。适合较高雅的空间装饰。

不同花纹的玉石，由于透明度不一，产生明暗效果不同的扩张画面。

六边形几何玉石透光壁画

拼花壁画

碎块拼出的抽象草地图案

花草创意，象征生长与发展。

点缀式装饰

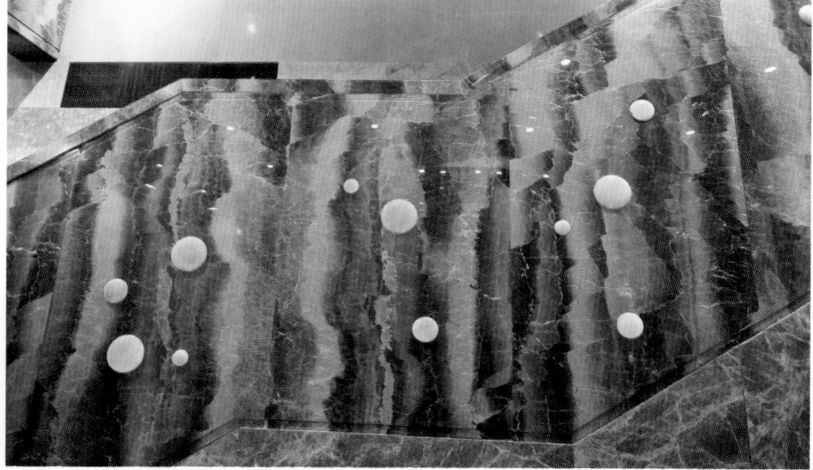
玉石的点缀装饰，如同夜色中的星星。

灰色的大理石镂空成云朵状装饰玉石叶片，透光如夜空彩云。

天然纹理拼画

天然纹理拼画

利用玉石的透光质地和美妙的纹理，构成了美好寓意、或者超出人类想象力的自然画面。这些能够单独成画或者通过拼块成画，都是很美的艺术品。用于装饰各种酒店、会所、文化空间、豪宅等。

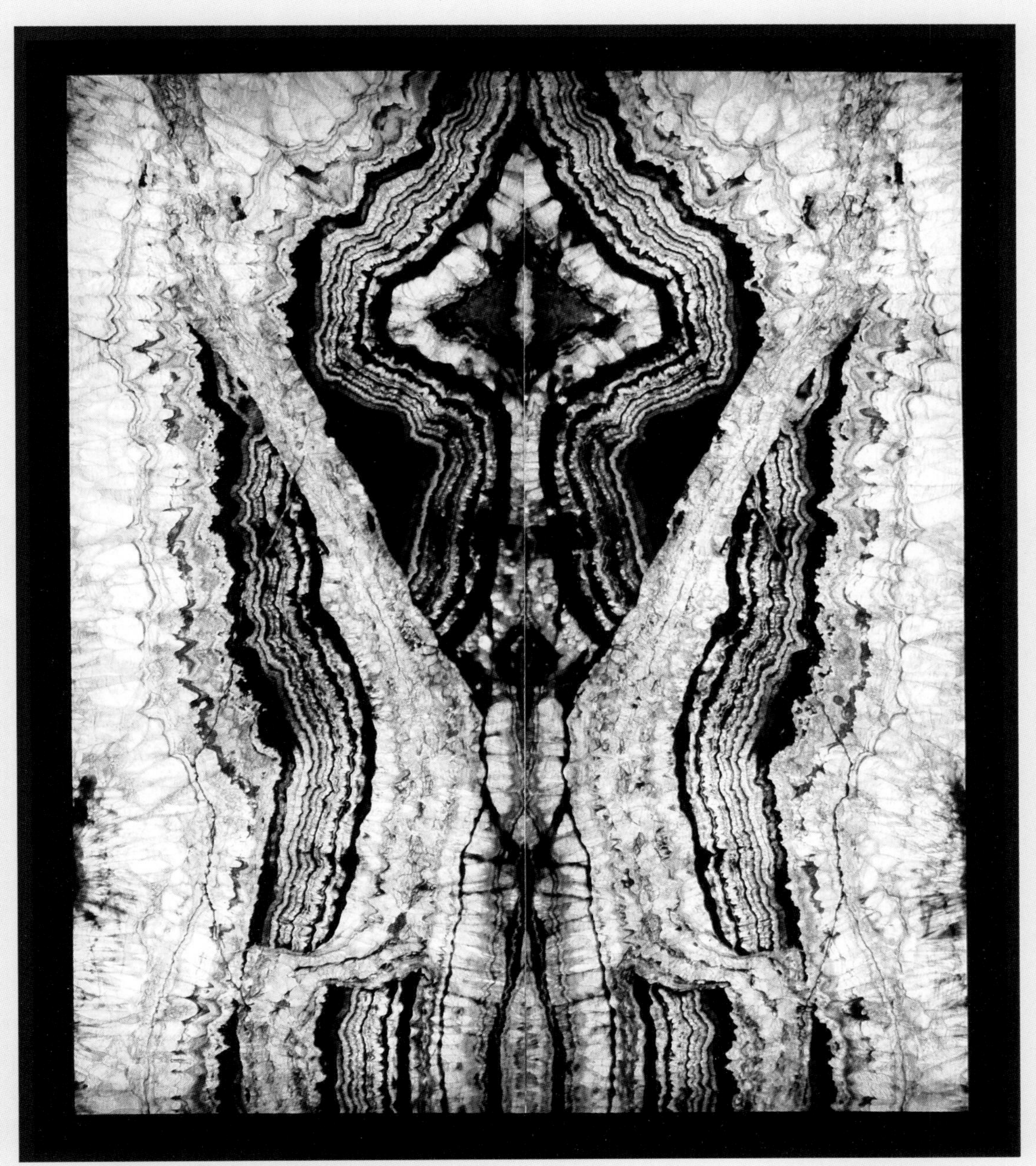

玉石纹理组成有禅意的图案可以成为重要的装饰艺术品

天然纹理拼画

网纹装饰： 粉玉壁画，丝网纹丰富。

草纹壁画： 青玉石墙壁的装饰，草根纹丰富。

天然纹理拼画

竖纹理壁画： 这种斜近平行的纹理特征，在玉石中是比较多，如同一幅山川河流画，流畅而开阔。

天然纹理拼画

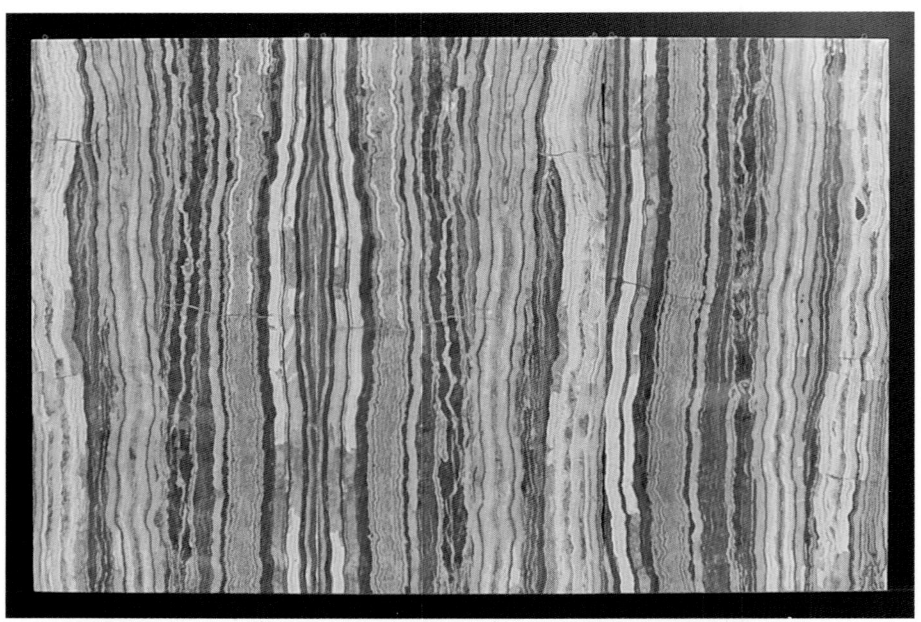

平行纹壁画： 平行、规矩的纹理图案，是自然的杰作，可以直接作为壁画。

山水画壁画： 纹理似中国画，山峰隐约、云雾翻滚，一幅大好江山的自然风光画。

天然纹理拼画

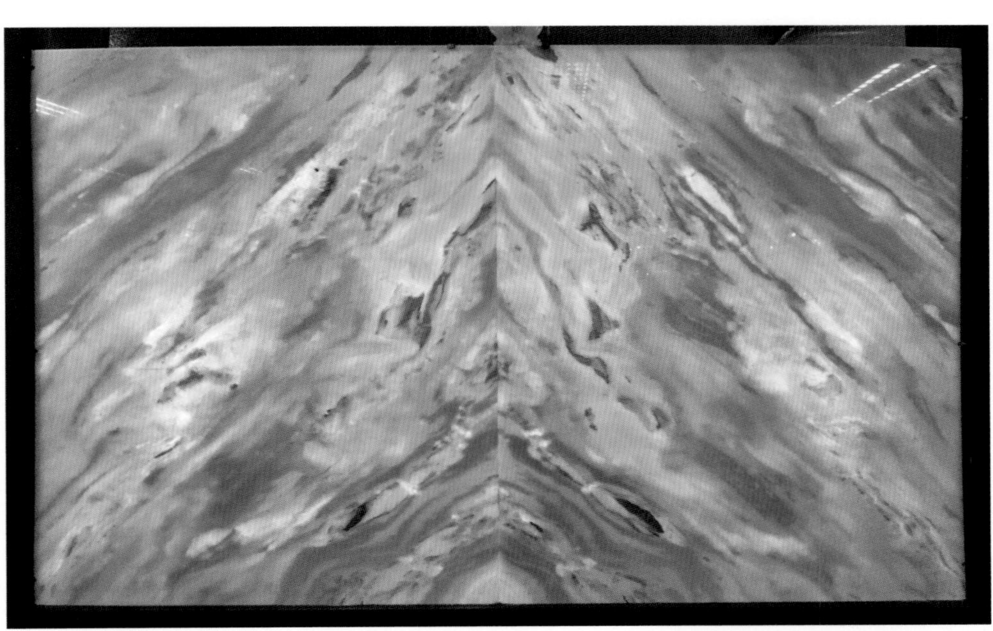

雪山： 如同冰山在夕阳或者晨光的照射下，群山峻岭，白雪皑皑，阳光如同金水泼洒在山峰之中，层次分明，美感十足。

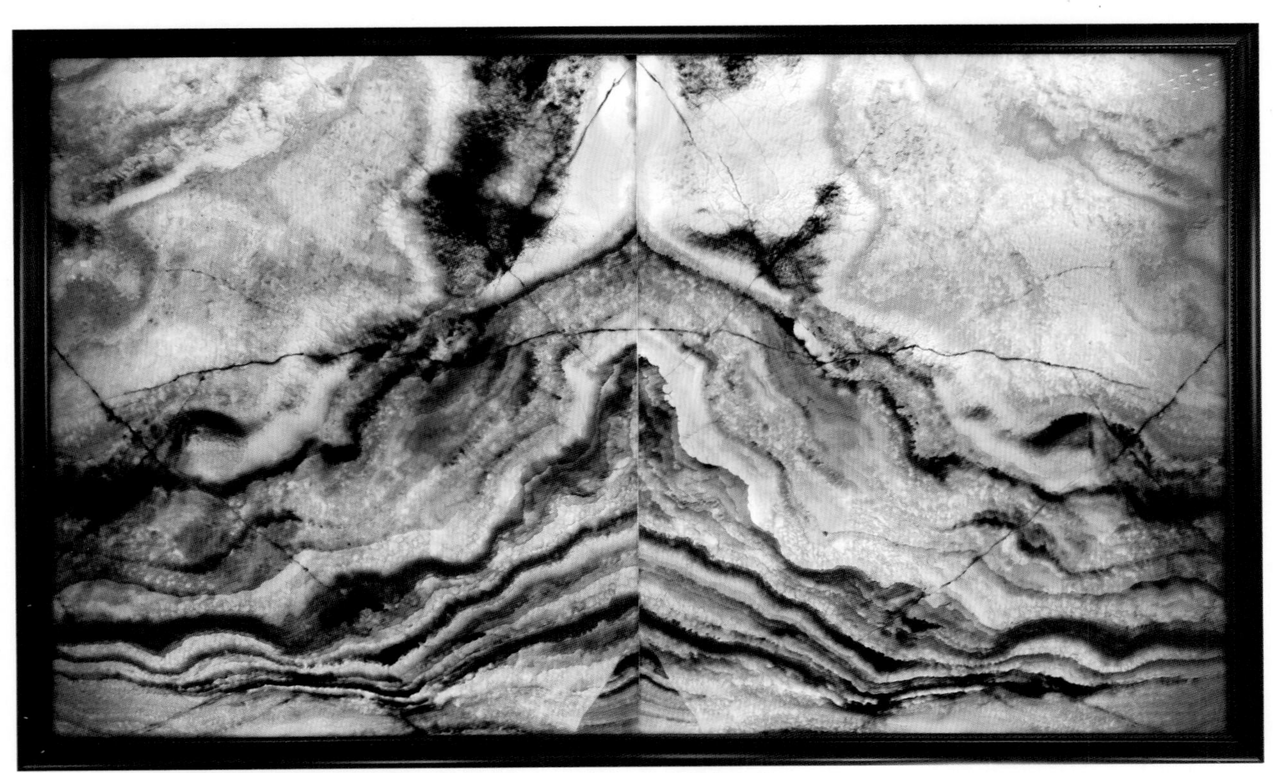

冰山： 高山的图案，层层叠叠，好像一片雪山与草地，看似一幅广阔的天地。

天然纹理拼画

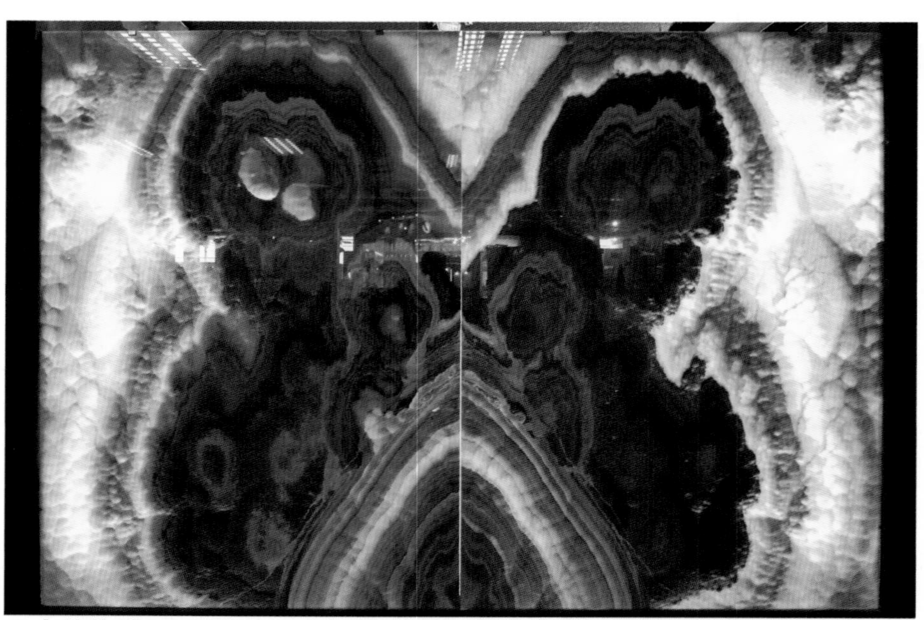

巨大的蝴蝶： 图形夸张，生动，具有扩散气氛的图案。适宜酒店、娱乐场所、文化空间的装饰。

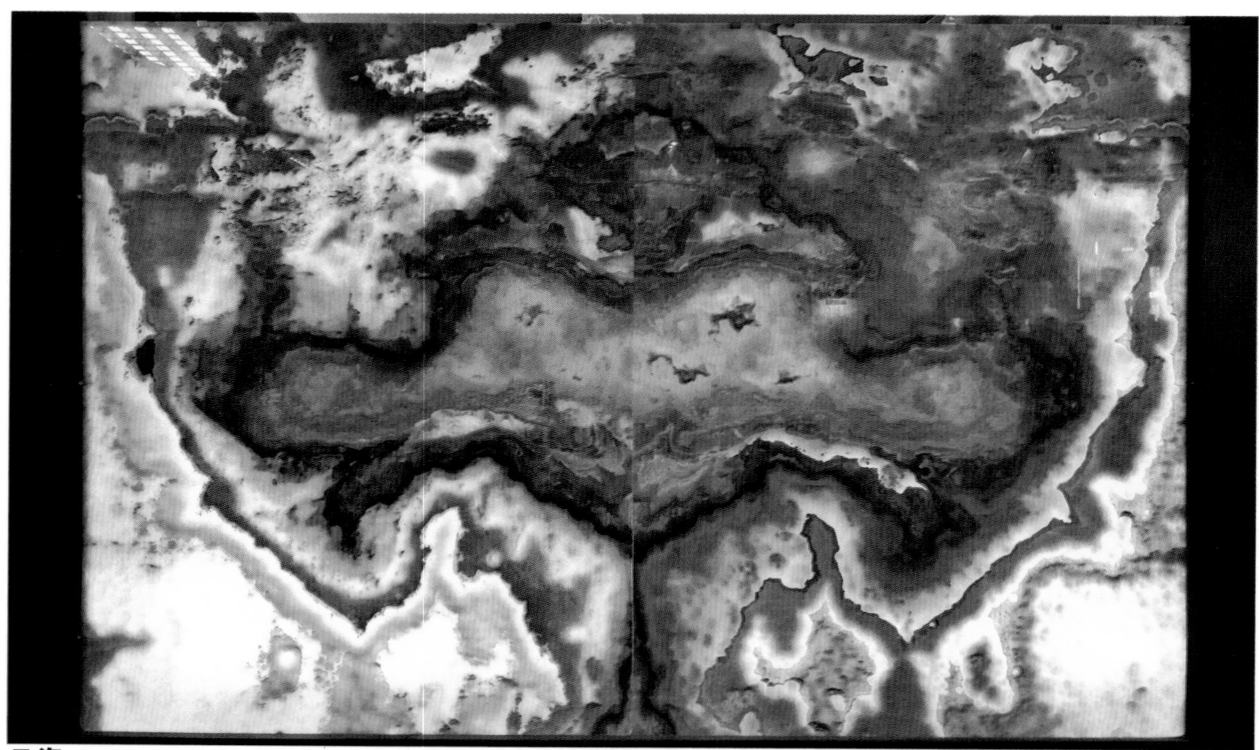

云海： 日照下的云雾，或透出金黄色的光芒，或展示出浓厚的云层，边沿流线好。一幅生动抽象自然画，给人很高远回古之想，适合文化氛围的空间装饰。

天然纹理拼画

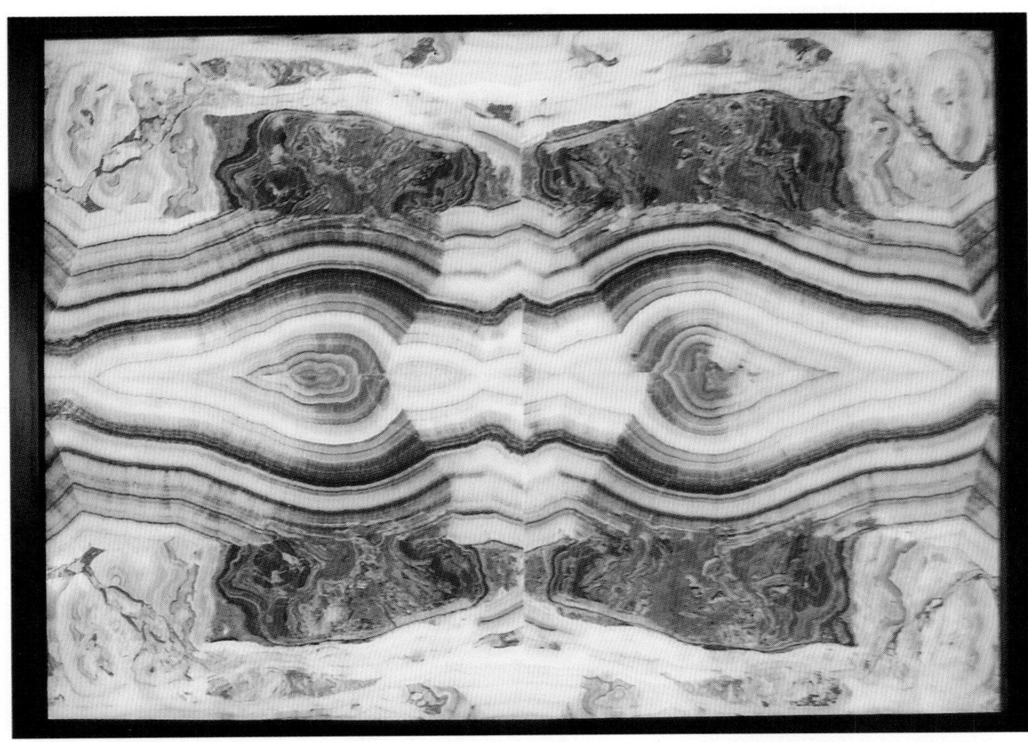

变奏： 有规律的基本相同的图案连续，营造出一种缠绵情调，适合地面连续纹的装饰，壁画则给人一种恒定情谊之感。

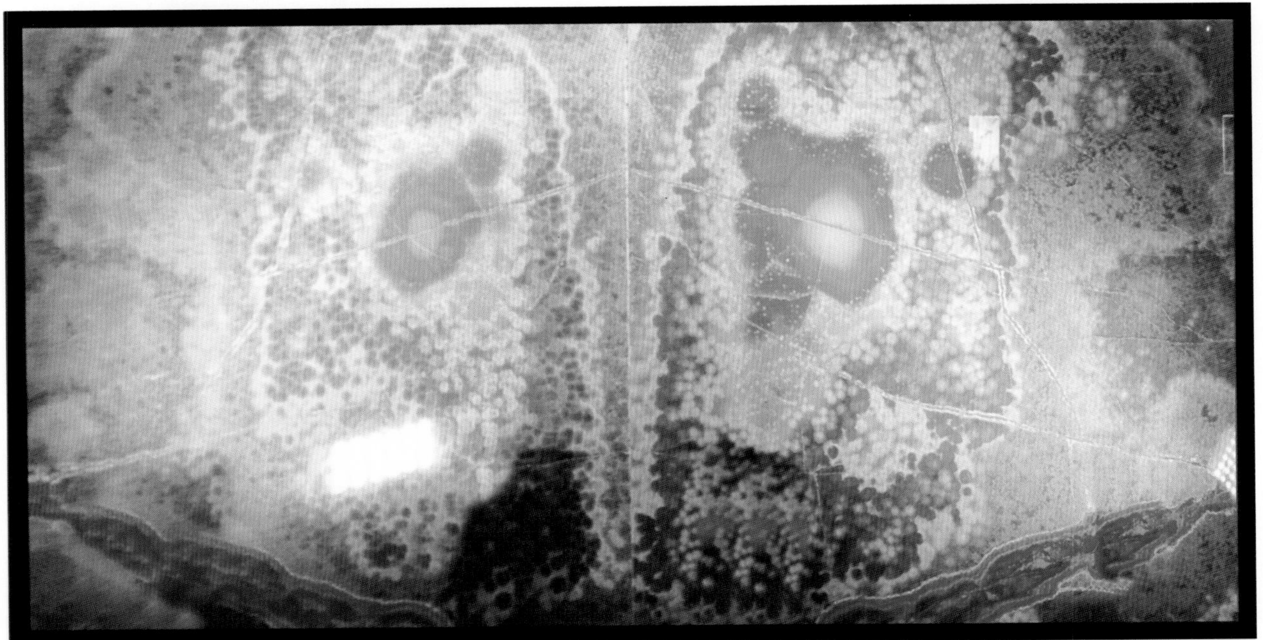

春意： 一派春天绿意的景象，万物生机，不断放大的、外展的图案，花花点点，一墙春色关不住。寓意繁荣、生气。适合家居、酒店大堂等装饰。

天然纹理拼画

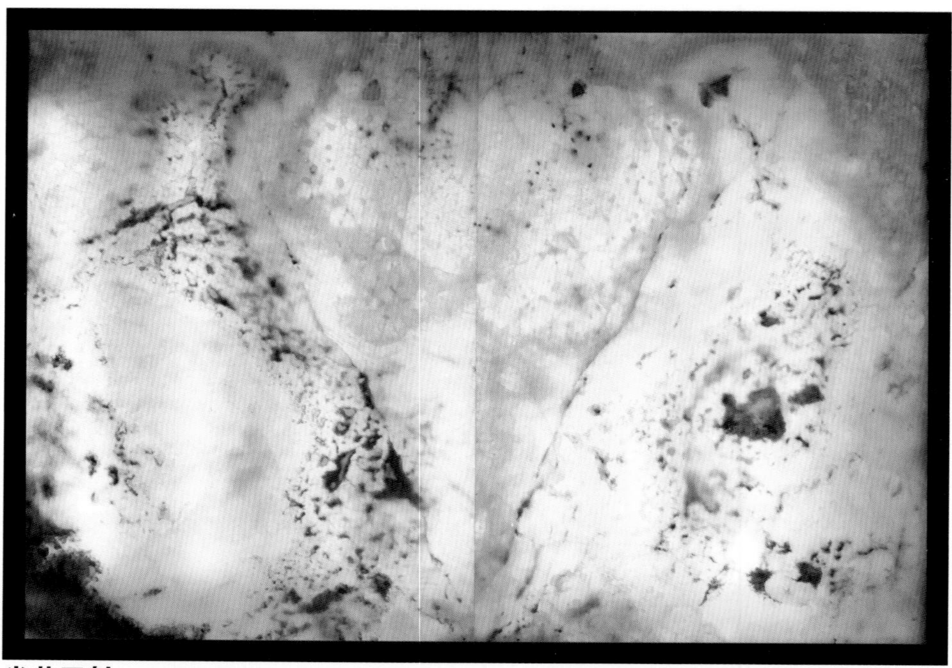

光芒四射：图案之中有向外扩散的暗纹，如同一朵含苞欲放的金花，图案寓意健康、向上、发展，适合家居、酒店等。

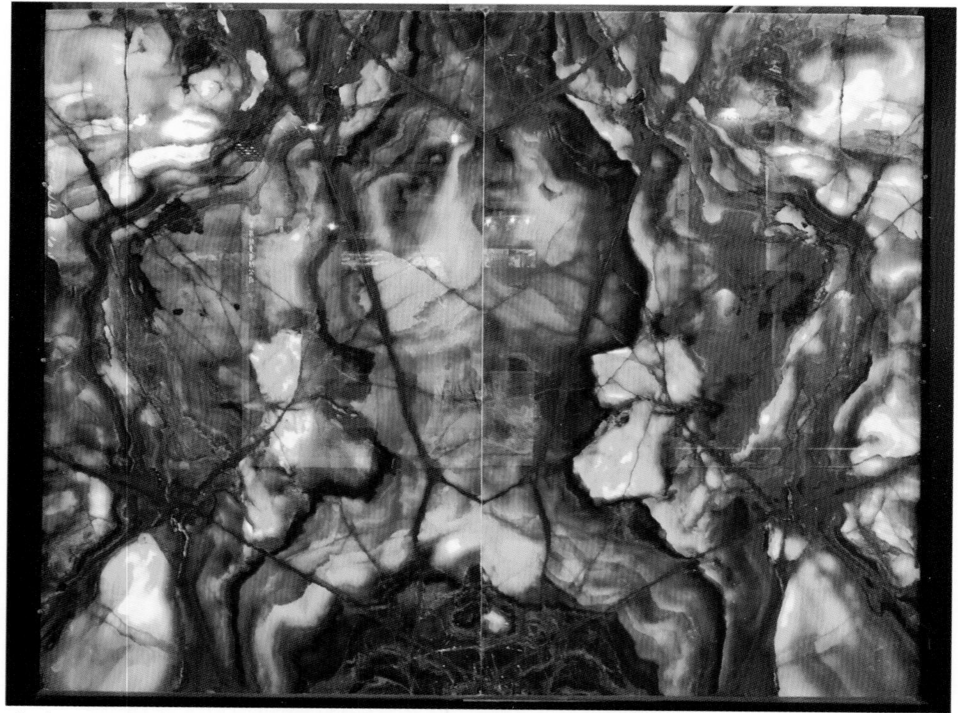

盘古：如同漆画一样，纹理盘根错节，根线纹深褐色，与亮金黄色的玉石形成鲜明的质地对比，图案具很强的质感对比美感，给人一种深远、古朴之感。适合文化空间、酒店等装饰。

天然纹理拼画

玉石纹理组织出惊人的美图，达到鬼斧神工的图案意境。虽然不一定能够说出每种图案的寓意，但是，体现自然的奇特之美，装饰的独特个性之美，无与伦比。

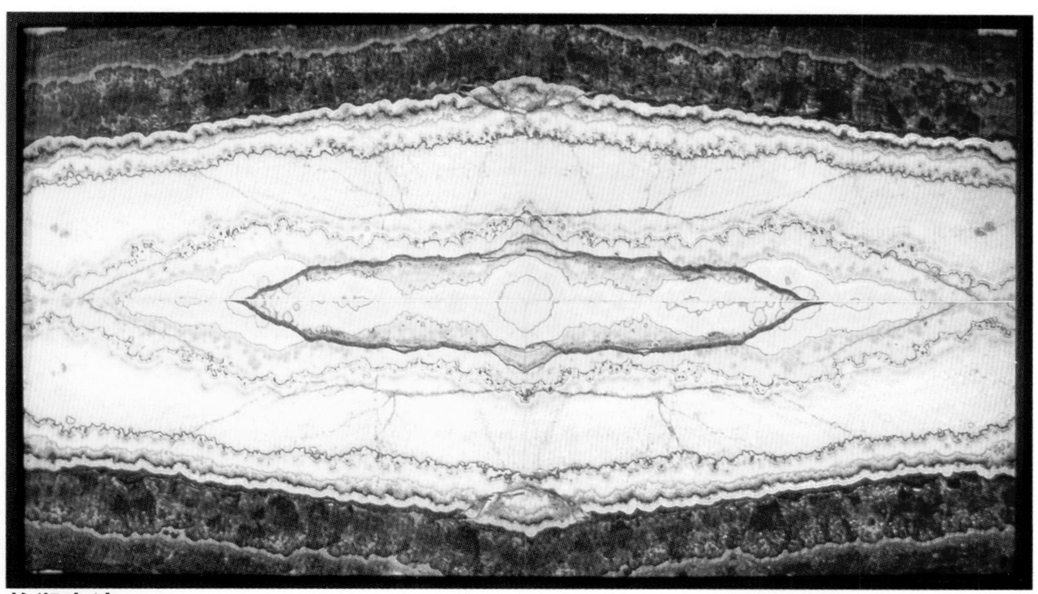

静湖水波

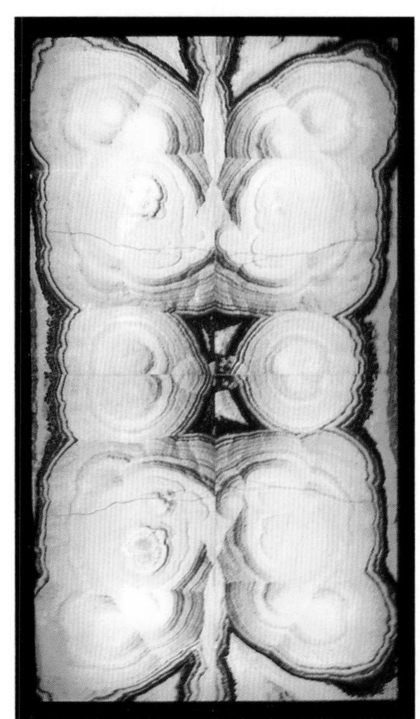

宇宙大爆炸

春意盎然

天然纹理拼画

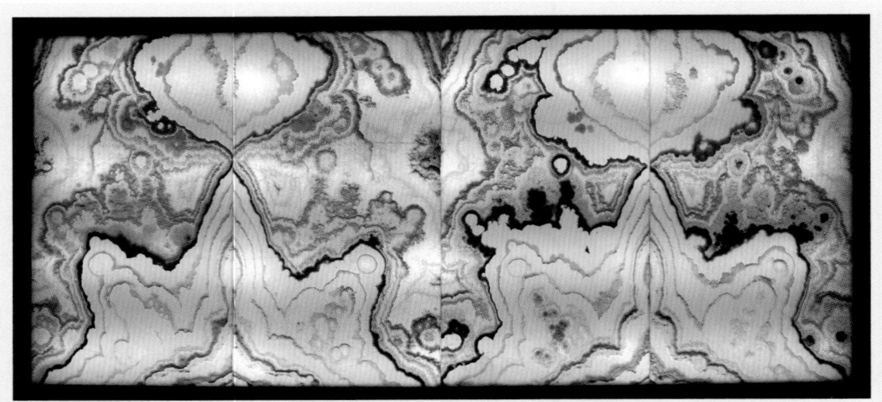

春潮羞涩： 横向拼接，梦幻的图案。

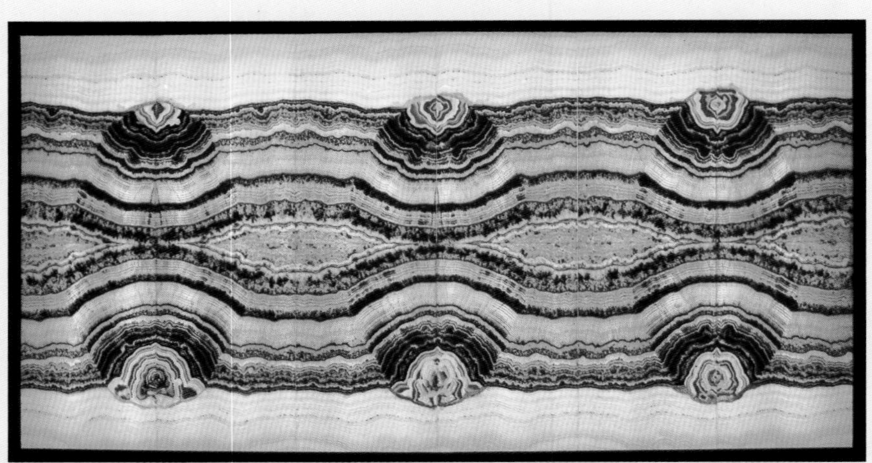

秋荷连连

静观以待： 四片对称拼接。

天然纹理拼画

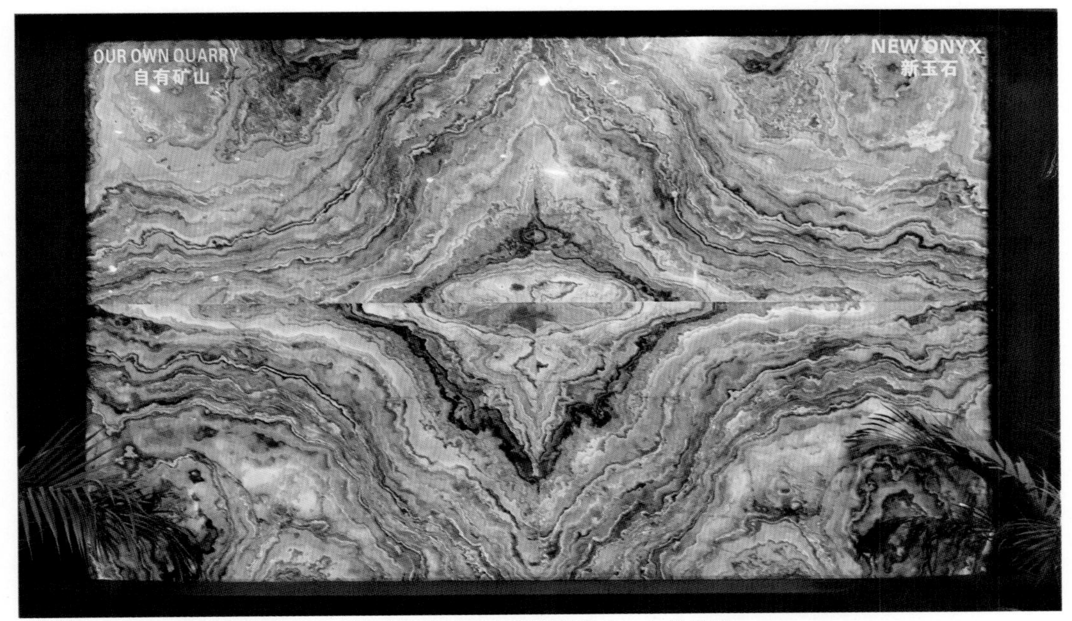

扩张： 由内向外扩散的纹理，四片对称拼接。寓意不断努力，向外发展。

隐隐约约： 合理非对称的拼接。寓意前途是光明的，道路是曲折的。

天然纹理拼画

烟波泪： 水墨状的纹理，弥漫的水墨抽象画，张弛有度，道法自然，很有禅意。适合中国式古典装饰空间壁画。

秋意： 渐变的树木叶片色彩，如同一片深秋的山林美景。适合文化空间装饰。

天然纹理拼画

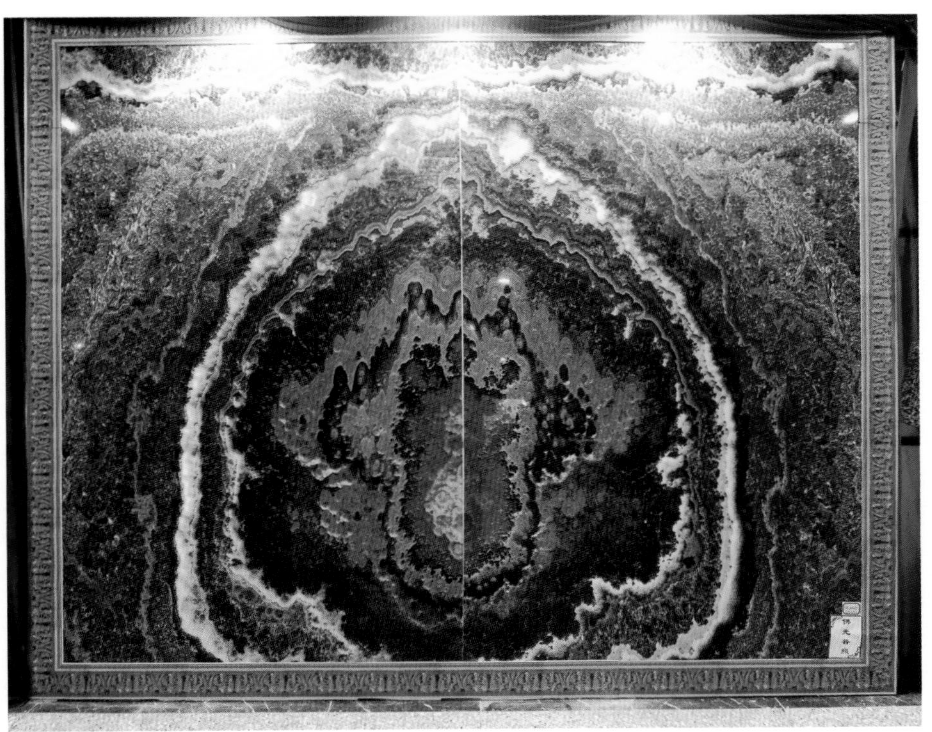

红玉： 佛光普照。

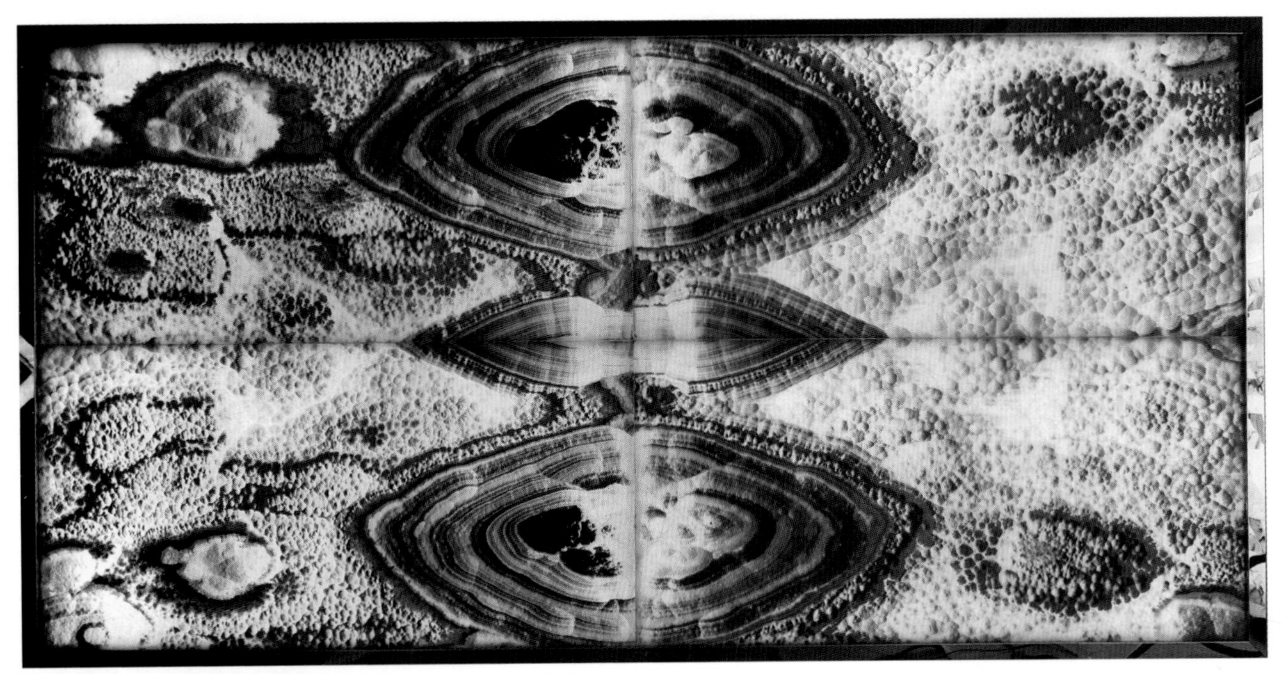

水墨玉： 如同宇宙深奥的图案，四片拼画。适合文化空间。

天然纹理拼画

平行纹玉石透光壁画

平安扣背景墙

天然纹理拼画

玉石水墨纹理性壁画

酒店青玉石的装饰，背景墙的透光采用根线发达的青玉石。

天然纹理拼画

水墨玉的背景墙

传统中式的富贵金钱拼装的背景墙，中式条案摆设方式，制造出古典中式新的艺术空间。

油嫩的白玉。改变传统地面的质地，透明中有油脂感。

地面装饰

金兰玉的地面铺设

梦幻的玉石装饰，这是采用各种颜色玉石装饰的地面，梦幻奢华。

玉石纹样拼的地面

黄玉石装饰，地面拼成交错的多色板块组合。晶莹剔透、富丽堂皇。

廊道中采用交错的拼板，规整，啡斑纹给人带来生活沉淀之感。

局部马赛克玉石地面

墙壁与地面铺设的玉石空间，一片名堂。

地面装饰

顺条纹的丰年白玉，铺设地面，也是空间流畅的寓意方式。

客厅地板花纹图案，如花朵一样。

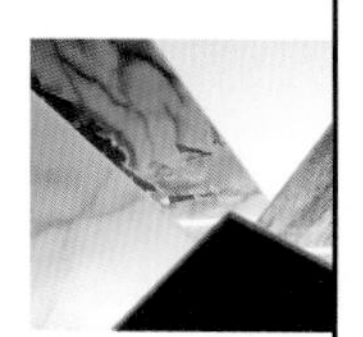

门入口拼花细分

大块的啡斑纹蓝玉石地面，给空间带来不稳定的气息，具有漂浮、流动之感，生动、韵动！可以作为家居局部（过堂）或者大型酒店的过道，文化空间的大面积装饰。

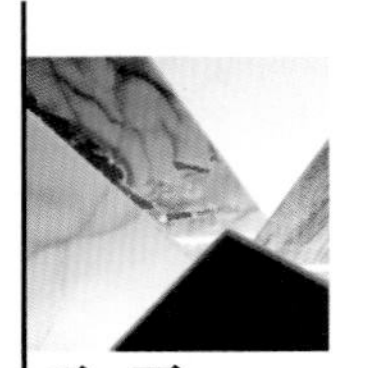

木板与玉透明大理石组合

利用不同颜色的玉石色块，拼成世界地图。不同色块代表不同国家，可以装饰在地面或者背景墙。

青玉石地面，透光下斑斑驳驳，光怪陆离，制造了神秘的空间通道。适合文化空间装饰。

中央采用抽象画的透光地面装饰，产生海洋世界或者天空世界的感觉。

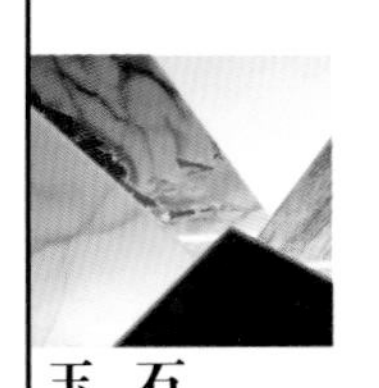

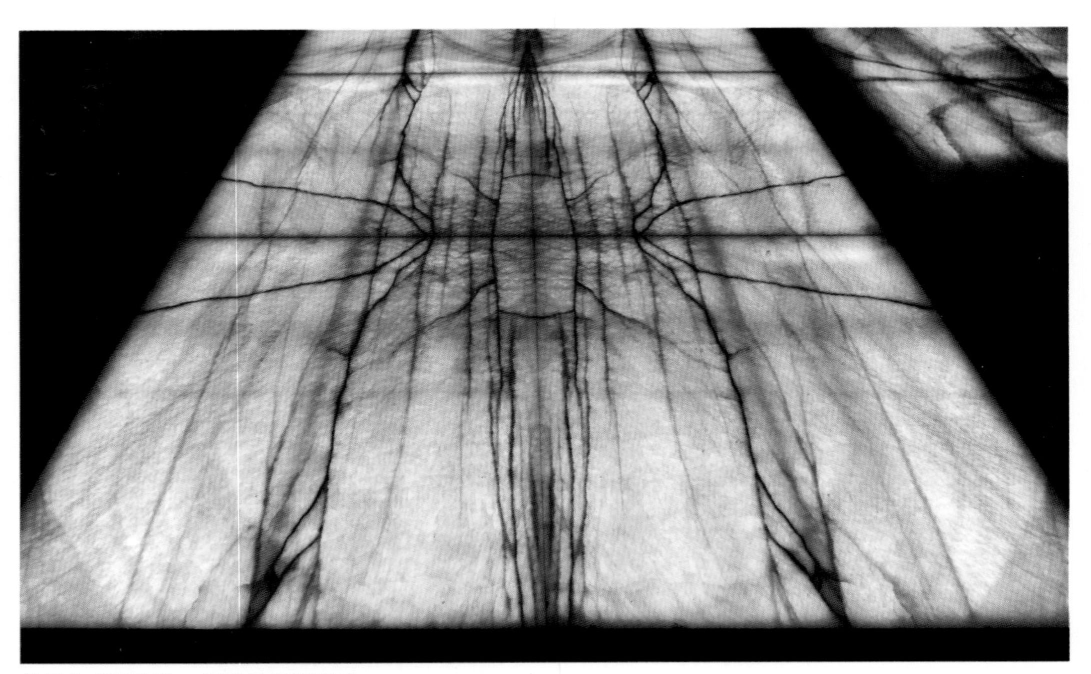

丝线构成图案纹，很有抽象图案感。

对称图案地面

线纹玉石装饰地面。根线白玉，接线装饰。

纹理和纹样交错使用的地面

地面青玉石梦幻纹理装饰，在古典的柱壁装饰中，显得神秘！

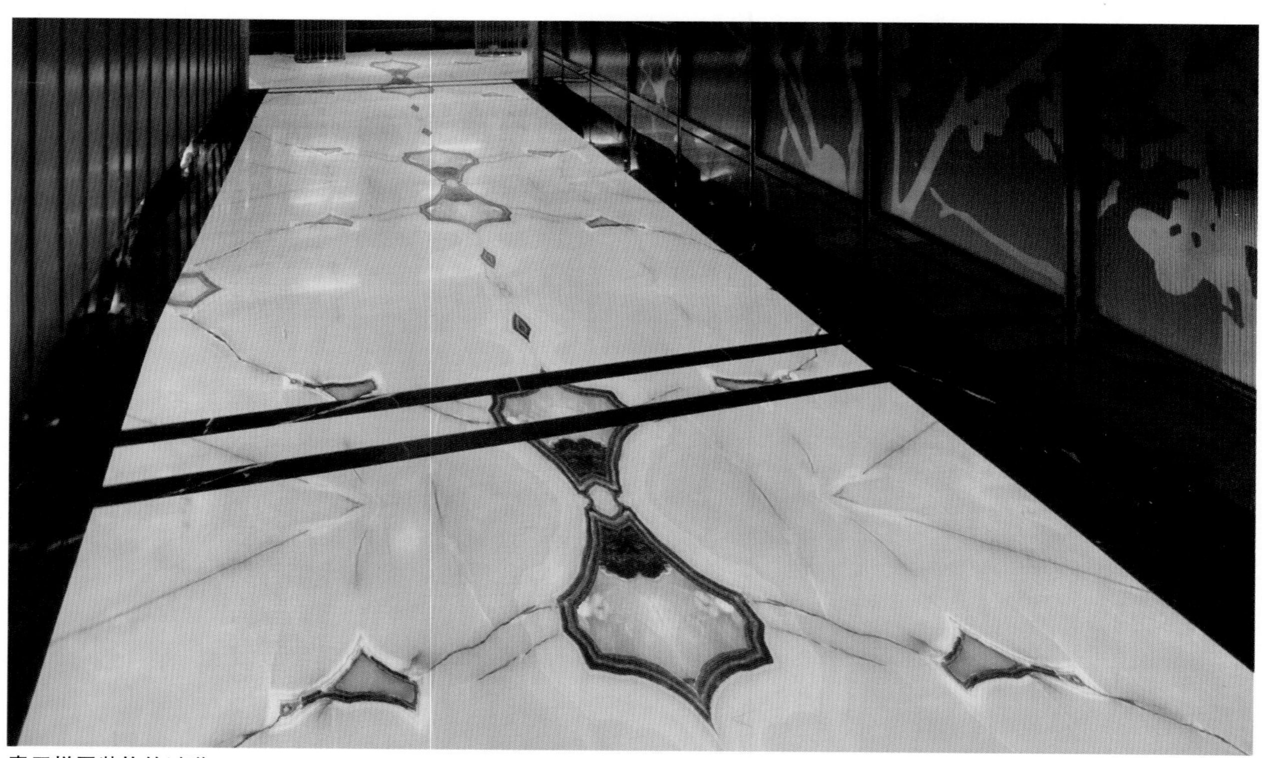
青玉拼图装饰的过道

竹节玉纹理的不同，能够带来空间的特殊感觉。地面采用对纹，墙壁采用平行纹装饰。

木纹玉平行对纹装饰的地面效果

玉石点缀的局部装饰

玉石花纹的拼花装饰。利用玉石大花纹的特征，直接拼接。

玉石装饰的卫浴，高雅和透出灵气。

板式装饰的卫浴空间

洗手间地面采用色彩较深、花纹较大的玉石拼装。

板式装饰的卫浴空间

全部透光的玉石卫浴。板状玉石加上光源。

板式装饰的卫浴空间

玉石作为壁画局部装饰

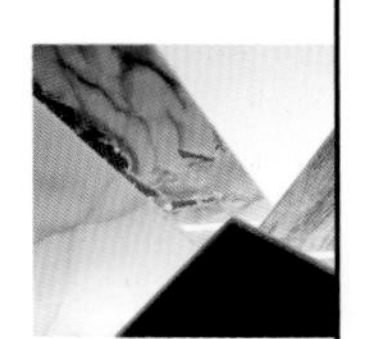

洗手盆

玉石台面

透光、滋润的玉石台面。利用紫玉板材粘贴成箱状，上面放洗手盆。

在灯光的照射下，玉石的透光性令人感觉新颖和脂润。

洗手盆

以玉石材料掏挖出来的各种形状的洗手盆，质地油滑，色泽温润，装饰在室内具有温雅之感。

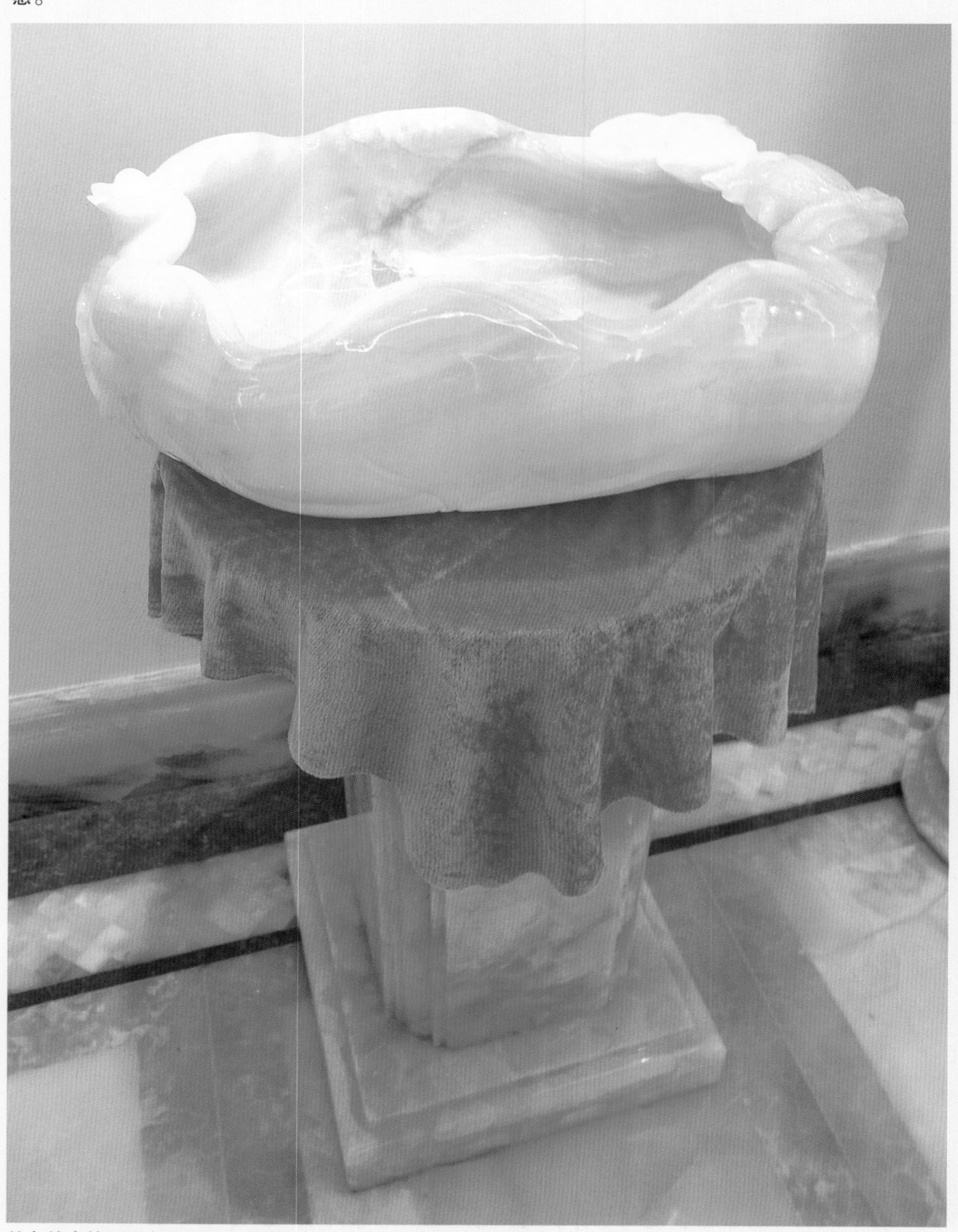

纯色的高档玉石鱼盆。独立盆式洗手盆。

洗手盆

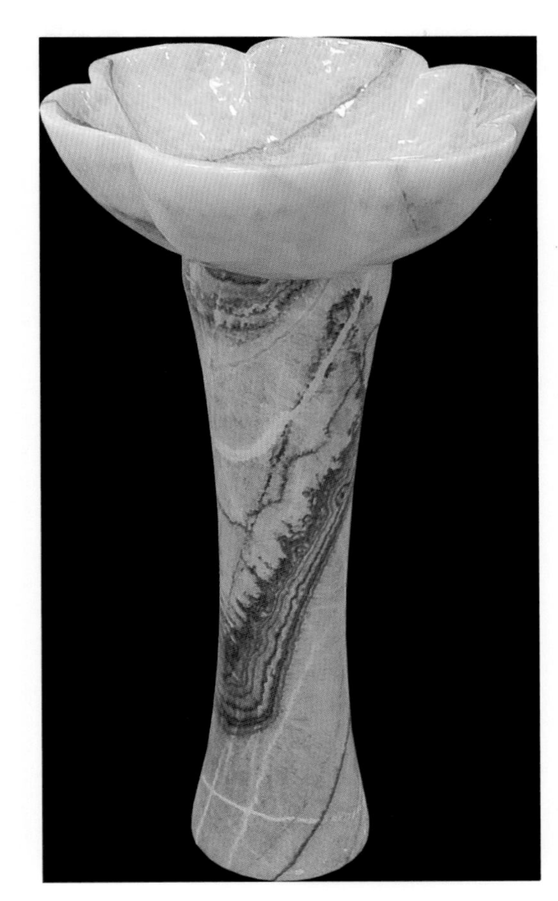

洗手盆

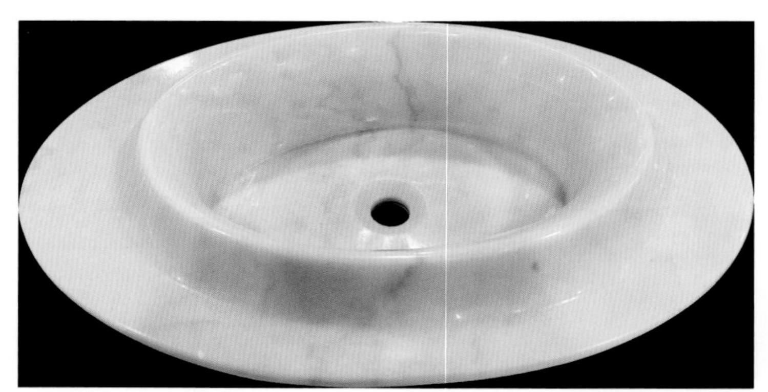

圆钵形

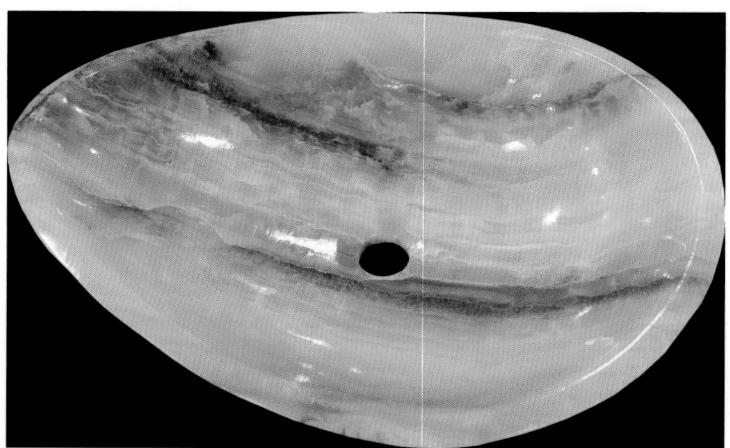

圆三角盆

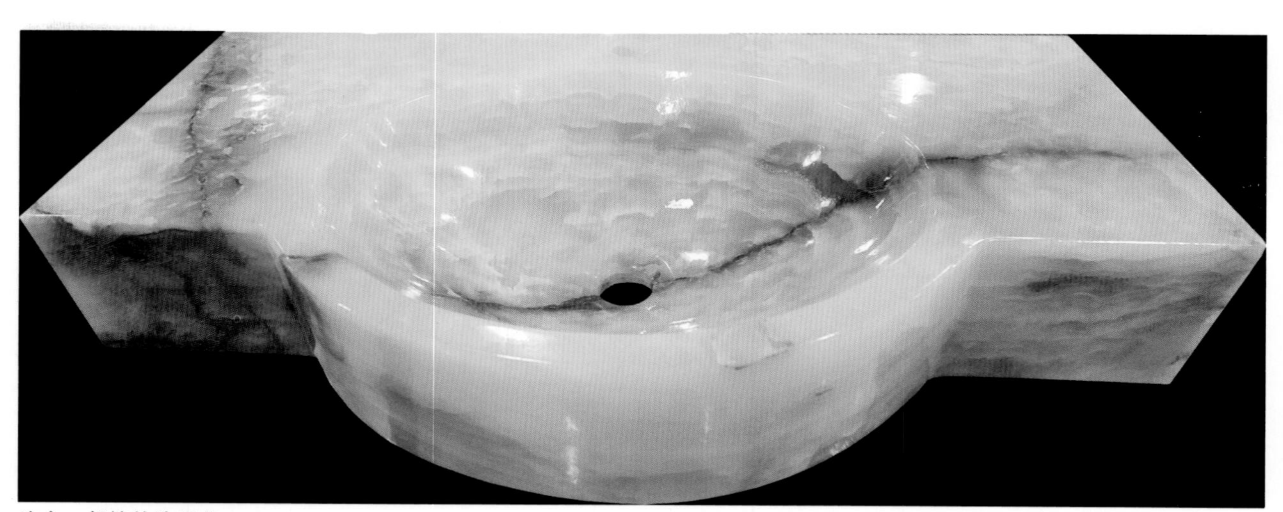

连台一起挖的洗手盆

阶梯

玉石楼梯

根线纹的白玉石板装饰的阶梯，在灯光照射下，温润乳白。

阶梯

梅花纹的彩石做成透光板

红花白玉做成的室内台阶板

栏杆

旋转玉石栏杆

栏杆

透光玉石栏杆

玉石栏杆

玉石栏杆

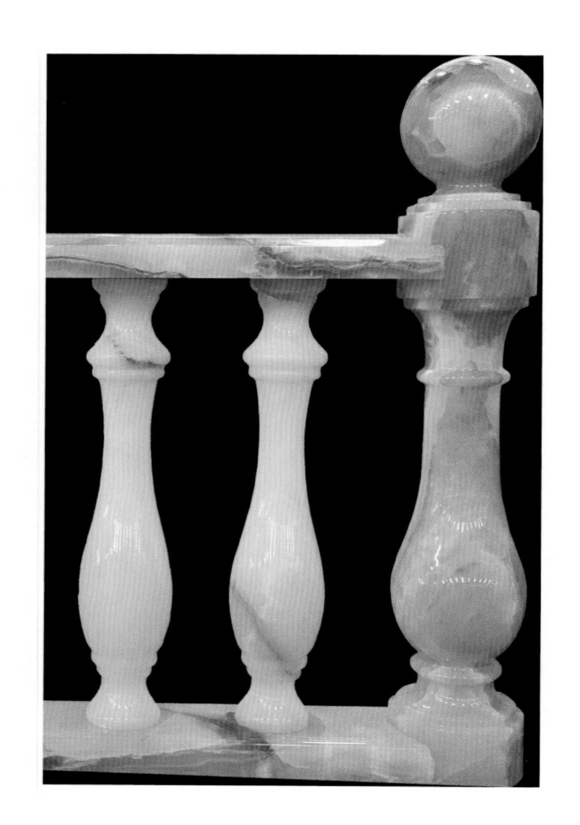

栏杆

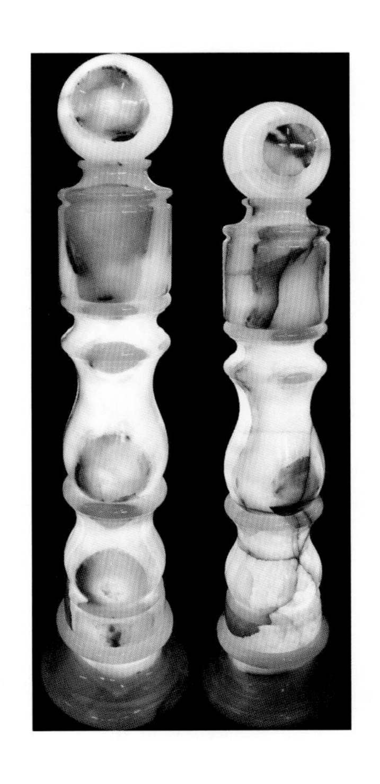

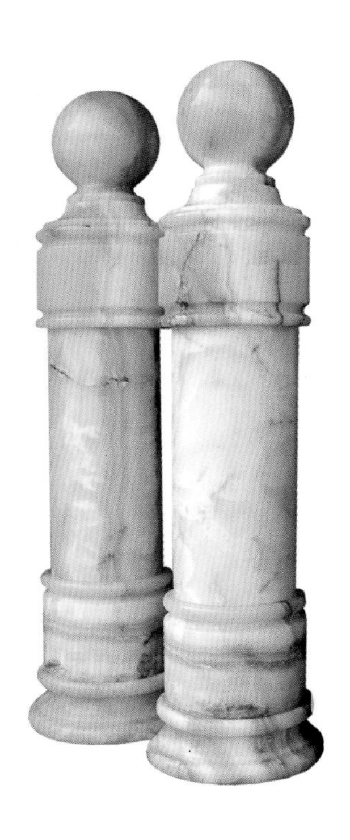

台阶边采用透光玉石做围边，创意时尚。

线条

室内墙壁装饰小线条

凹槽线条

柱

淡青玉的柱

玉雕龙柱

柱

粉玉拼接的欧式扁方柱

白玉等拼接的欧式古典柱

柱

蓝色玉石透光的大柱

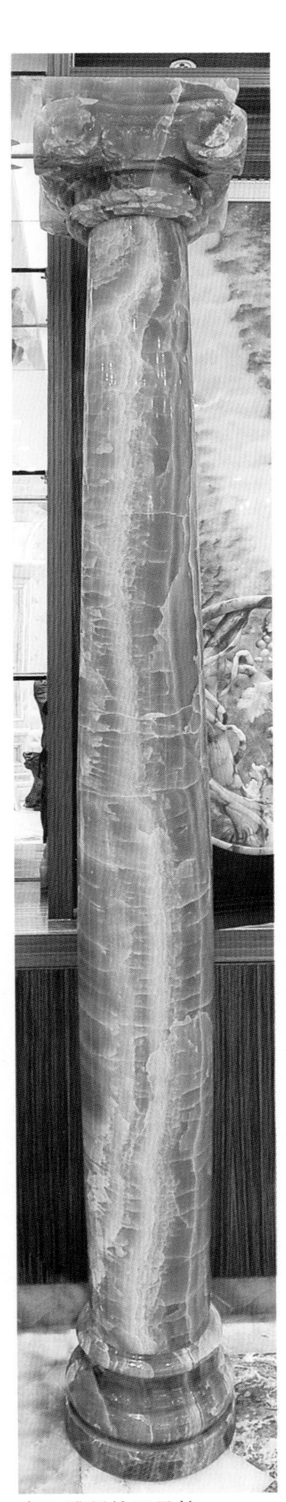
青玉雕刻的罗马柱

白玉罗马柱

柱

玉石加工成欧式方柱

玉石加工成罗马柱

柱

古典式柱

实心罗马柱

玉石构件

柱

古典式透光柱

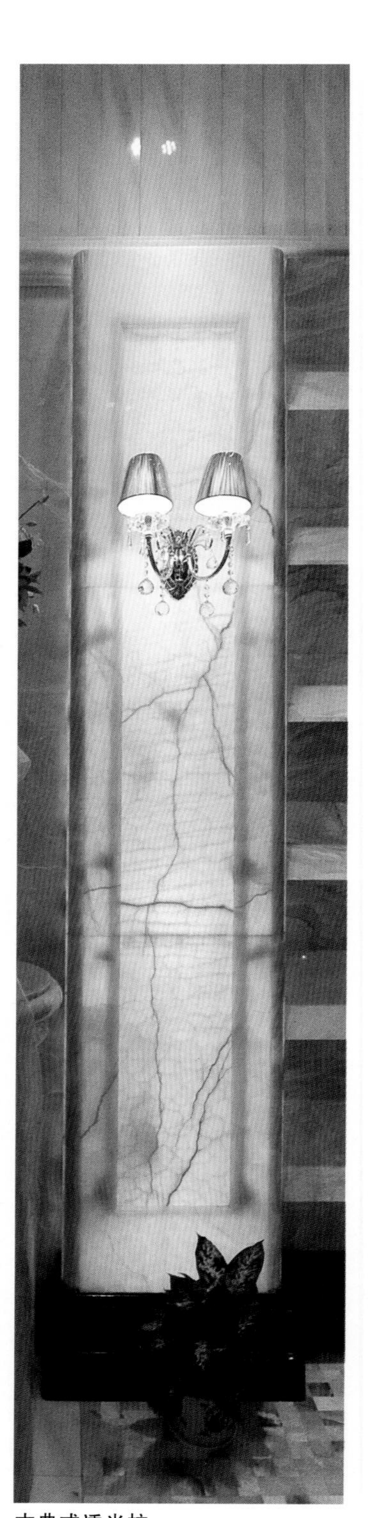

古典式透光柱

镶嵌玉石板的柱

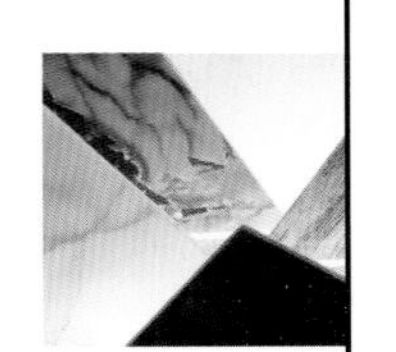

柱

玉石空间：柱和地面的玉石装饰，显得流光溢彩！

玉石构件

柱

透明玉石与不透明的玉石组合成欧式古典柱

柱采用玉石装饰，可以使柱和梁都成为透光体，且纹理也成为装饰元素之一。

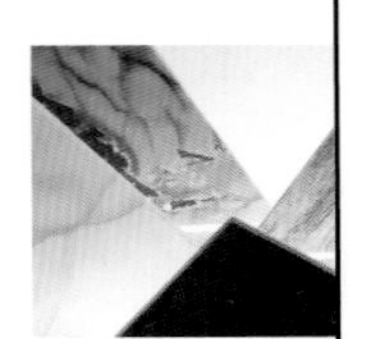

柱

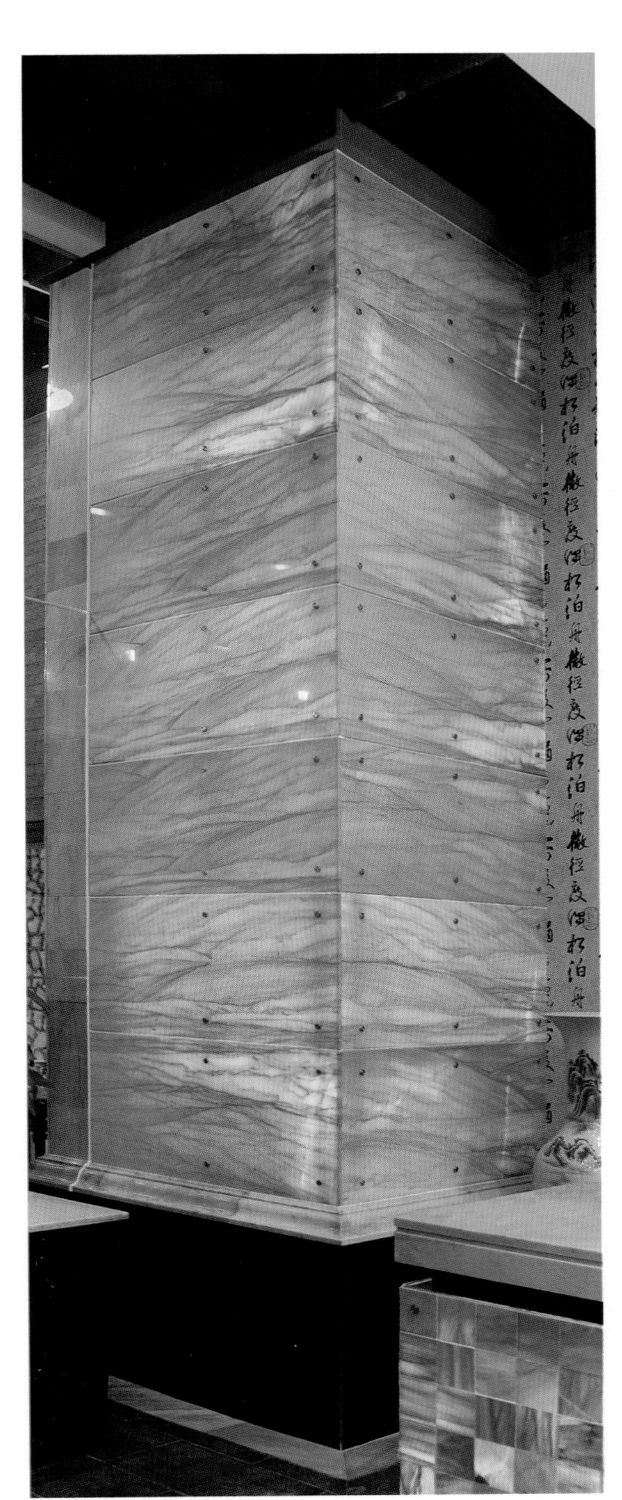

板拼透光空心柱

大板粘贴成方柱，透光成柠檬色，纹理梦幻，兼有装饰性与观赏性。

柱

板材拼贴透光玉石柱

屏风、玄关

玄关的玉石透光装饰

屏风、玄关

四季花卉雕刻屏风

玉石镂空花边的屏风

玄关：用梦幻抽象透光黄玉石做屏风主面板。为了突出玉石装饰效果，边框采用大理石线条。

屏风、玄关

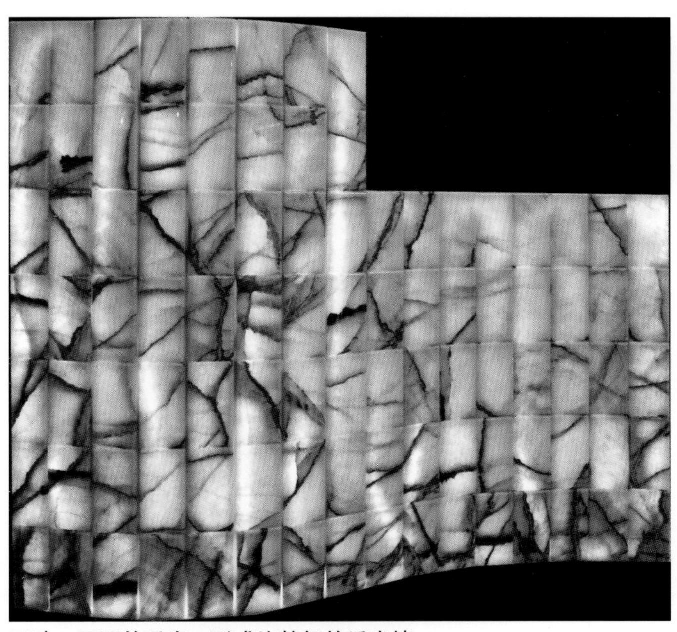
玉砖、玉石的透光，形成比较好的透光墙。

龙凤呈祥

透光的玄关

喜鹊登梅

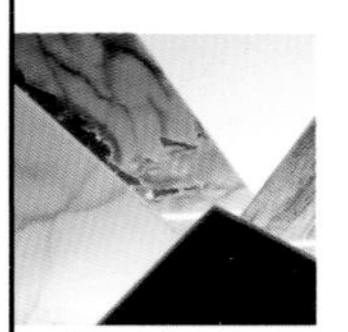

屏风、玄关

龙

双面漏雕

雕刻屏风

玄武

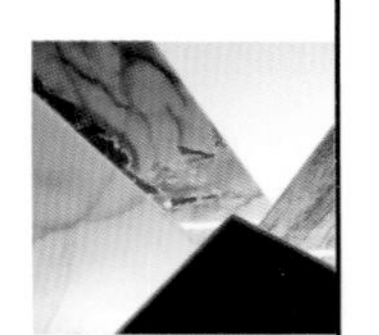

门

玉石装饰的墙面，按照古典式的装饰方式。

门

玉石装饰门套

玉石装饰的门头

门

门套透光玉石装饰

门柱装饰透光玉石的空间

吧台

淡绿色的玉石，各种形态的板块组成的吧台（内蒙古玉石）。

板面雕刻的玉石厚板吧台

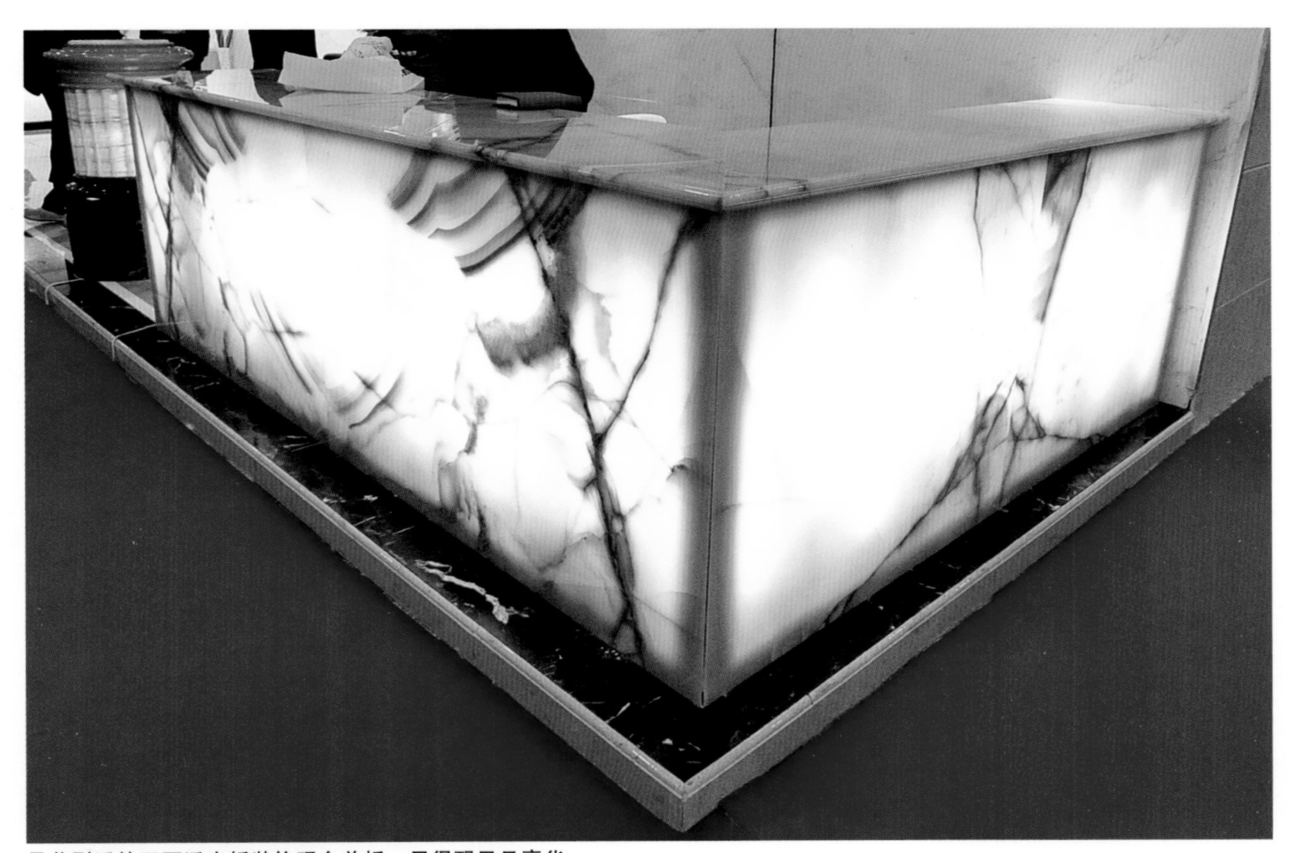

晶莹剔透的玉石透光板装饰吧台前板，显得醒目且豪华。

玉石透光的吧台

青玉做前板的吧台

自然、随意、放射状的透光玉石面板吧台。

幽暗的灯光下，格栅状的柠檬黄色半透光玉石拼成的吧台，柔雅如脂。吧台成为分隔座椅和内部的界限，顶部千纸鹤般的小灯似乎漂浮不定，带来神秘空间的灵动感。放松与休闲的场所，温暖的设计易于释放情怀。幽暗的灯光遮掩隐私。

吧台

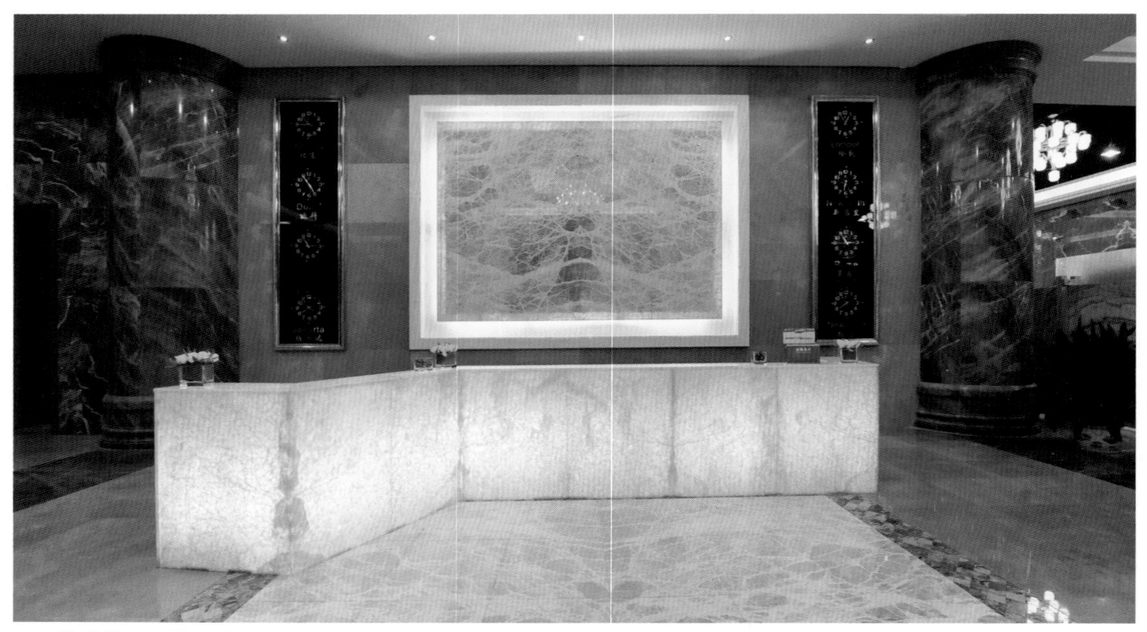

玉石的装饰，吧台、壁画。

纹理玉石吧台

晶莹的白玉吧台台面

吧台形态方整，采用白玉石板状粘贴，台板前的平安扣装饰，立体而有寓意。

白玉石砖磊叠的吧台

纹理丰富的蓝玉石吧台

桌子形连体吧台

玉石灯源装饰

传统灯源

吊顶灯灯罩

苹果形玉石透光灯具

平行纹的蓝玉灯

淡青玉加工的花瓶式台灯

玉石灯源装饰

传统灯源

古典灯灯座

吊顶灯灯罩

有褐色皮料的玉石粘成的灯罩，具有渐变色，把瑕疵变成美感。

玉石灯源装饰

创意灯源

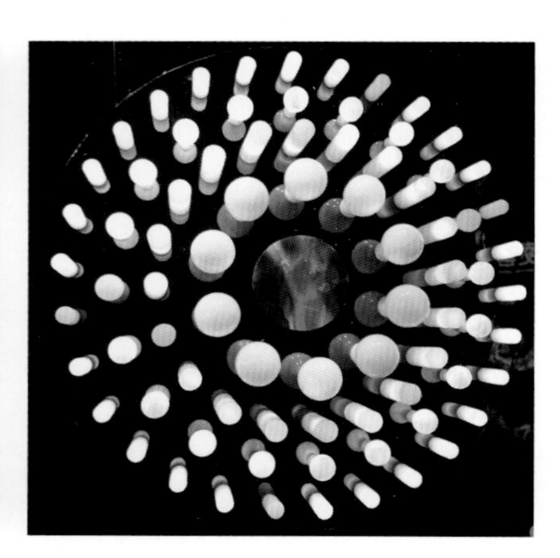

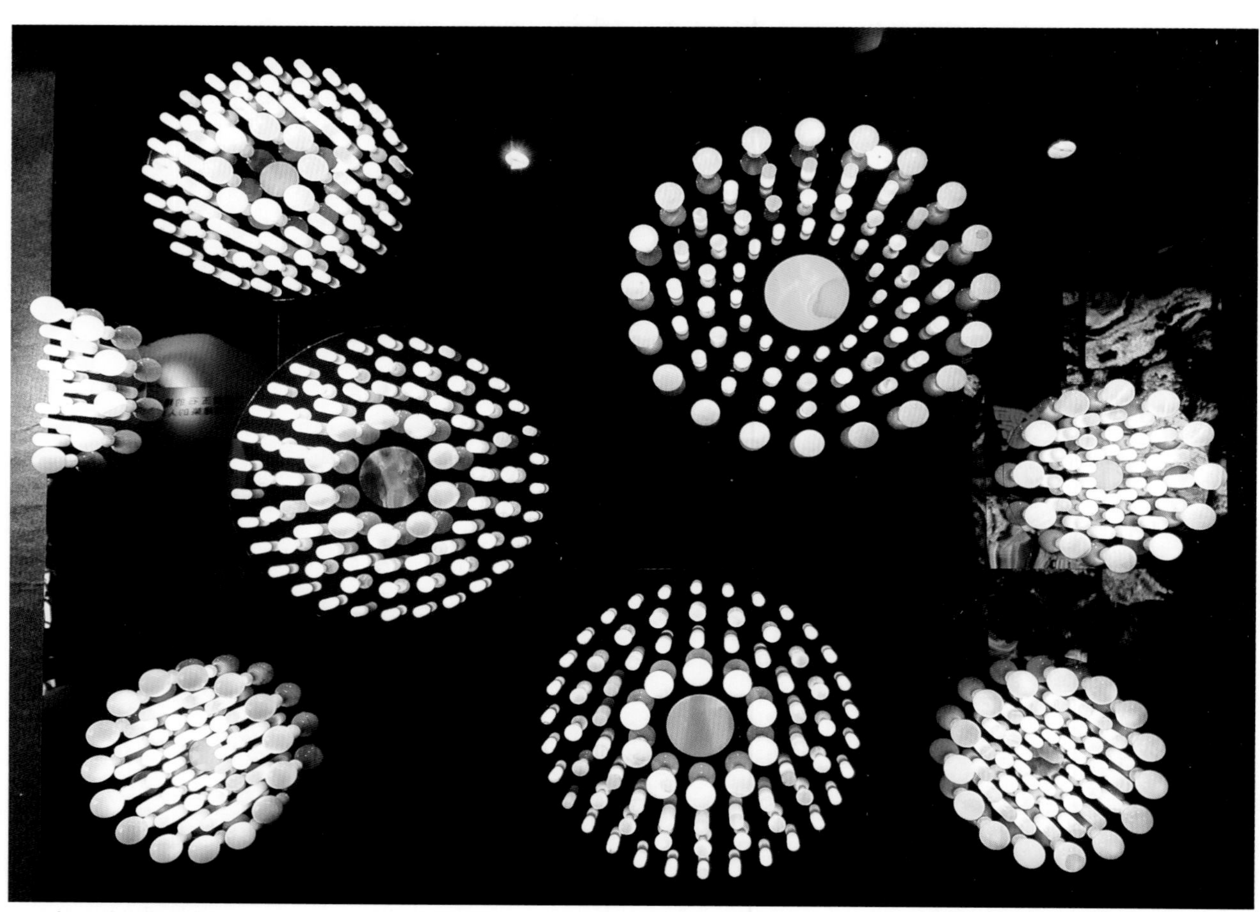

玉石加工的光源设备

创意灯源

透光灯柱，地灯。

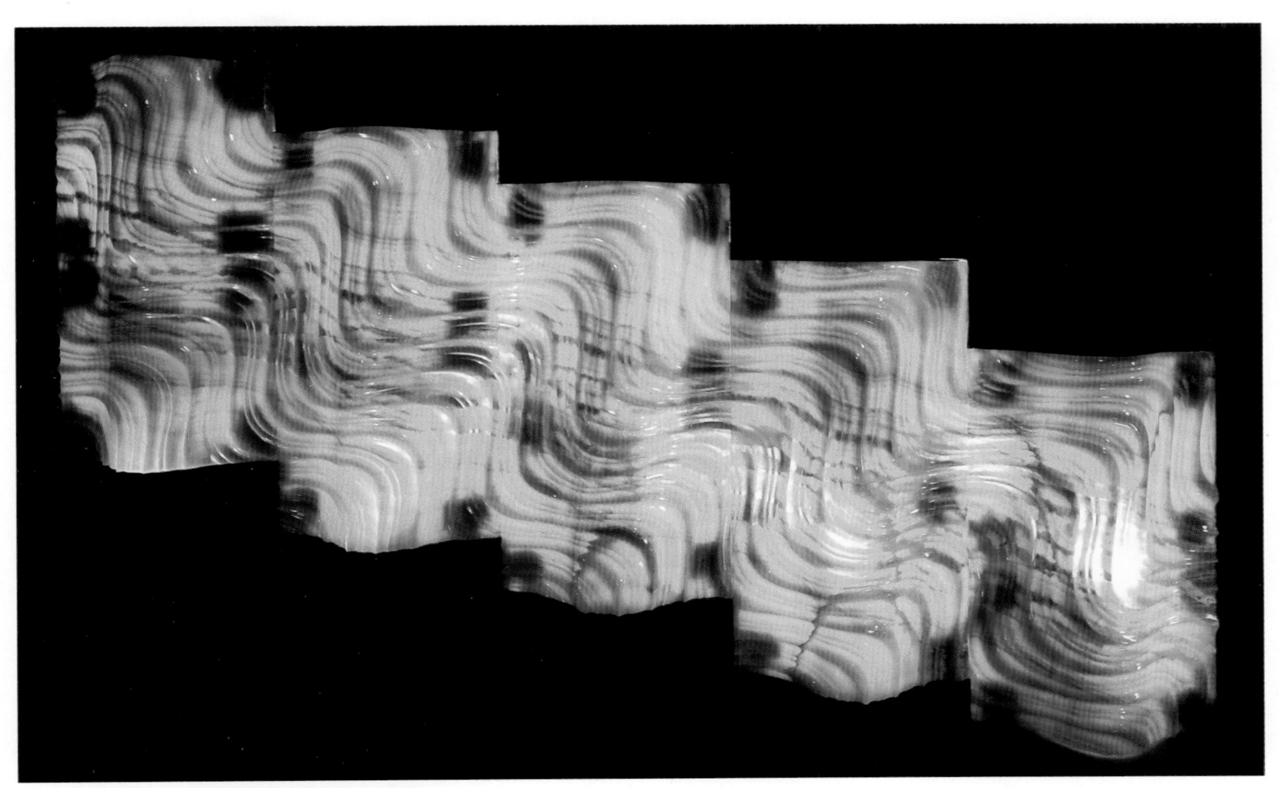

波浪纹透光板，用作装饰墙壁或者吧台前板。

透光玉石壁炉

透光玉石壁炉

透光玉石壁炉

纹理变化很大的壁炉

透光柱

玉石透光楼梯柱头

透光大理石柱

玉瓶

玉石透光楼梯柱头

玉石灯源装饰

透光柱

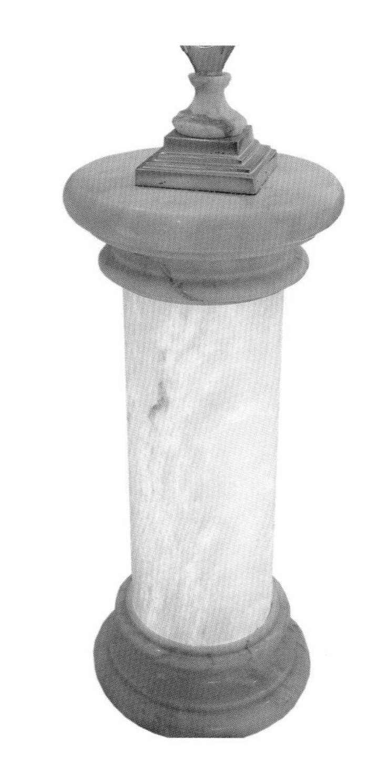

四面红花白玉拼板的透光柱

青玉透光柱，褐黑色的斑块色纹。

透光柱

酒店中的漏光灯柱摆设

透光板外装饰镂空雕花大理石板的花盆

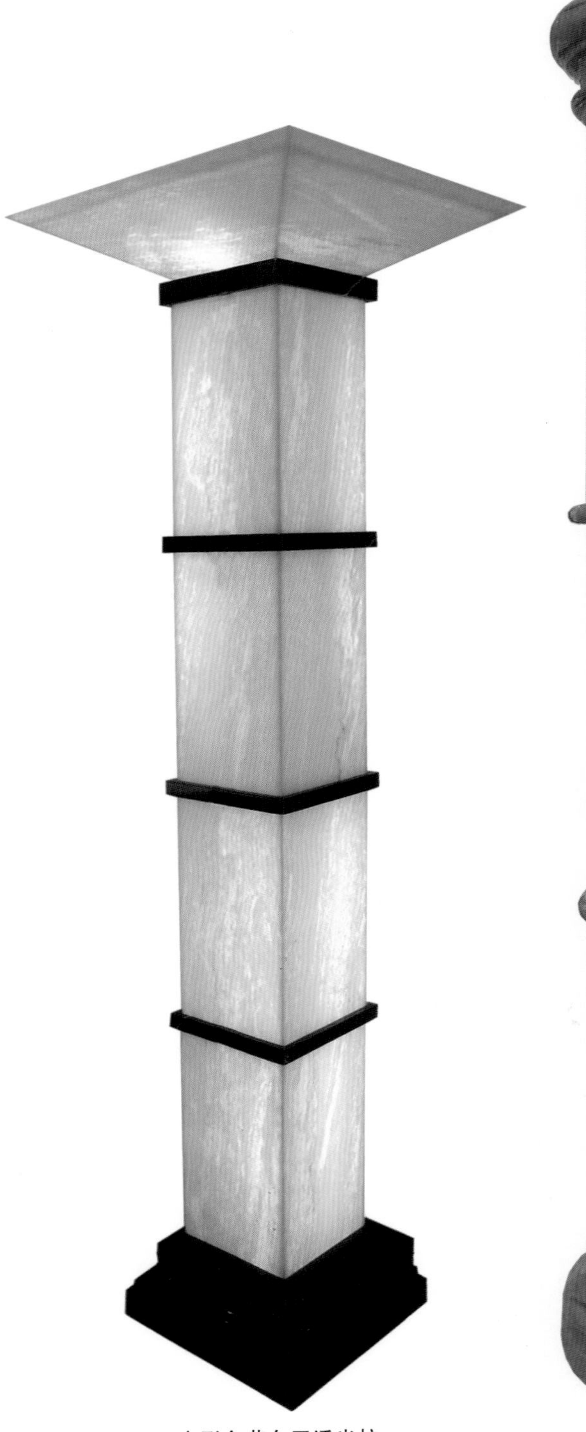

方形多节白玉透光柱

圆形多节白玉透光柱

透光柱

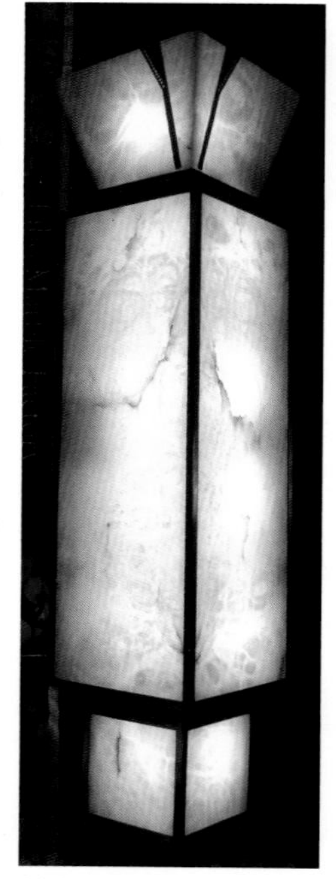
拼成方柱

分节灯源

花纹透光摆设柱

透光柱

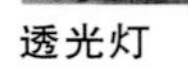

透光灯

透明球

玉石透光灯柱

局部光源装饰

金黄色的透光板与中式窗棂的结合装饰，中式古典色彩与形式的完美结合。

立体感很强的白色玉石装饰波浪立体墙，光源隐蔽，灯光如同波浪一样富有节奏，生动。

超异型透光灯墙的侧面

局部光源装饰

柱的夹缝里面装饰透光玉石

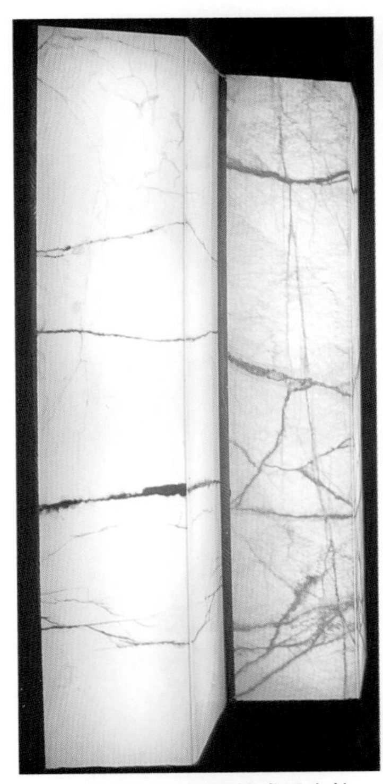
丝状纹的白色玉石拼接成透光柱

吧台前板局部点缀玉石光源及顶棚。在透光装饰中，玉石的使用，把酒店装饰得蓬荜生辉。

玉石灯源装饰

局部光源装饰

天花板和屋顶装饰的黄色玉石板

电梯门口上的门楣装饰黄色玉石板

局部光源装饰

天花板装饰黄色玉石

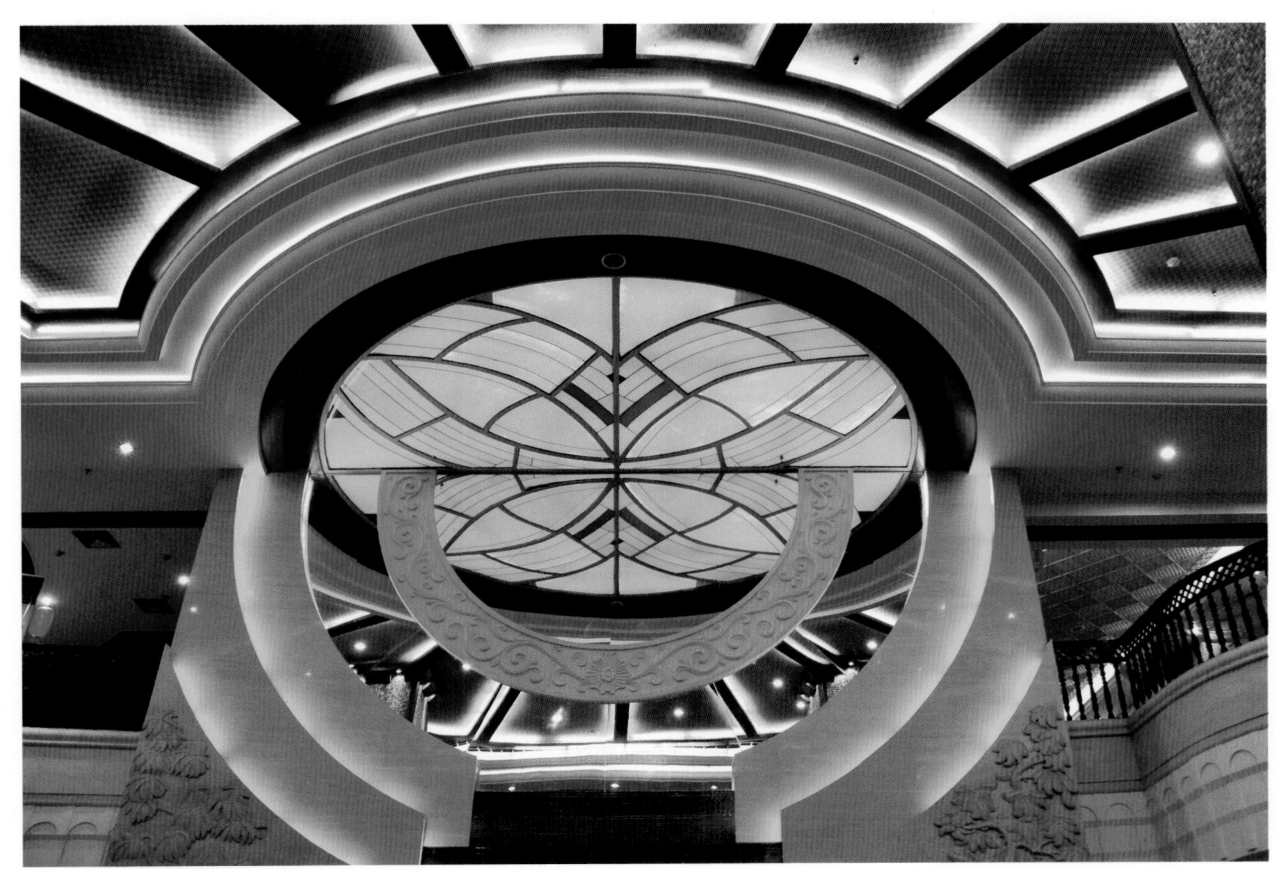
室内天花板的装饰

玉石马赛克

各种玉石加工的部分马赛克形式

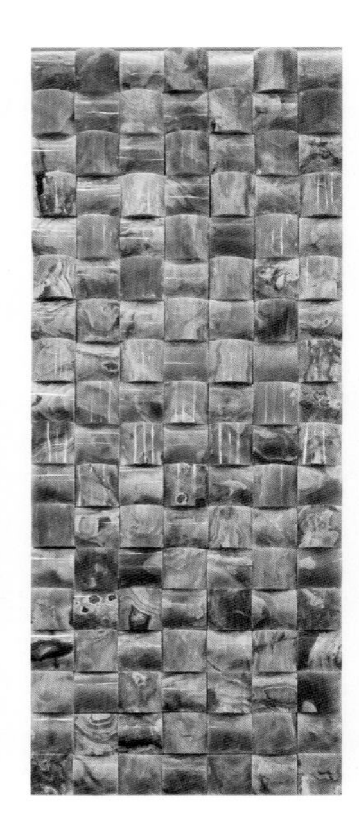
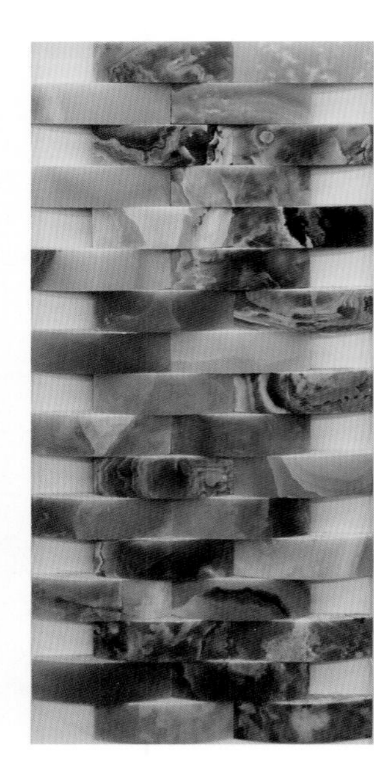
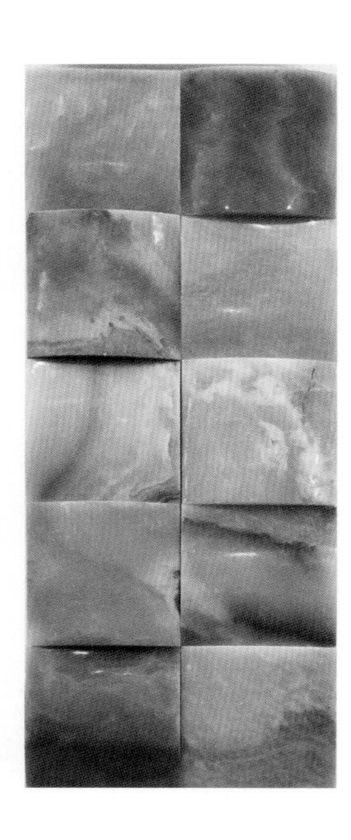

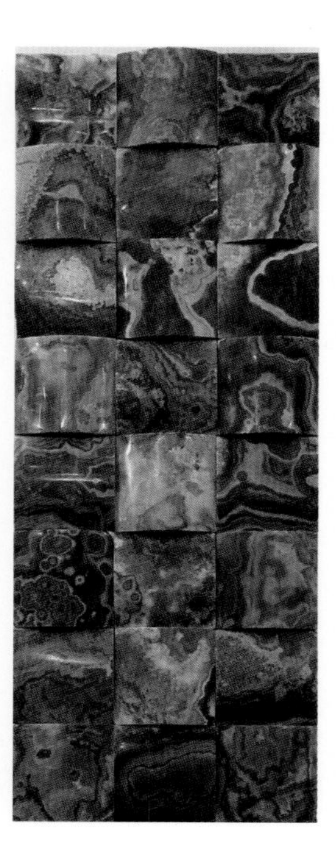

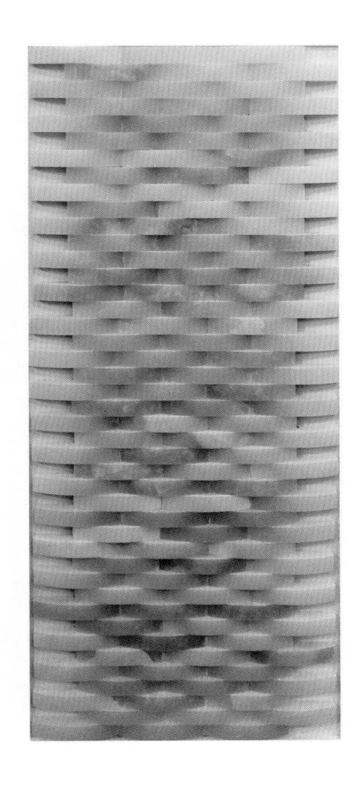

玉石马赛克墙面

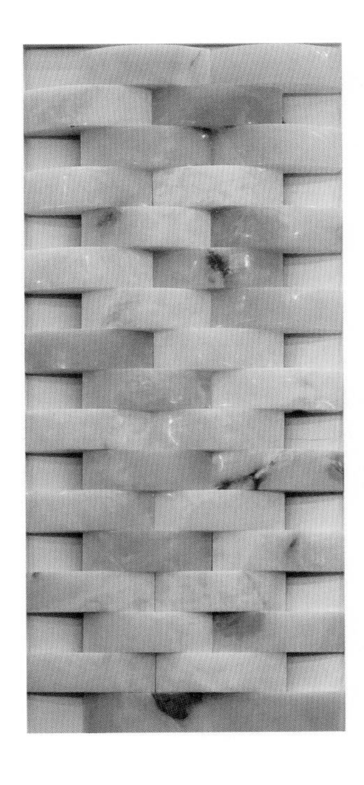

玉石马赛克

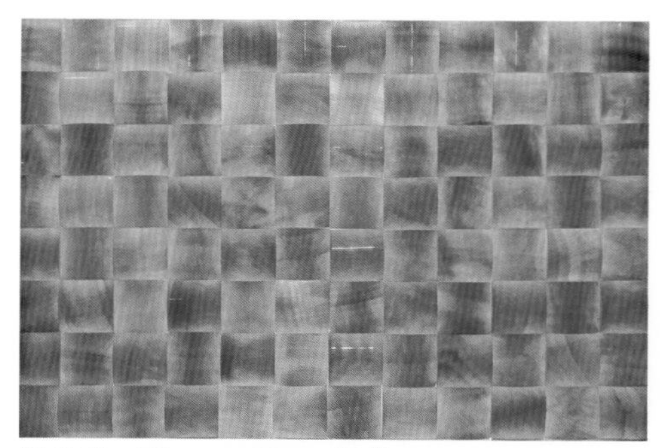

馒头形，50mm×50mm规格。

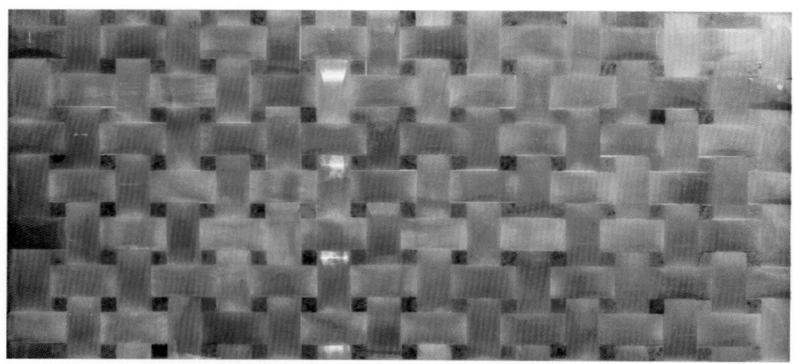

竹席纹，双色拼片透光板。

席字形拼片透光板

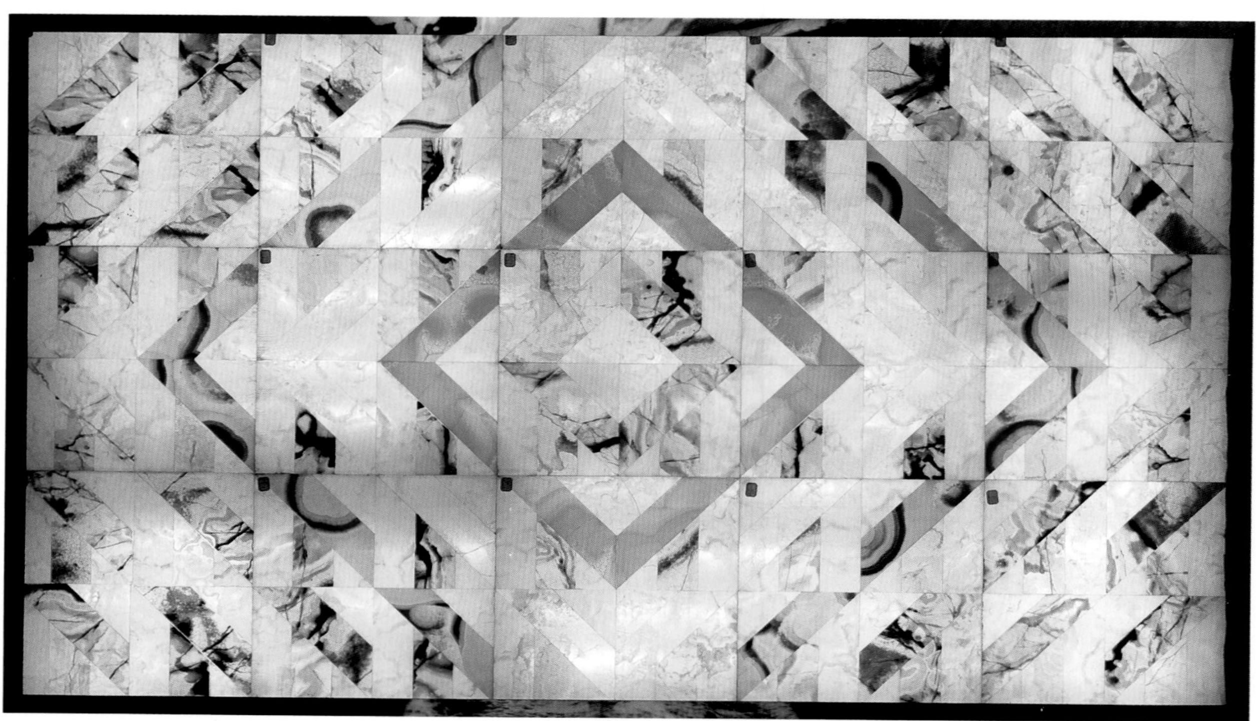

方形拼色的玉石

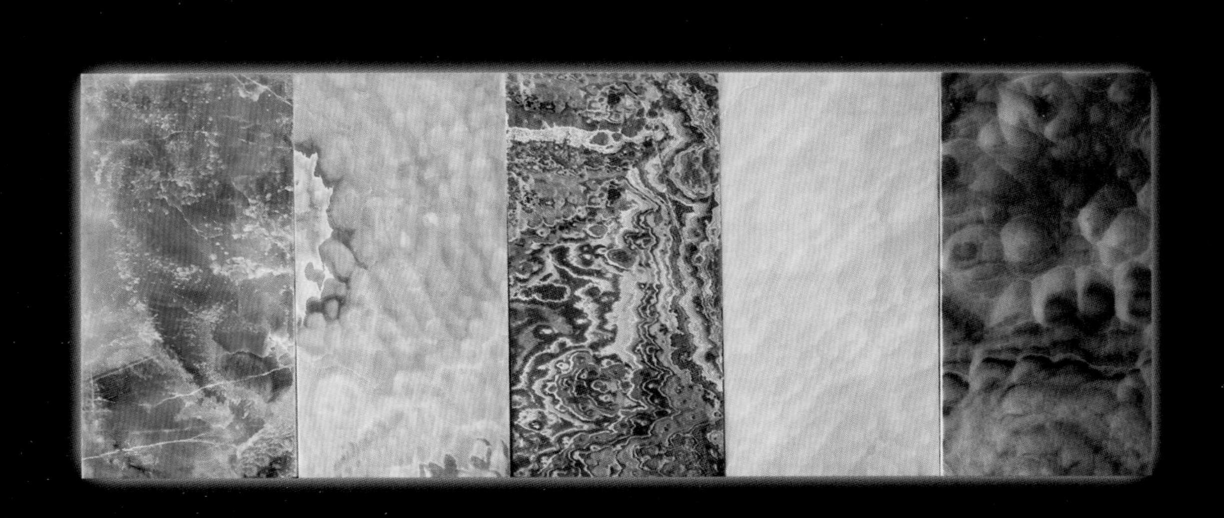

微透明大理石

大理石的成分，碳酸钙类岩性，但具有玉石的质地。和传统大理石的区别是：这些大理石具有玉石油脂感的部分特征，微透明，半透明，质地细腻，纹理漂亮，有平行的层理纹，甚至图案纹，能够形成美妙的装饰效果；硬度比传统的玉石低，一般在2~5之间。

透明大理石基本上是亿万年沉积形成的碳酸盐类大理石，由于生成环境的变化漫长，形成很多极具特色的图案纹理。因此，纹理也是反映地质生成环境的印记，可以被利用，成为一种美妙的艺术。

透明大理石中，以黄色类特别多，此外还有白色、灰色类、多彩类。装饰起来美观而有特色。

透明大理石与玉石的最大区别是：块料大，能够加工成大型的物件和各种规格的板材等！

种类介绍

这些石材是经过亿万年沉积形成的，荒料的各种特征表现了自然奇妙的历史环境，也同时成为我们研究应用于装饰的重要元素。

凤凰水晶：

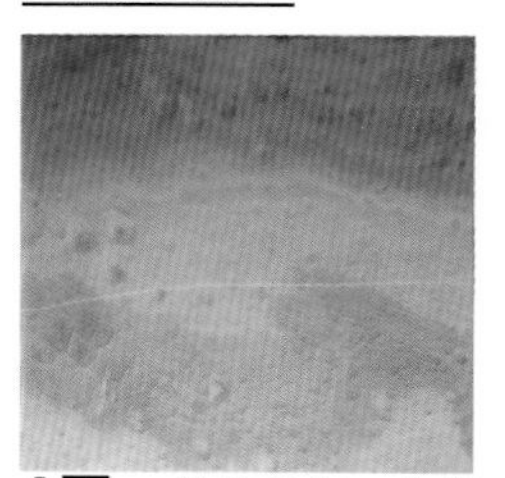

A面： 纹路特征，色泽均匀。

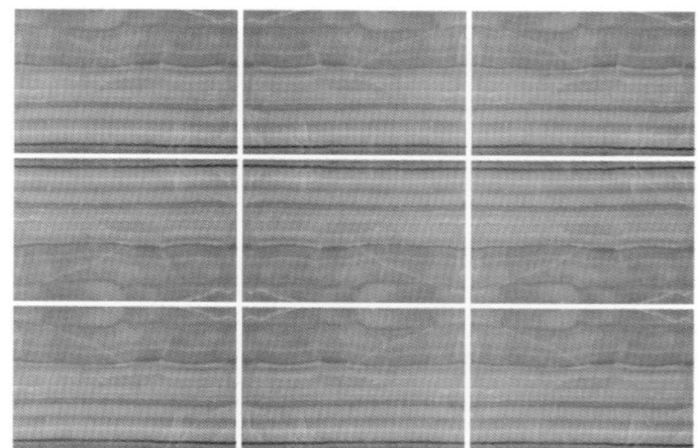

B面： 平行纹路九片拼接效果

结晶面，面上有发泡纹，说明结晶生成过程中有气体，这样切割的面的板材，纹理寓意：暴发。而另外平行纹面则可以拼成规则平行或交错的纹理组合。

彩虹玉：

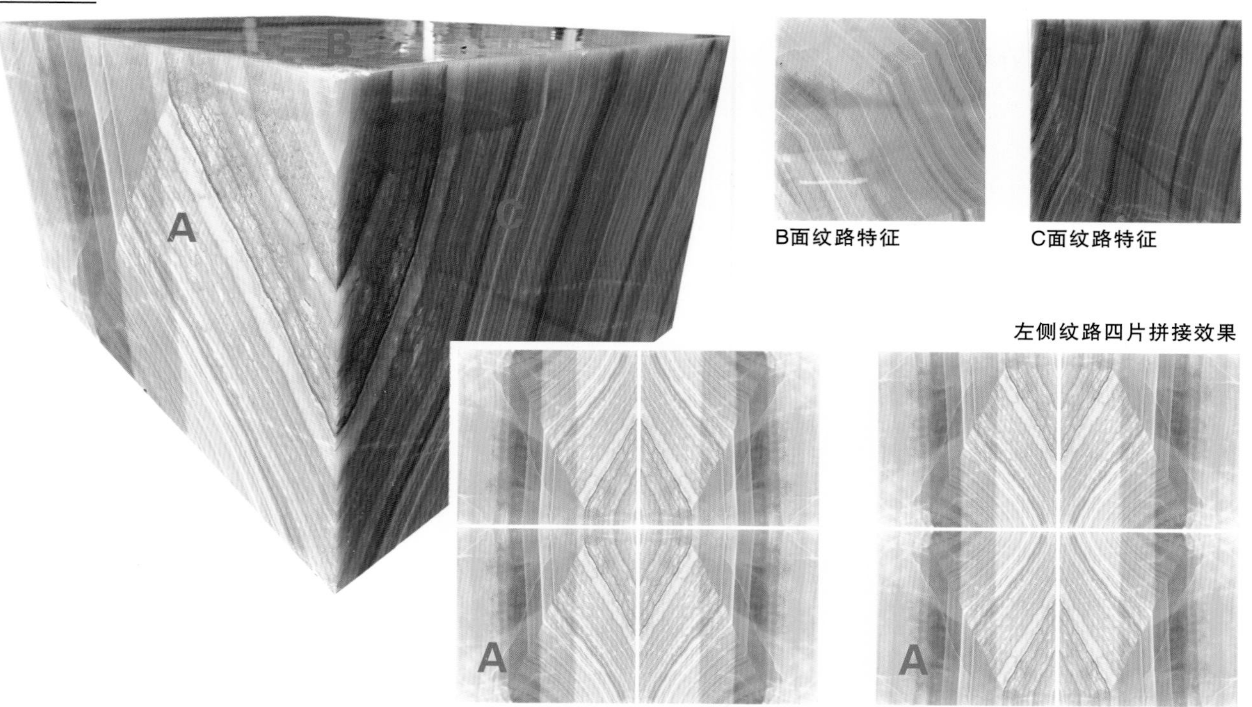

B面纹路特征

C面纹路特征

左侧纹路四片拼接效果

纹理交叉发达，质地脂，加工之后，各个面的纹理都是斜向的，可以以两片或者四片拼纹构成装饰图案。

红龙碧玉（南美洲）：层理状，纹理粗犷和纹丝线细腻相结合。

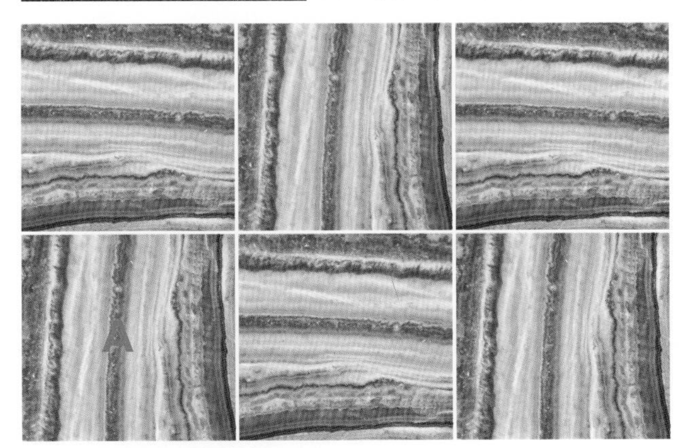

红龙碧玉交错纹拼装效果

红龙碧玉荒料

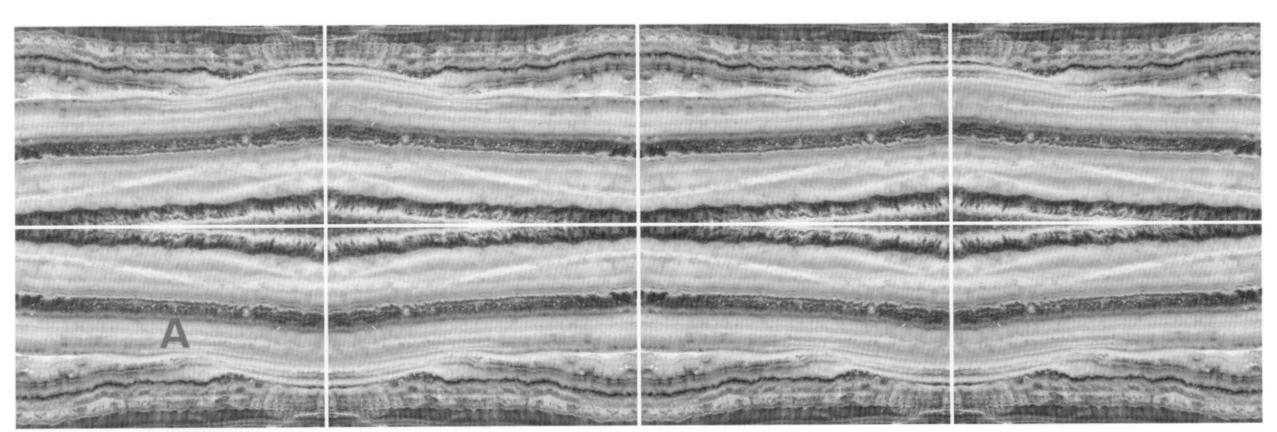

红龙碧玉平行纹拼装效果

B面：云雾状金黄色半透明大理石，伴有结晶纹。

琥珀玉（南美洲）： 层理明显，透明度好！

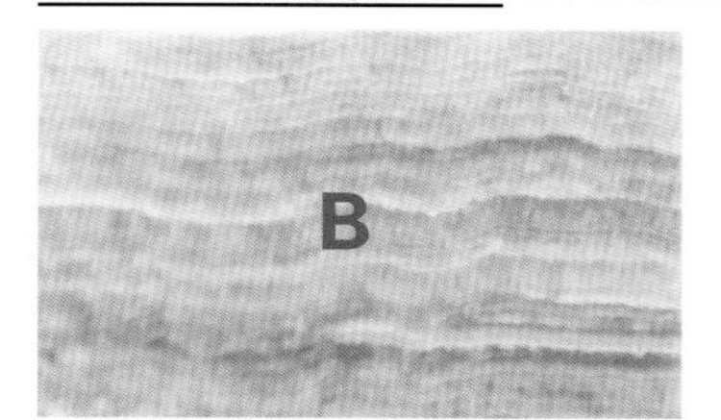

侧面纹路特征

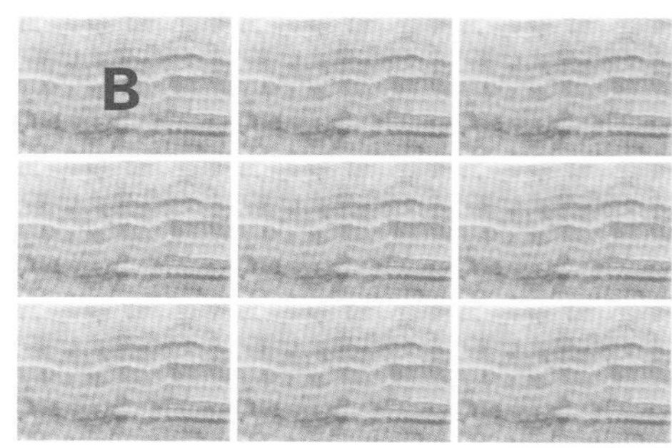

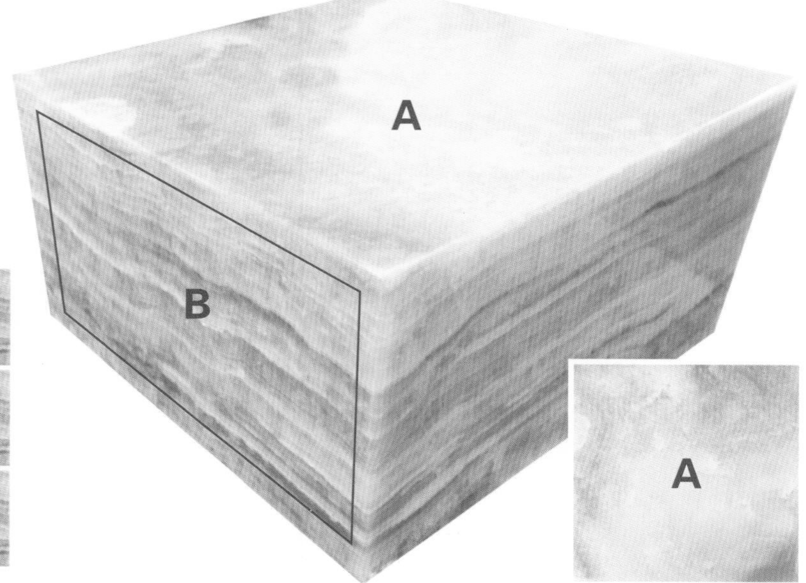

上面纹路特征

金碧辉煌： 纹理细腻，层理状的构造。

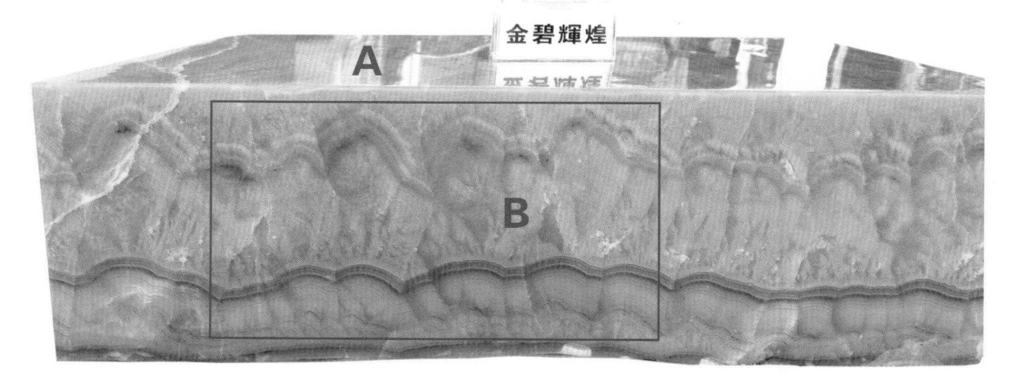

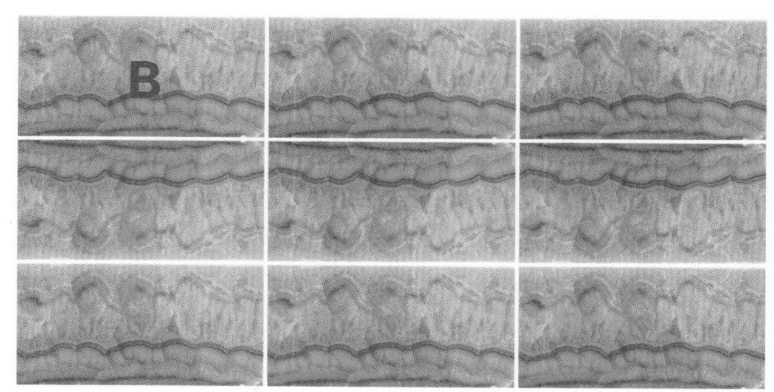

正面纹路特征

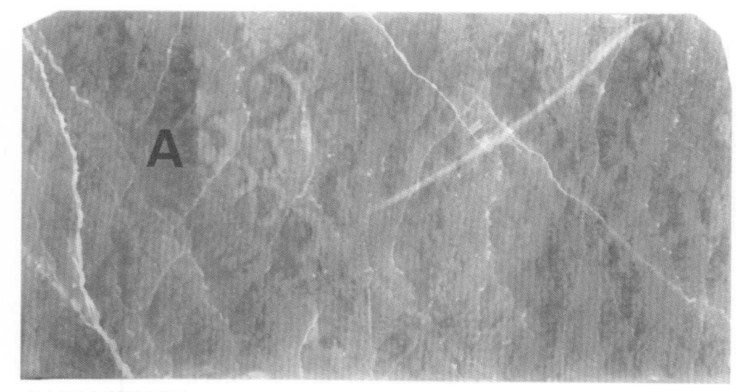

上面纹路特征

桔子玉：

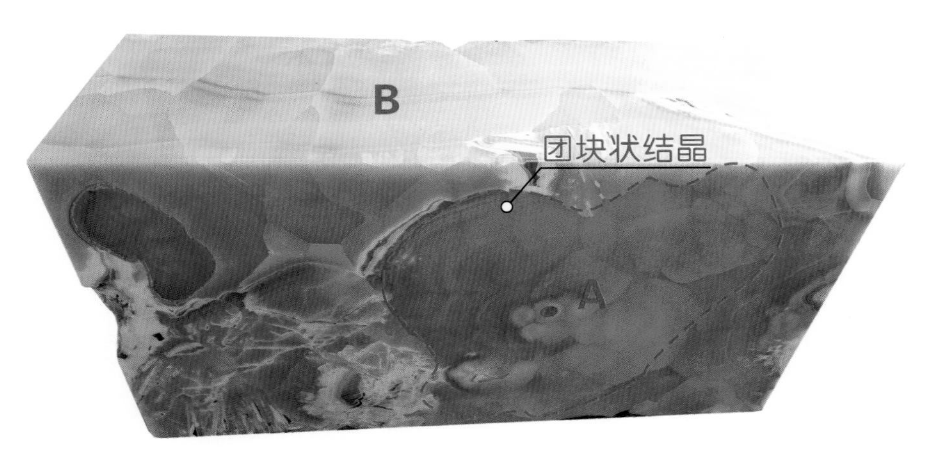

质地细腻，如同奶油，纹理突变强，故装饰性强。

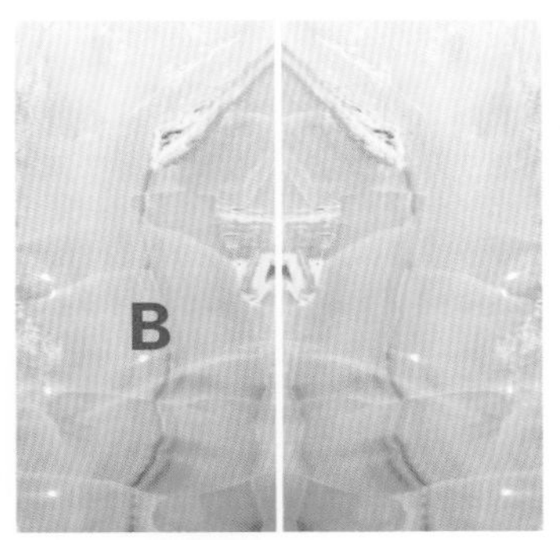

原石上面纹路特征

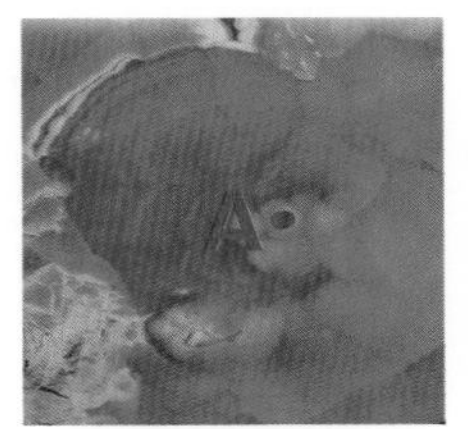

原石正面部分纹路特征

松香黄（国产）：

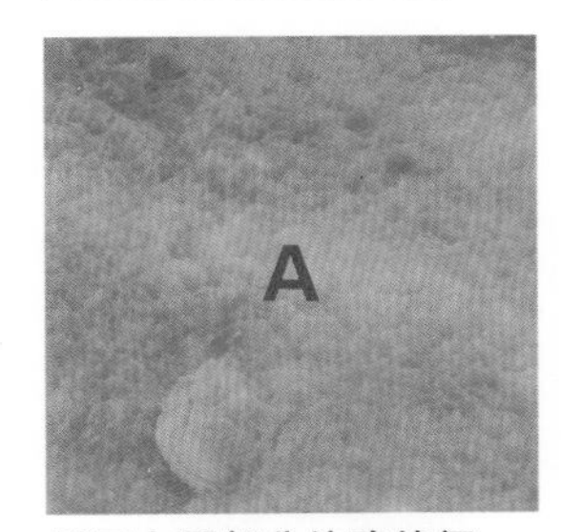

原石上面部分纹路特征

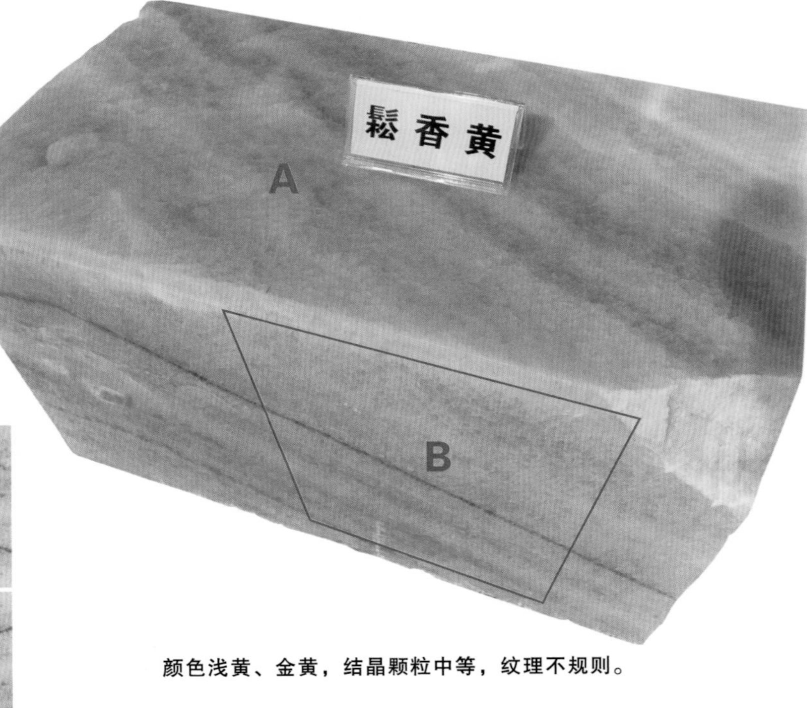

颜色浅黄、金黄，结晶颗粒中等，纹理不规则。

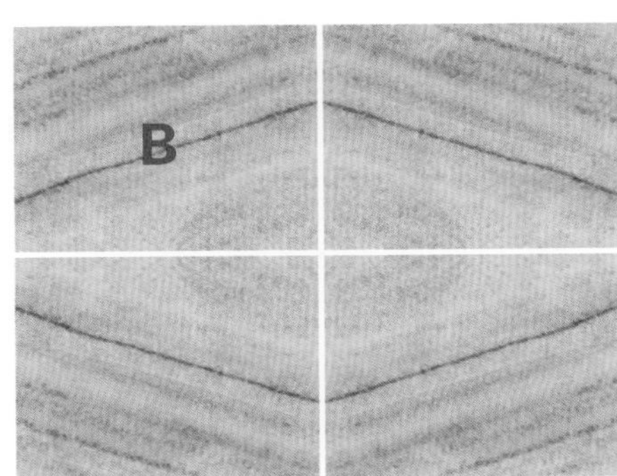

原石侧面纹路特征

雪中红：

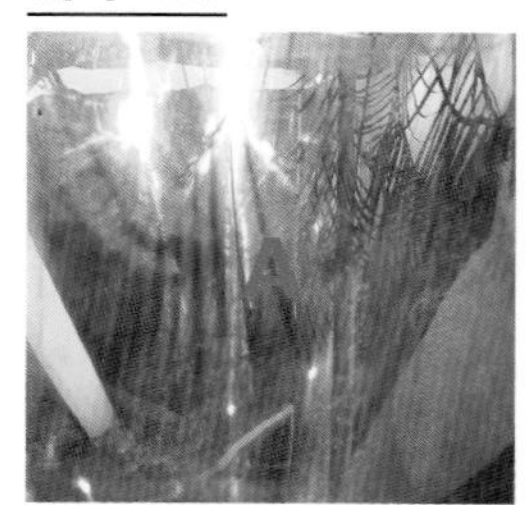
原石上面磨光面的特征

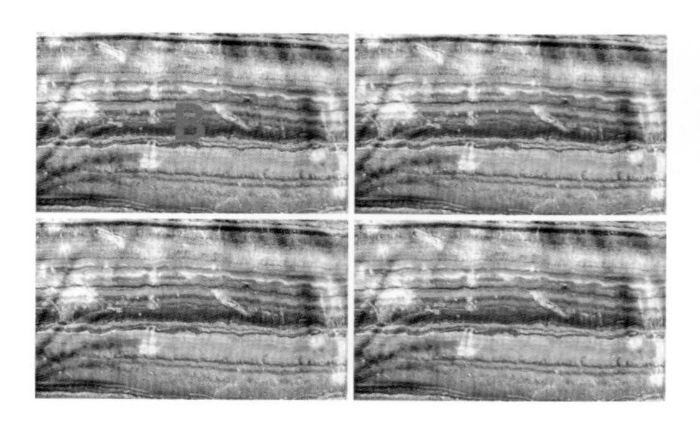

层理状明显，色彩层次变化大，适合层里装饰。

毕加索（中国产）：

六面加工出来的大板都是鬼脸图案纹，这些图案可以成为活泼的空间装饰。

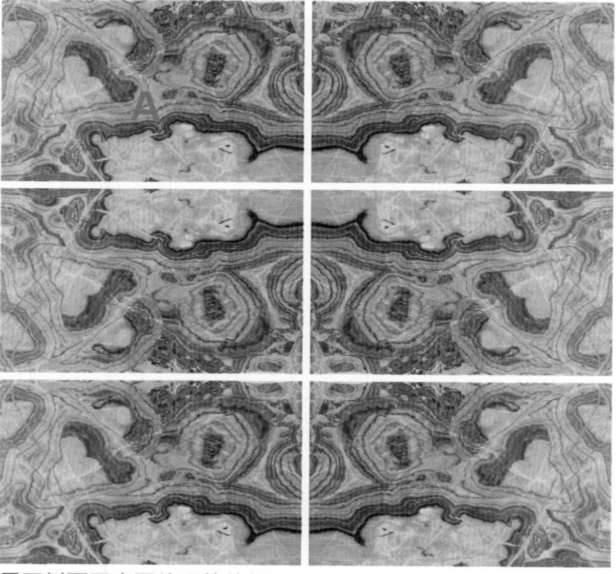

原石侧面亚光面纹理的特征

艾宝绿：

原石左侧面的纹路特征

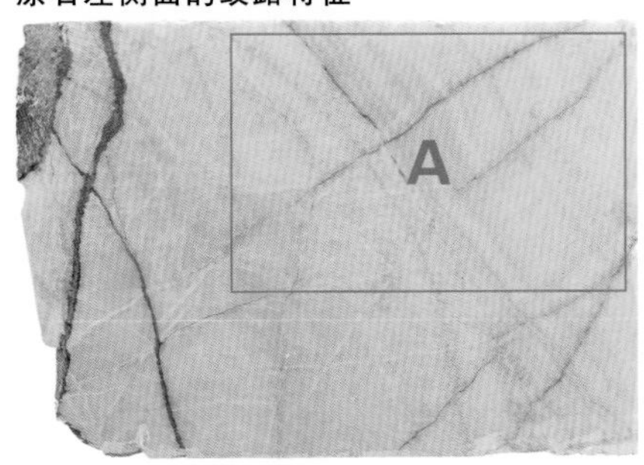

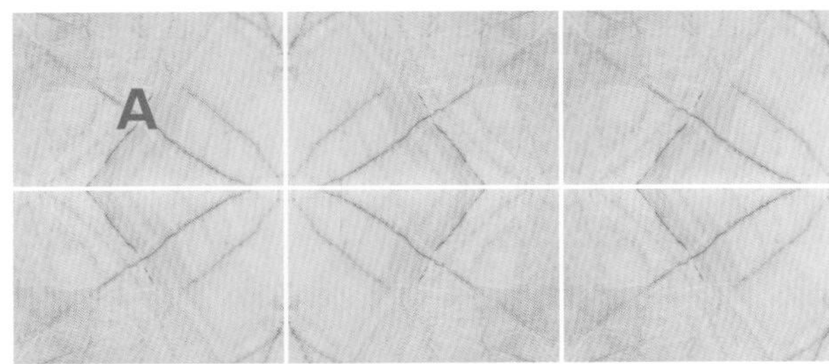

A面： 交叉纹组成的菱形图案

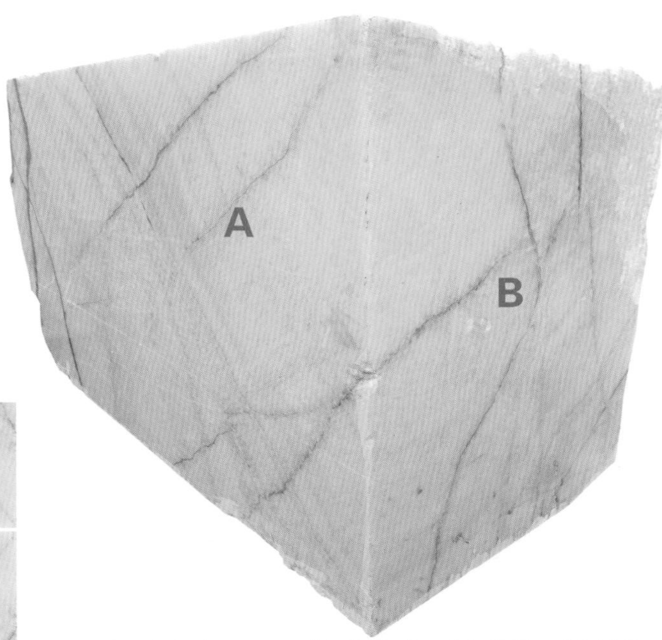

淡绿色的大理石，各个面都有稀疏的红线根，成为装饰中要考虑的元素。

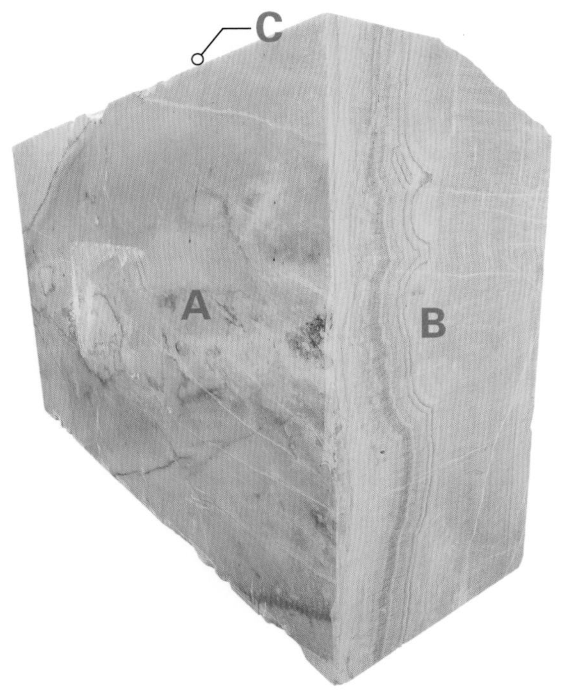

呈层里平行线纹

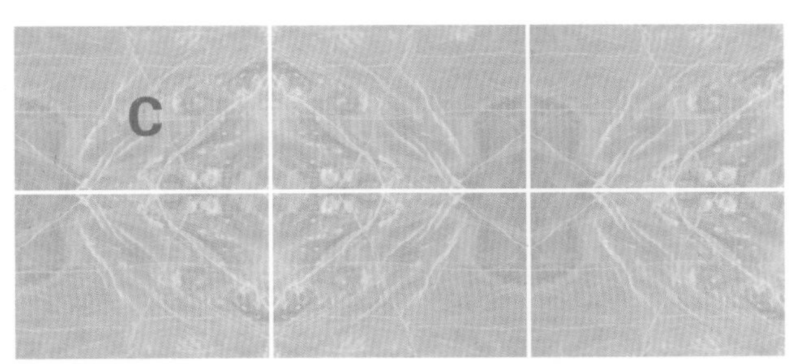

原石C面的纹路特征

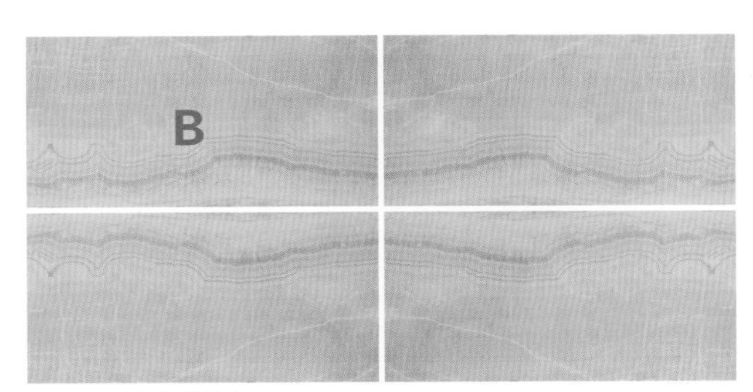

原石B面的纹路特征

结晶纹

珍珠石：

珍珠光泽的质感，均匀的结晶纹理很漂亮。

交错的结晶纹

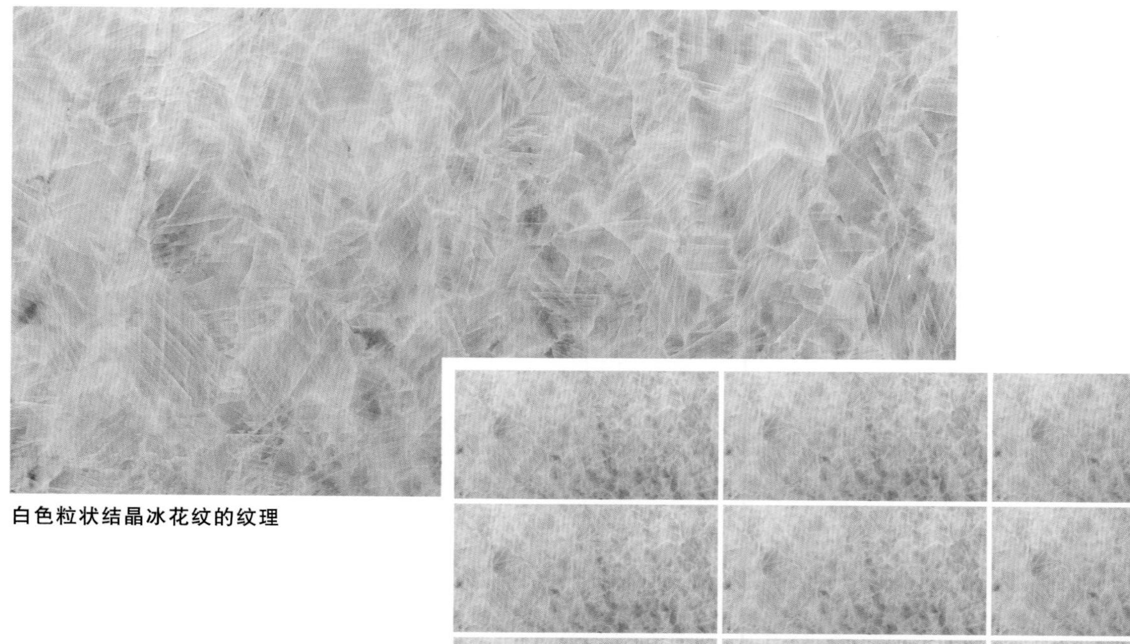

白色粒状结晶冰花纹的纹理

木纹黄：

在微透明大理石中，还可以看到以下这些层理纹，具有很强的装饰性。

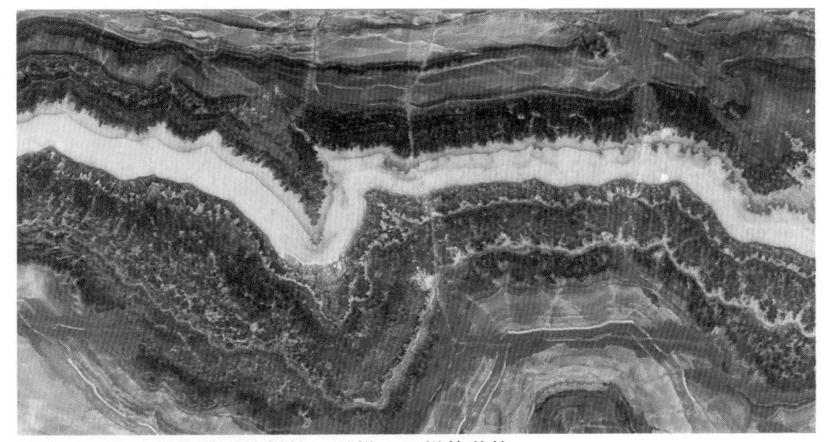

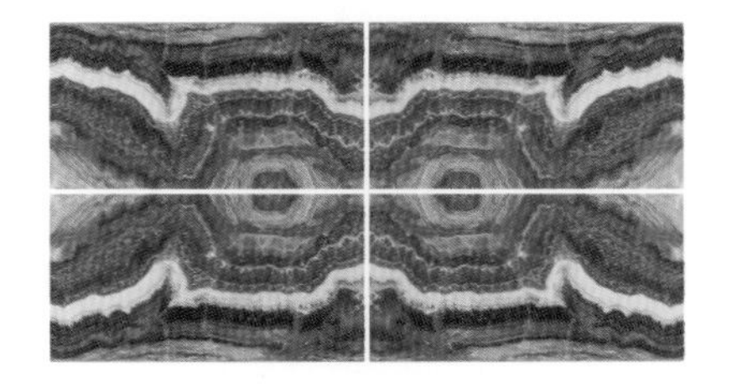

波峰纹，可采用连续对纹拼接，反拼、正拼等装饰。

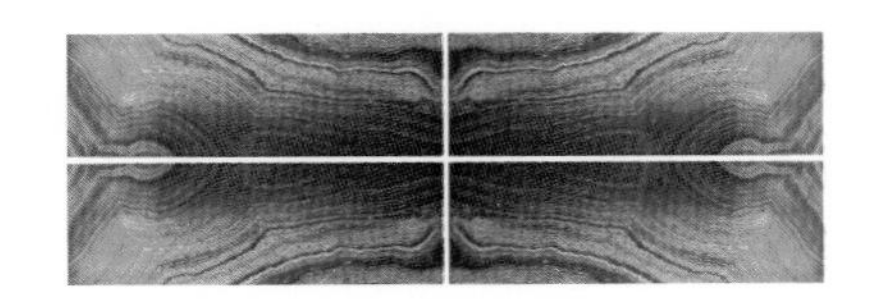

半透明、流线纹很清晰的大理石，可采用反拼法拼接。

褶皱纹木纹黄石，可采用反拼法拼接。

图案纹

可以直接成为玄关、背景墙、吧台、壁堵等局部装饰。

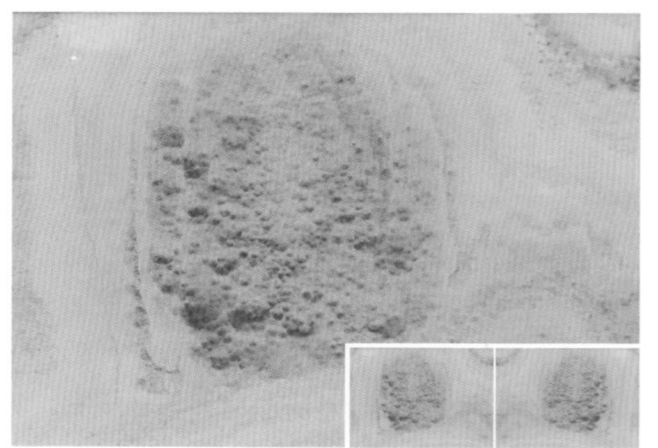

板面局部有纹图，可一片成图或两片成图。

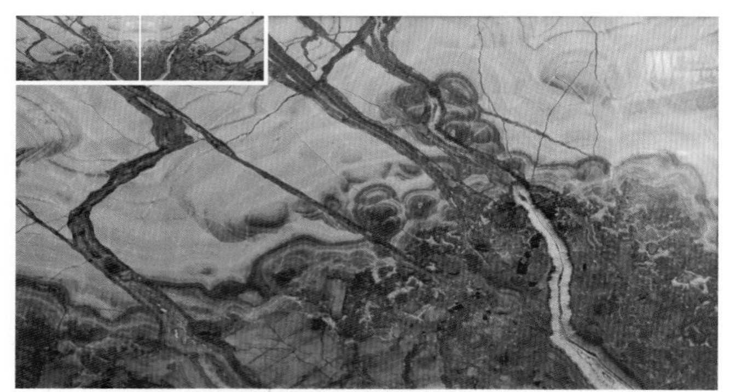

根线纹，板材内布满盘根错节的各种形态的线，可两片成图。

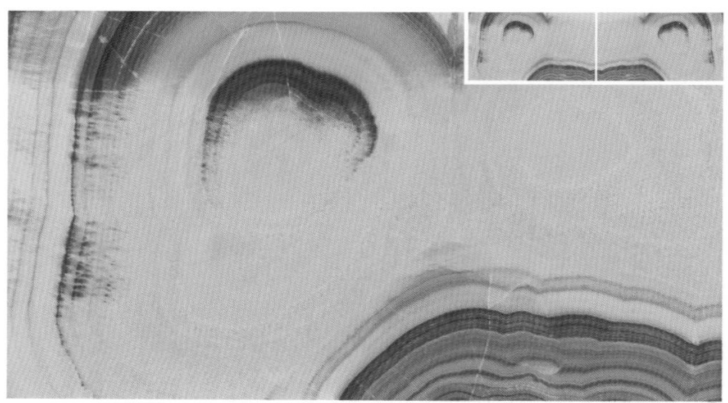

半圆形图形，通过多片组合成装饰图。

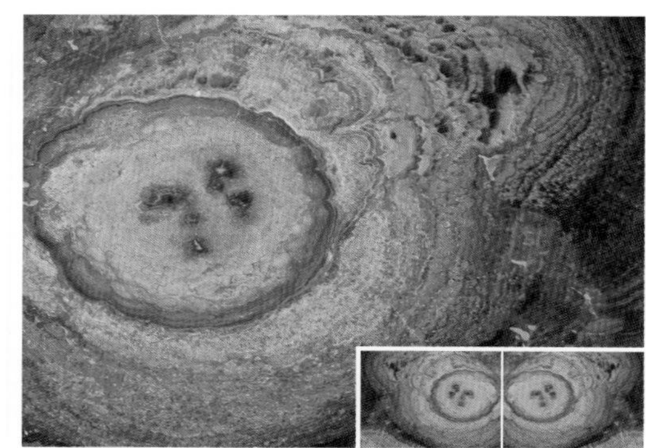

圆环图案木纹黄石，可独立成图或两片成图。

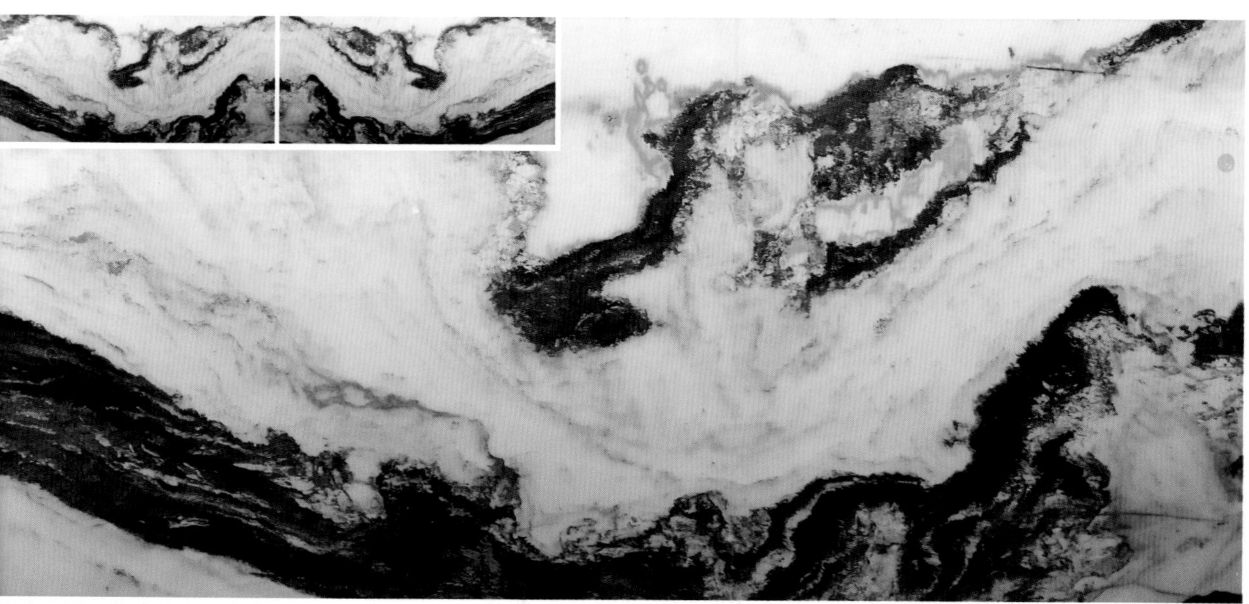

日出，可一片成图或两片成图。

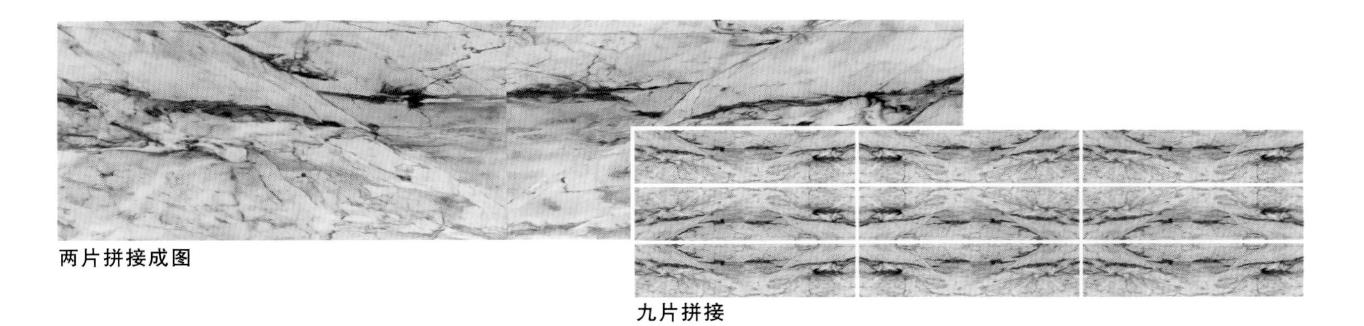

两片拼接成图

九片拼接

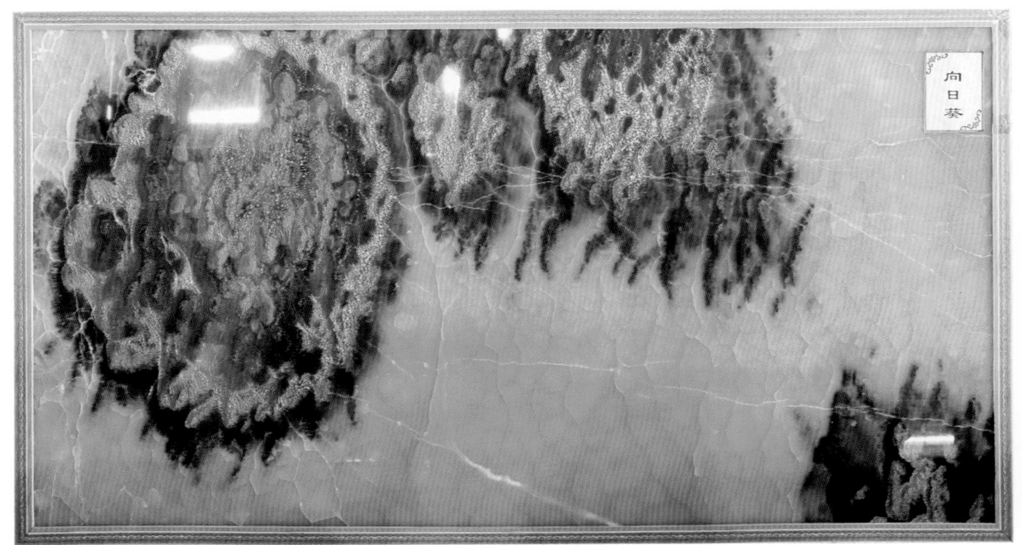

单片成图，向日葵，大理石生成形成的肌理。

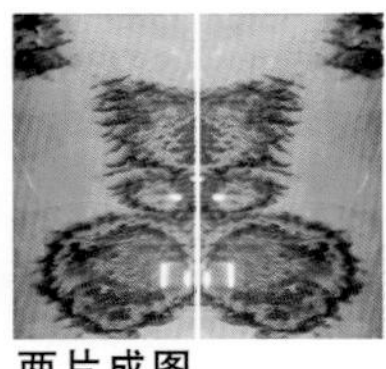

两片成图

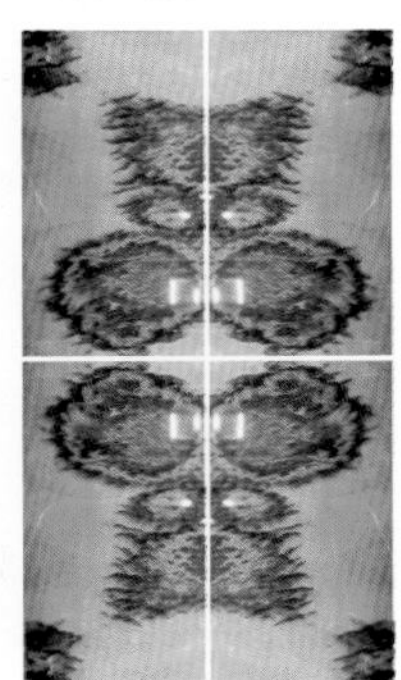

四片成图

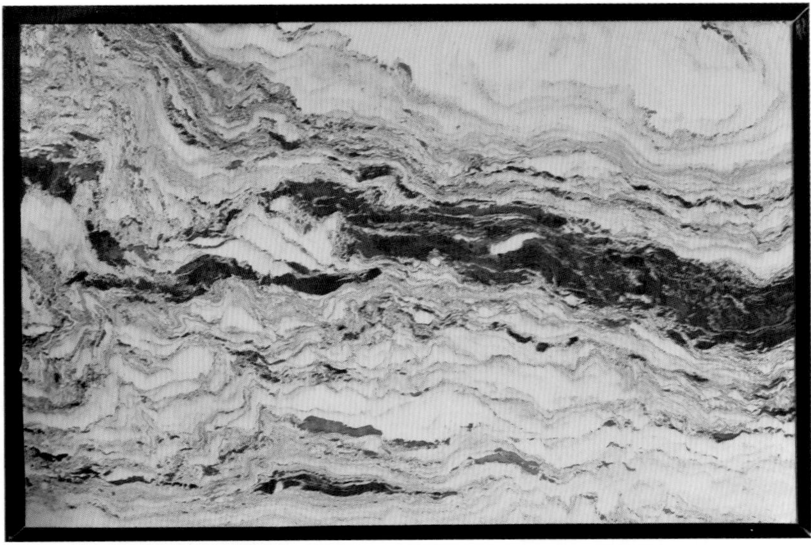

单片成图，云山松涛添百福。

点纹（发泡纹、晚霞纹）

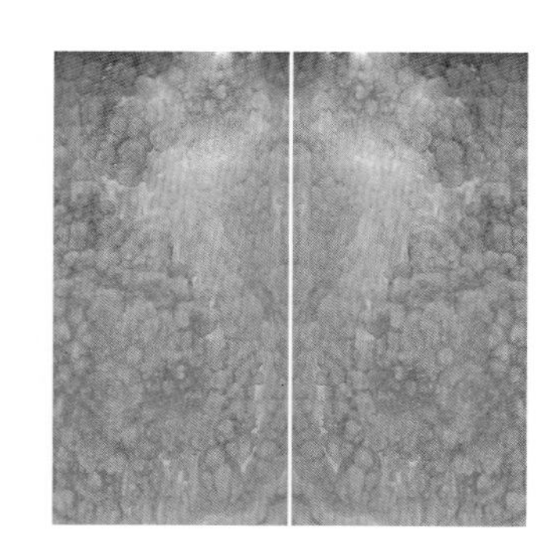

絮状云雾纹，单独成图，或可均匀铺设。

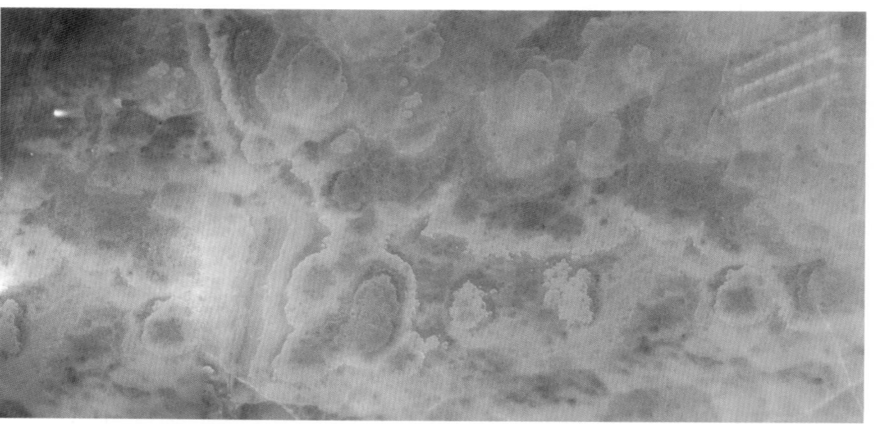

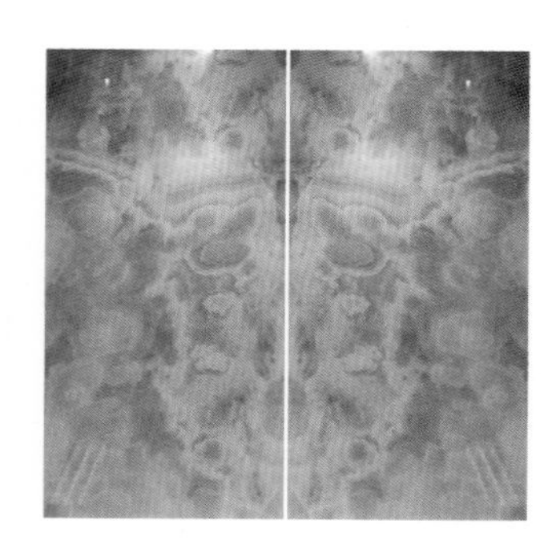

团云纹，单独成图，或可均匀铺设。

红山云海

发泡纹，或云霞纹，似风景画，具有想象力的图案，单独成图，或可均匀铺设。

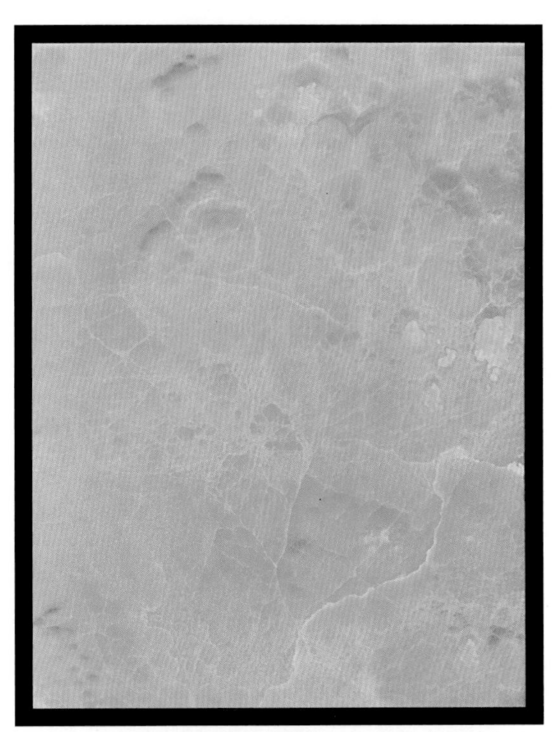

桔子玉：桔子肉纹，颜色柠檬黄，可单片成图或连续正拼。

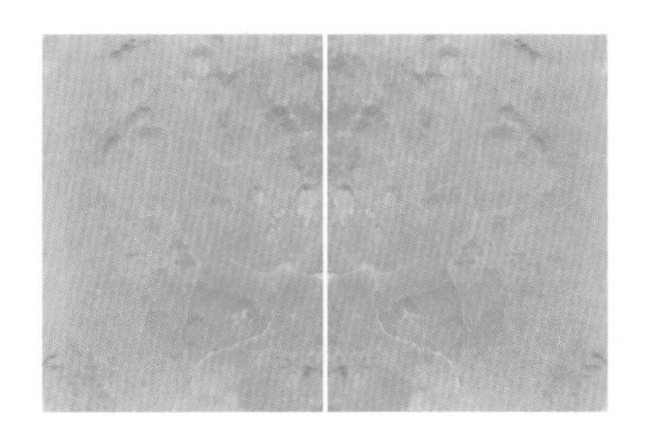

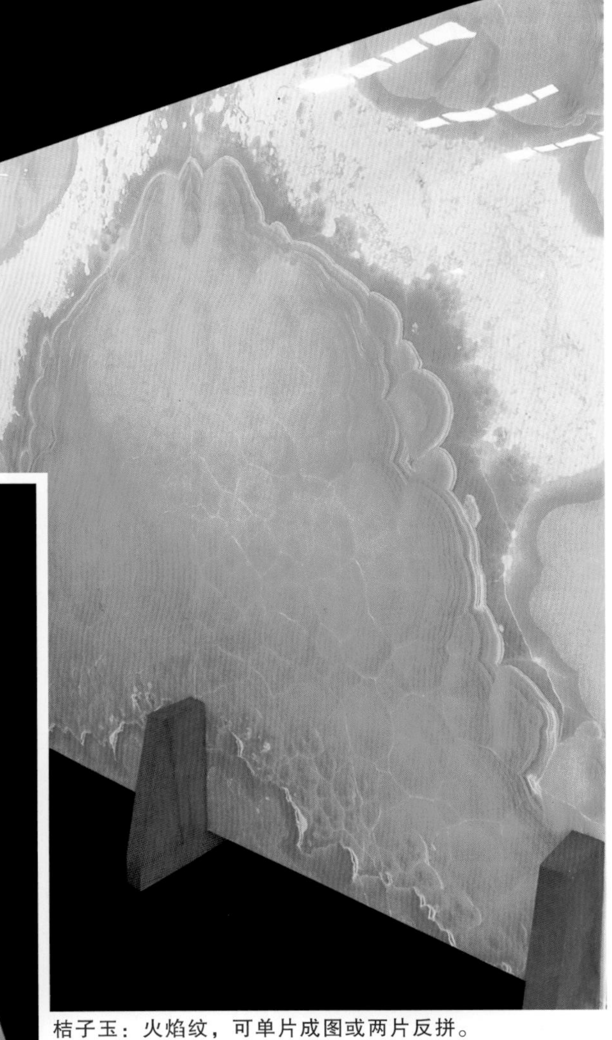

桔子玉：火焰纹，可单片成图或两片反拼。

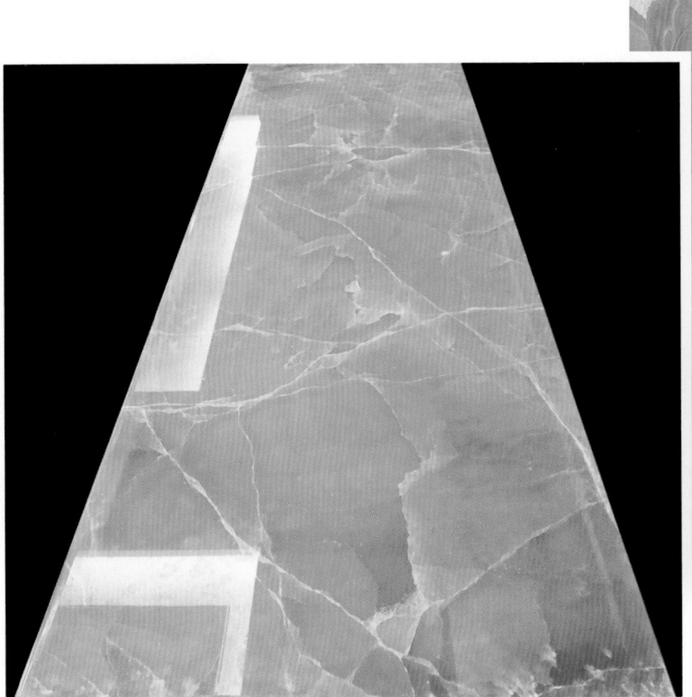

可乐玉：冰裂纹，柠檬黄（奶油冻质地），可连续正拼。

圆圈纹

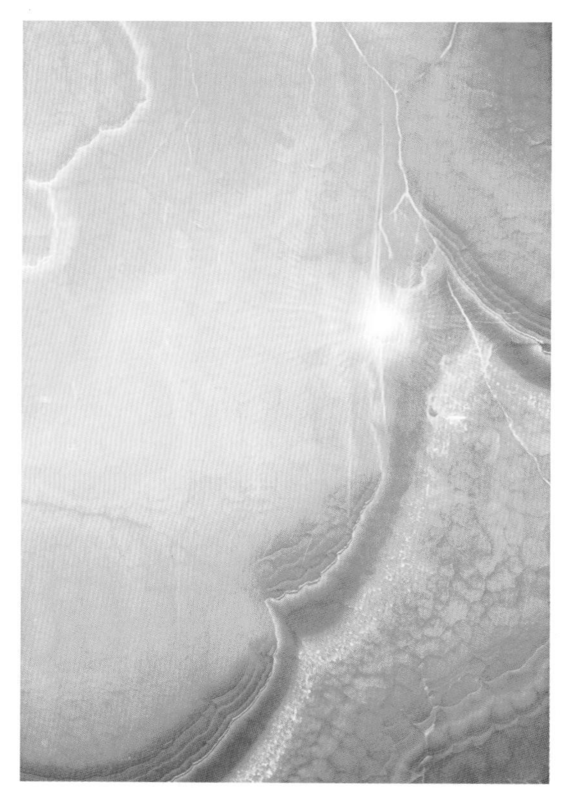

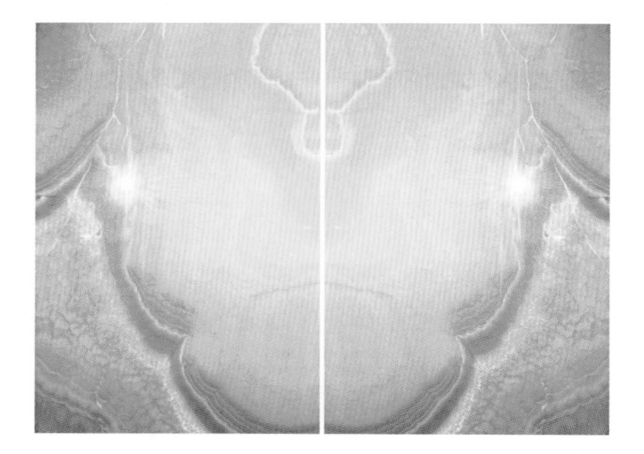

松香玉，半环状纹，二片反拼，或四片拼成大图。

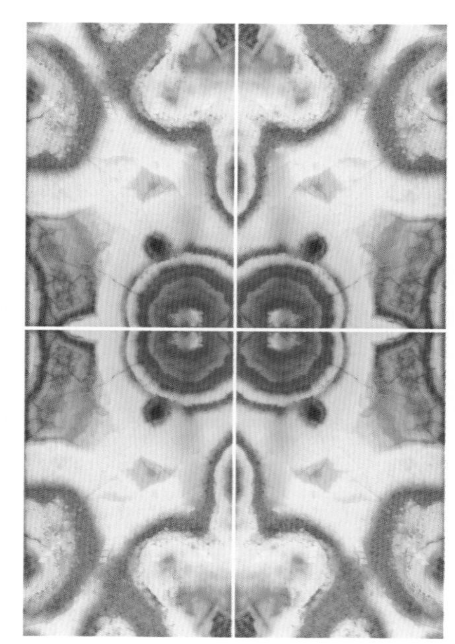

四片拼接图案

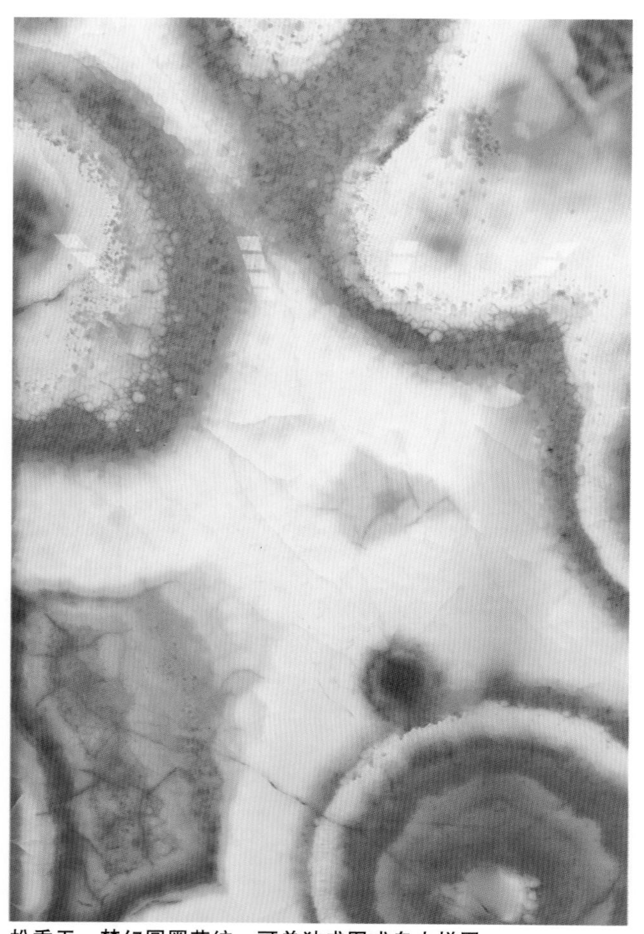

松香玉，梦幻圆圈花纹，可单独成图或自由拼图。

透明大理石由于生成的地质环境的特殊性，形成了梦幻的自然奇妙图案，通过合理的板材组织，成为美化我们生活的高档自然画。

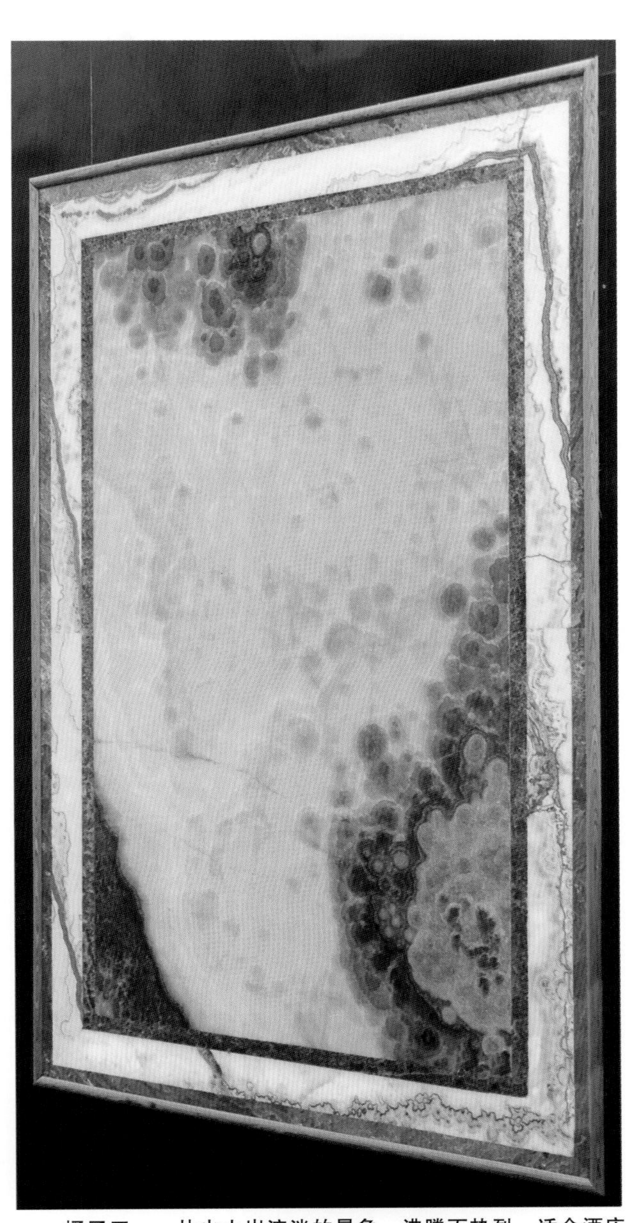

橘子玉，一片火山岩流淌的景象，沸腾而热烈。适合酒店、文化空间装饰。

橘子玉，一幅比较富有想象力的画，如同太阳初升的晨光，层次分明。

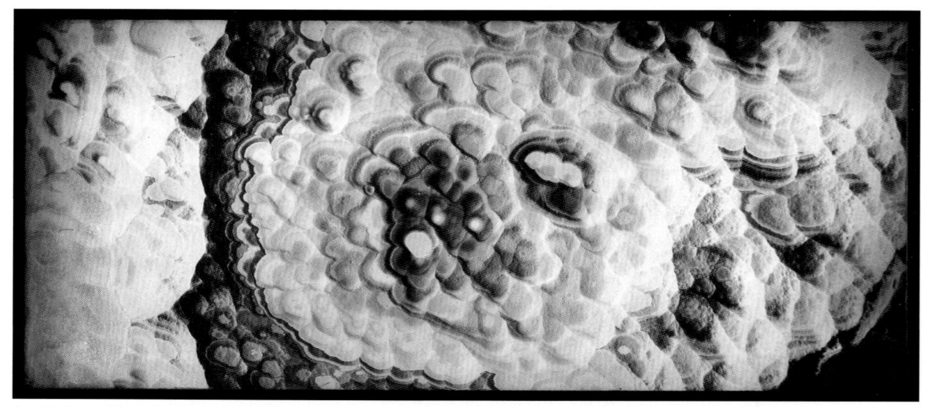

如同太平洋深海火山喷发的火山气泡，图案神秘而震撼。适合酒店、文化空间装饰。

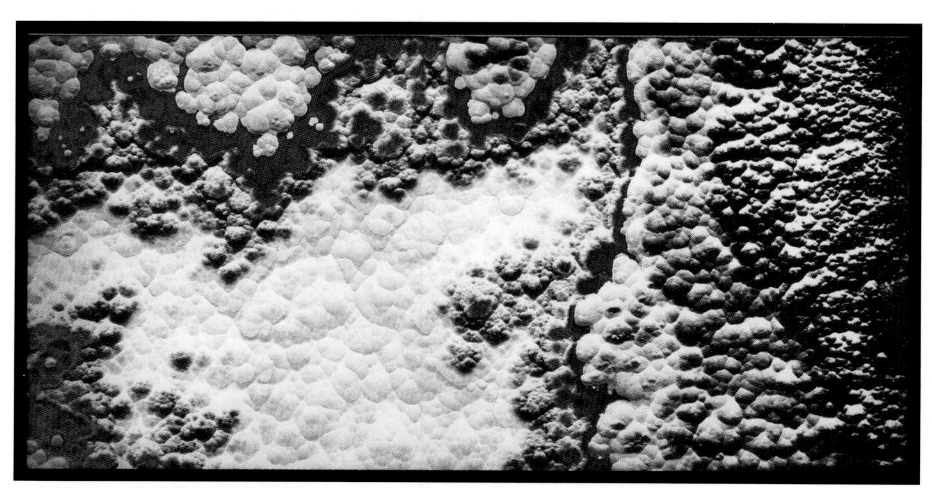

如同海底气泡升腾过程中的图案，生动逼真。适合酒店、文化空间装饰。

迎客松，利用原有透明大理石胶结形成过程中的纹理，似云的纹理，贴成褐色的松树，形成的似黄山的迎客松，可以挂在客厅或者办公室、接待室。

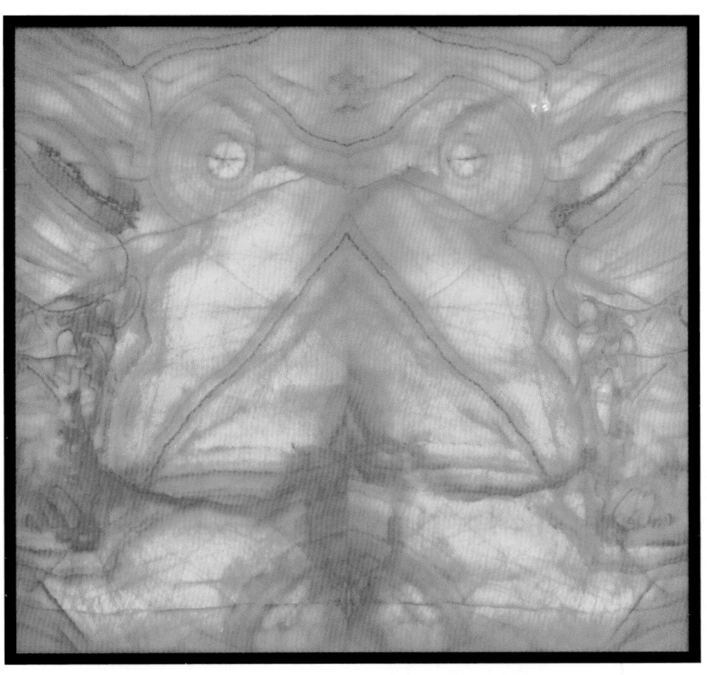

彩虹玉，滑稽图面，小眼、大鼻子、小嘴巴。娱乐场所玄关。

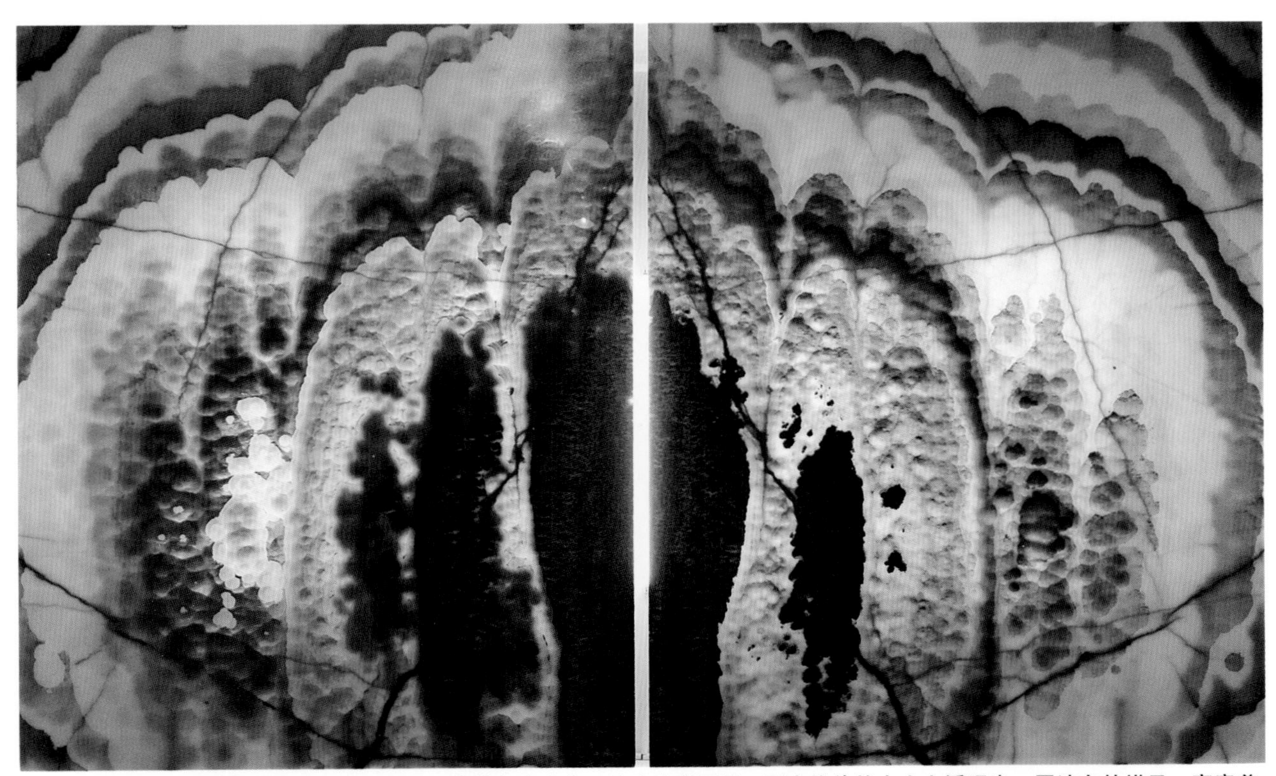

共生吉祥——画意：画面中以单调、和谐的色彩为主，纹路清晰可见。图中雄伟的大山上浮现出一团洁白的祥云。寓意着大好的运气来临，幸福安康。适宜：公司会客厅、会议厅、酒店大堂或家居客厅。石种：红宝石，规格：3240×2230（mm）。

两片拼成图案

火焰喷发的一种景象，象征向上爆发的力量。

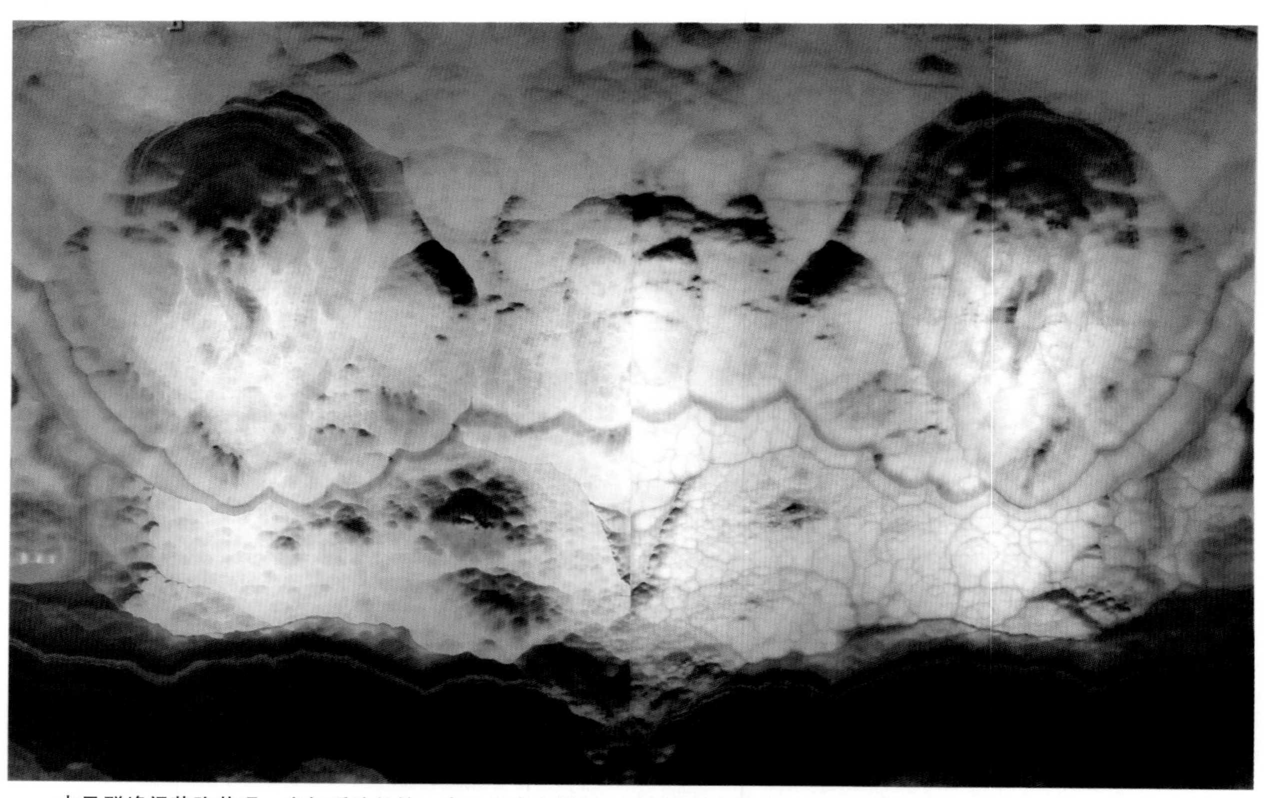

水云群峰间若隐若现，宛如瑶池仙境；海天间亭台楼阁、城郭古堡亦真幻、虚无飘渺，恍如一幅美仑美奂的人间仙境海市蜃楼。寓意目标深远、不断超越。适宜：公司会客厅、会议厅、酒店大堂或家居客厅。

石种：水墨玉，规格：3360×2250（mm）。

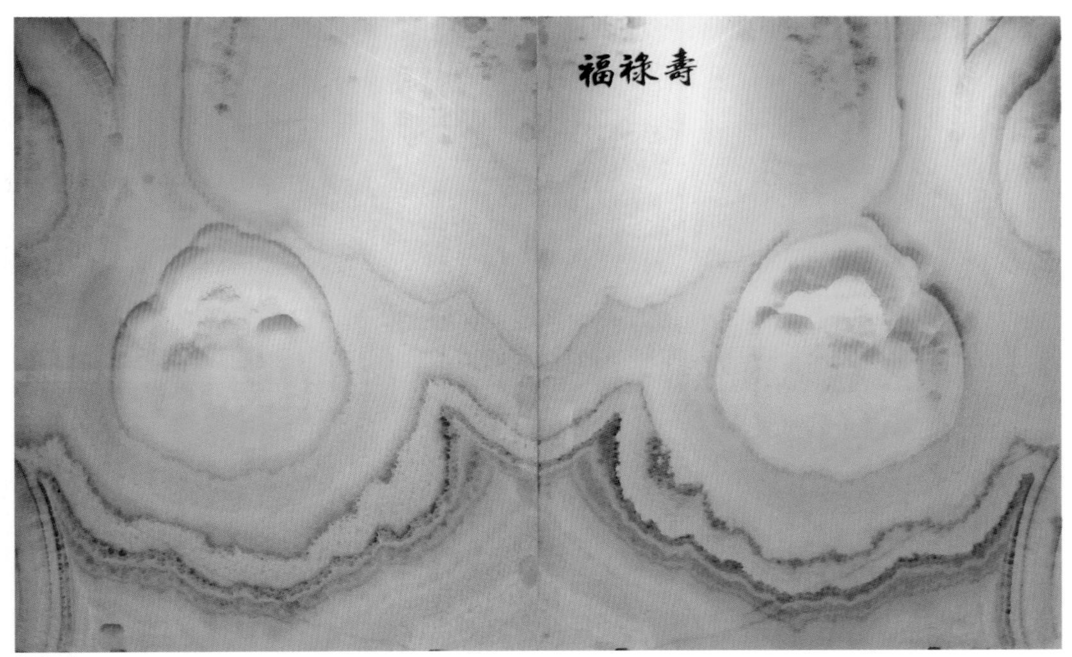

福禄寿

宫廷锦绣

两片拼成图案

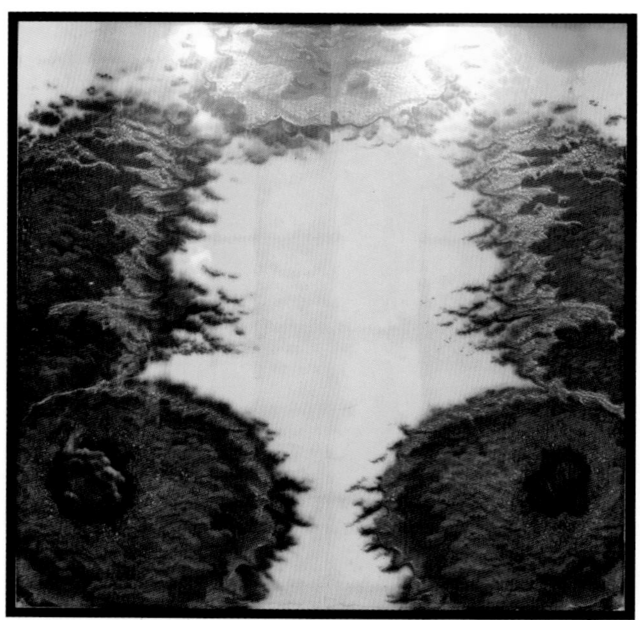

守望：如同两只狮子左右对望，有动感。适宜对着大门的玄关壁画。

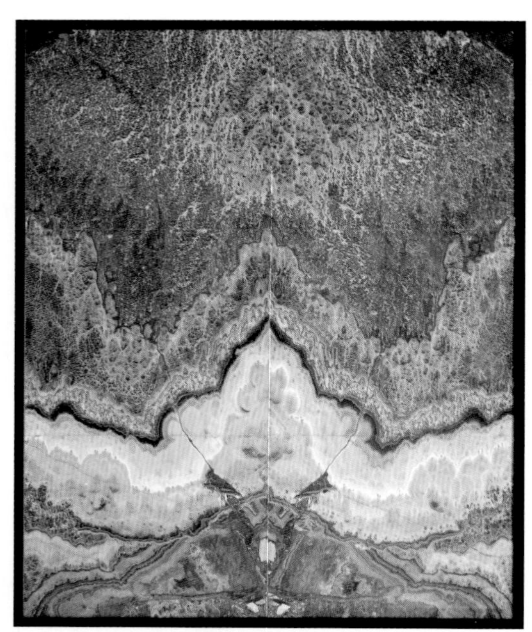

山峰、花瓣纹，宜用于有禅意的文化空间。

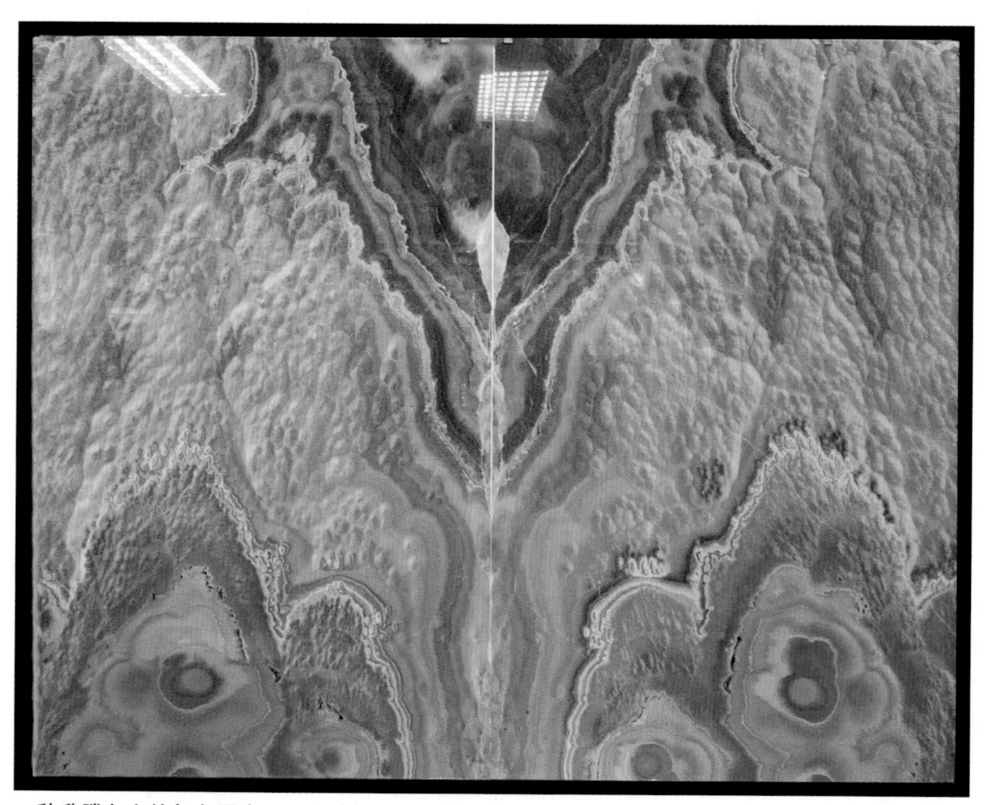

一种升腾向上的气息图案。适宜装饰在家居或者办公场所。

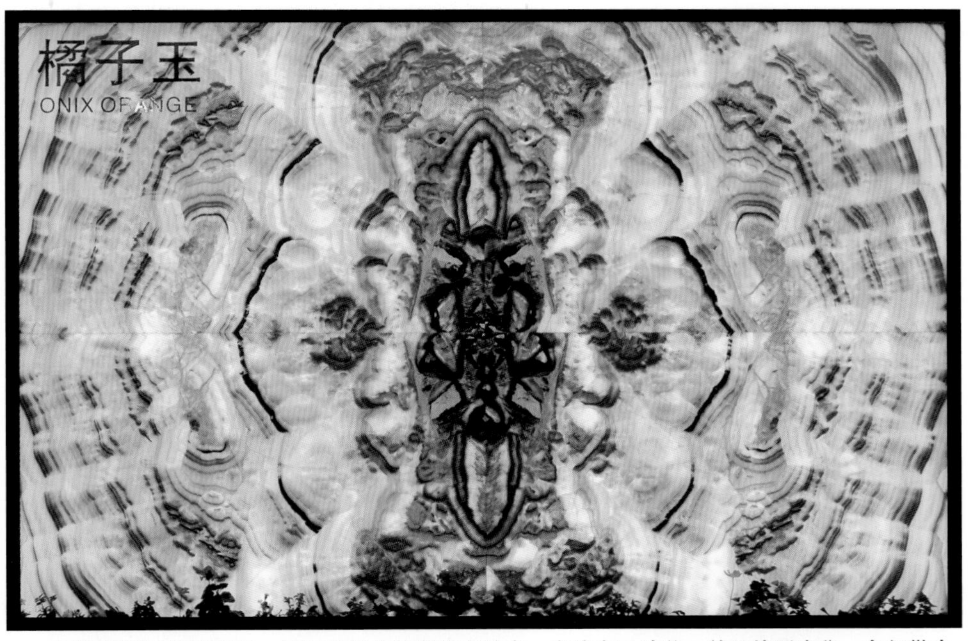

四块橘子玉拼接而成，如同蜂巢中的蜜蜂在酿蜜，蜜蜂在飞动着，并且蜂群密集。象征勤奋与成果。适合家居或者公司办公场所背景墙。

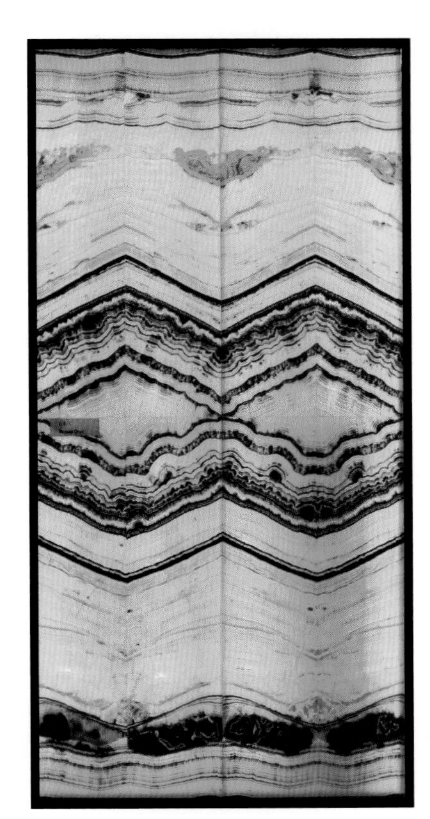

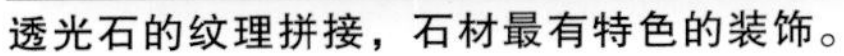
透光石的纹理拼接，石材最有特色的装饰。

四片拼成图案

立体包围，通过A元素的不断重复拼接，形成自然中超艺术的图案。

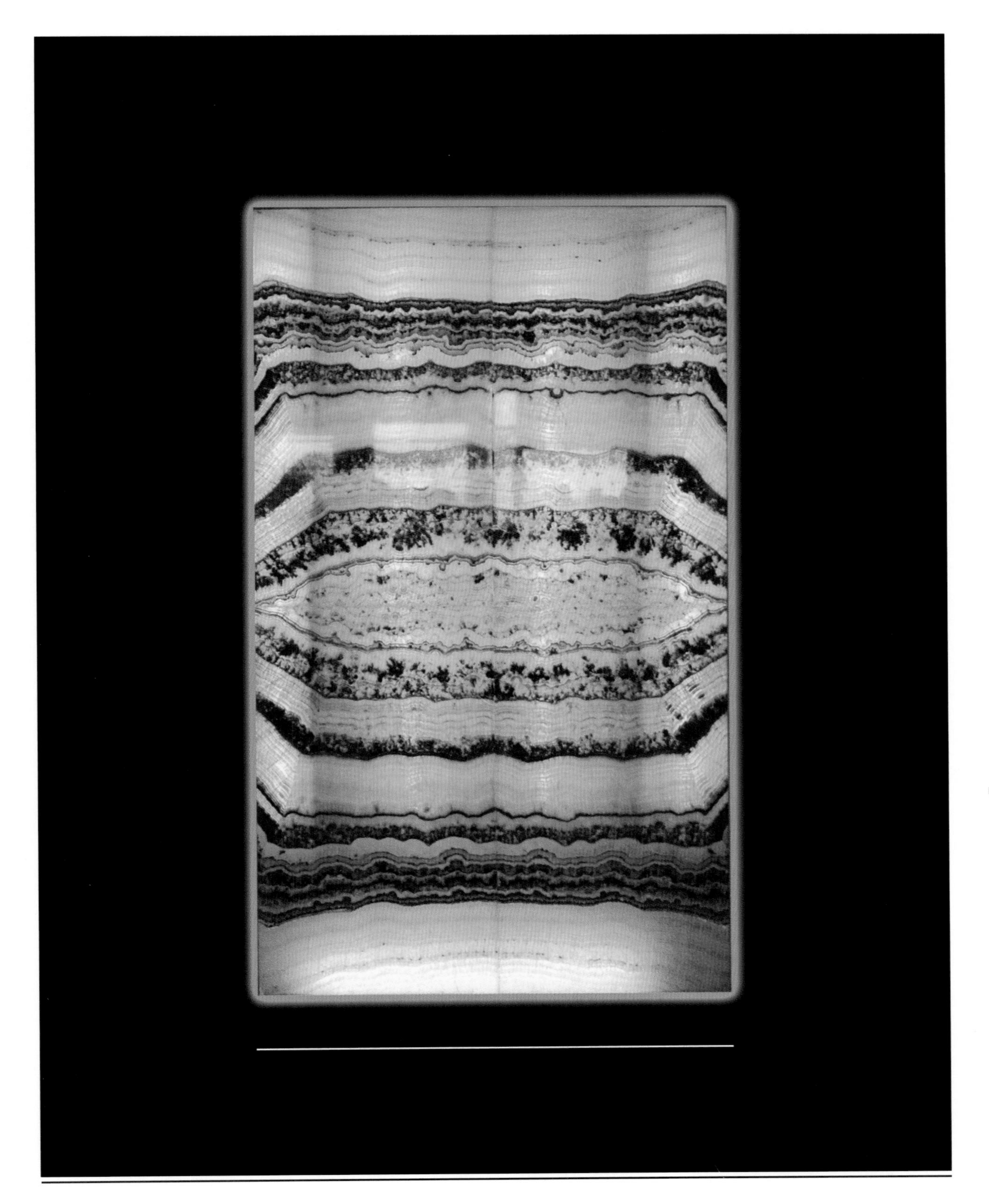

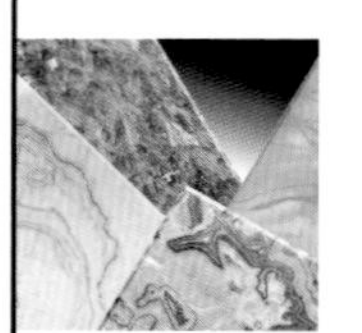

四片拼成图案

张力很强的图案，夸张。宜作公司、会所背景墙。

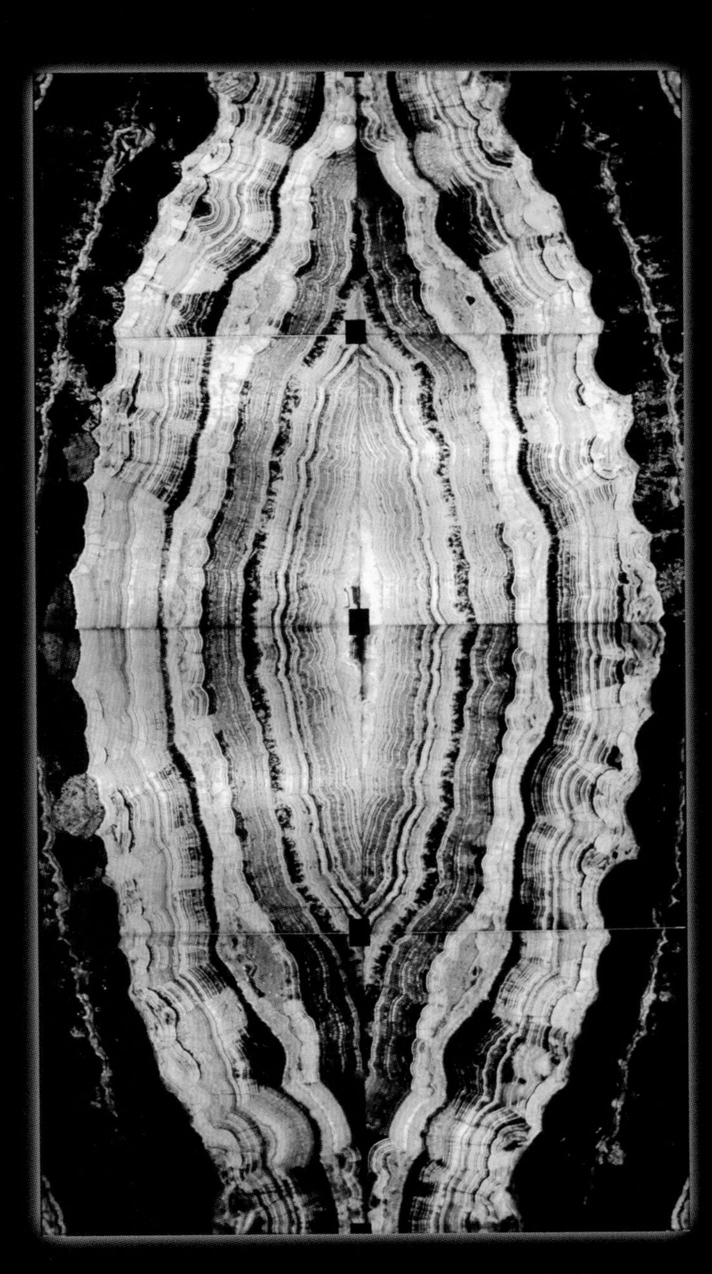

聚宝图案，横竖图案均可用。宜作公司、家居背景墙装饰。

四片或六片以上拼图花纹

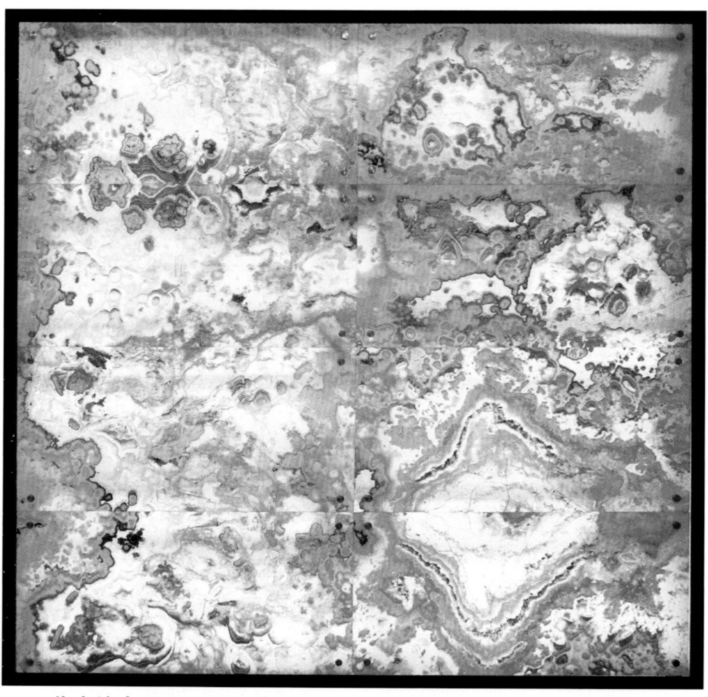

豹皮纹大理石，六小片组成一大片锈斑纹的装饰面，如同翻腾的云雾，是一种景象的装饰。适合文化娱乐空间或者酒店。

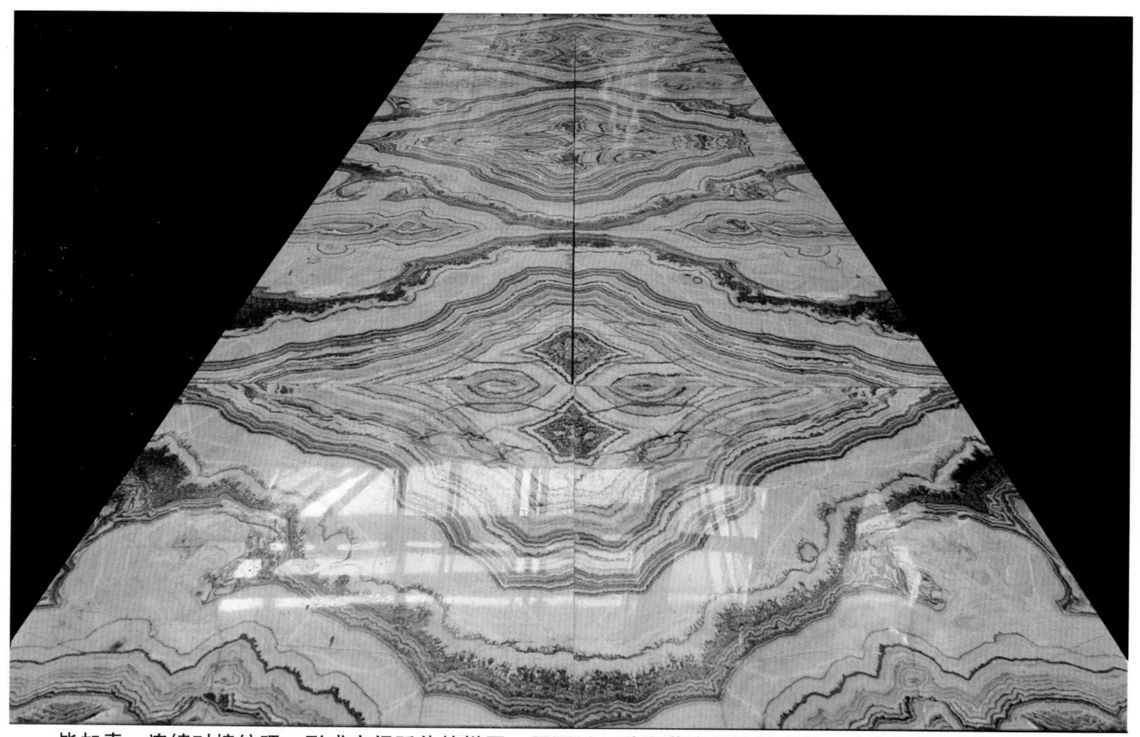

毕加索，连续对接纹理，形成空间延伸的拼画。画面以一种有节奏的连续跳跃，使空间产生很好的既有变化又有统一感的装饰效果，特别适合延伸长度的装饰。

柱式装饰

透光和石材的拼接，整个柱部分是花岗岩，部分是透光石。

透光的大理石变化柱

光源应用

柱式装饰

竹节内置灯源透光柱

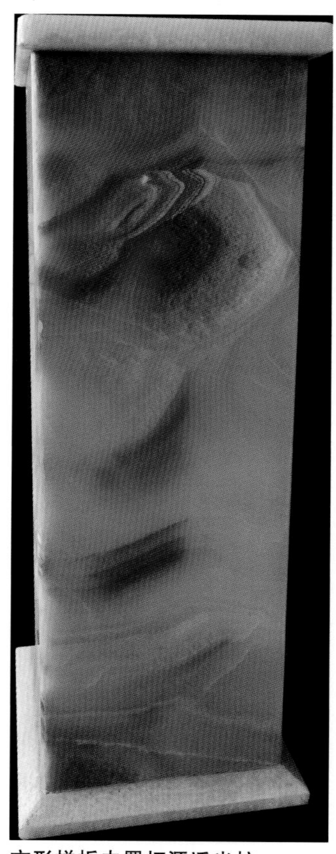
方形拼板内置灯源透光柱

金属结构，以金属来包装，大理石为光源透光板做成的装饰柱。

镶在大理石柱中的透明大理石，在光源的照射下发光。

柱式装饰

镶花柱

透明大理石也成为建筑构建装饰的要素

木纹黄柱

栏杆装饰

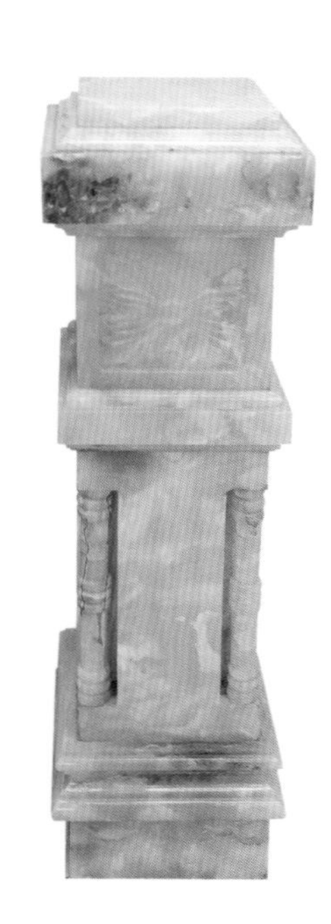

松香黄加工成各种栏杆，油黄、润滑。

桔子玉栏杆

灯具装饰

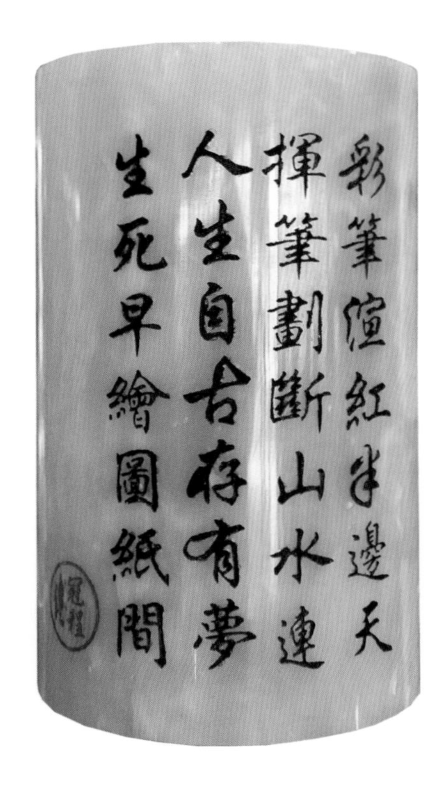

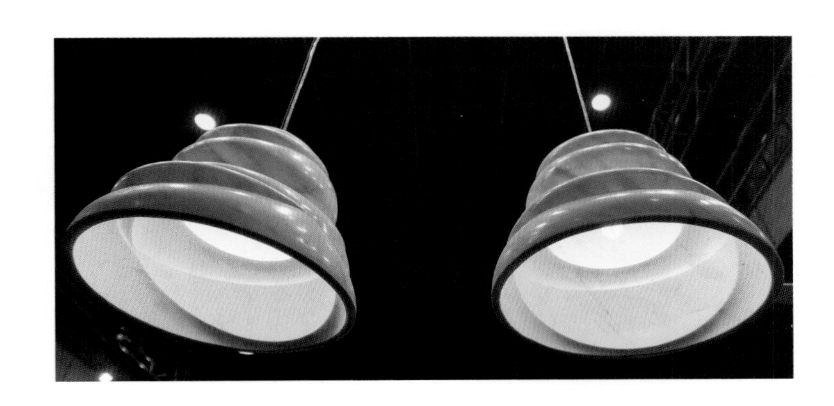

仿笔筒桌面台灯

灯罩

灯具装饰

透明大理石做成的床头等，仿笔插。

装饰柱

各种镶入松香玉的楼梯柱头

夜晚作为装饰光源

质地之美

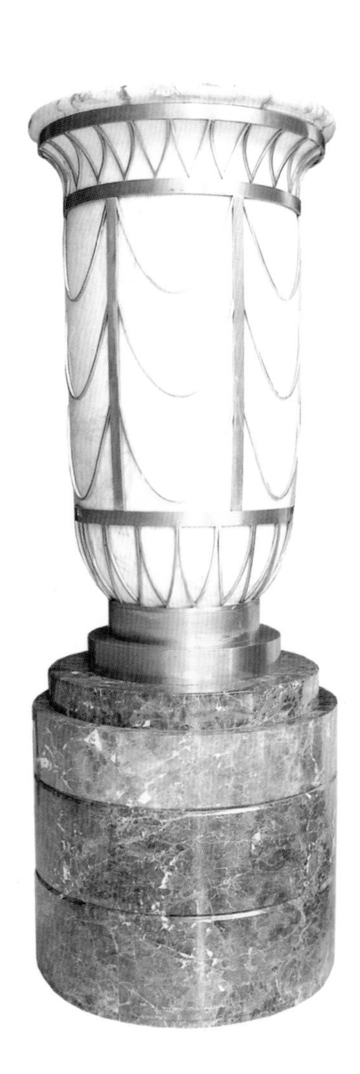

装饰柱

大型透光玉石的灯源装饰，利用板材金属框加固。

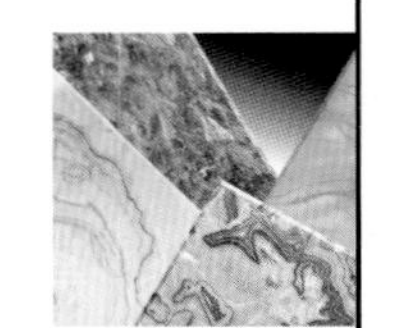

双龙戏珠

九龙屏风，玛瑙玉。

大花瓶

微透明大理石往往被当成玉石类，加工成许多工艺品风水球。

可以在工艺品内加上灯源，产生更好的色彩与纹理效果。

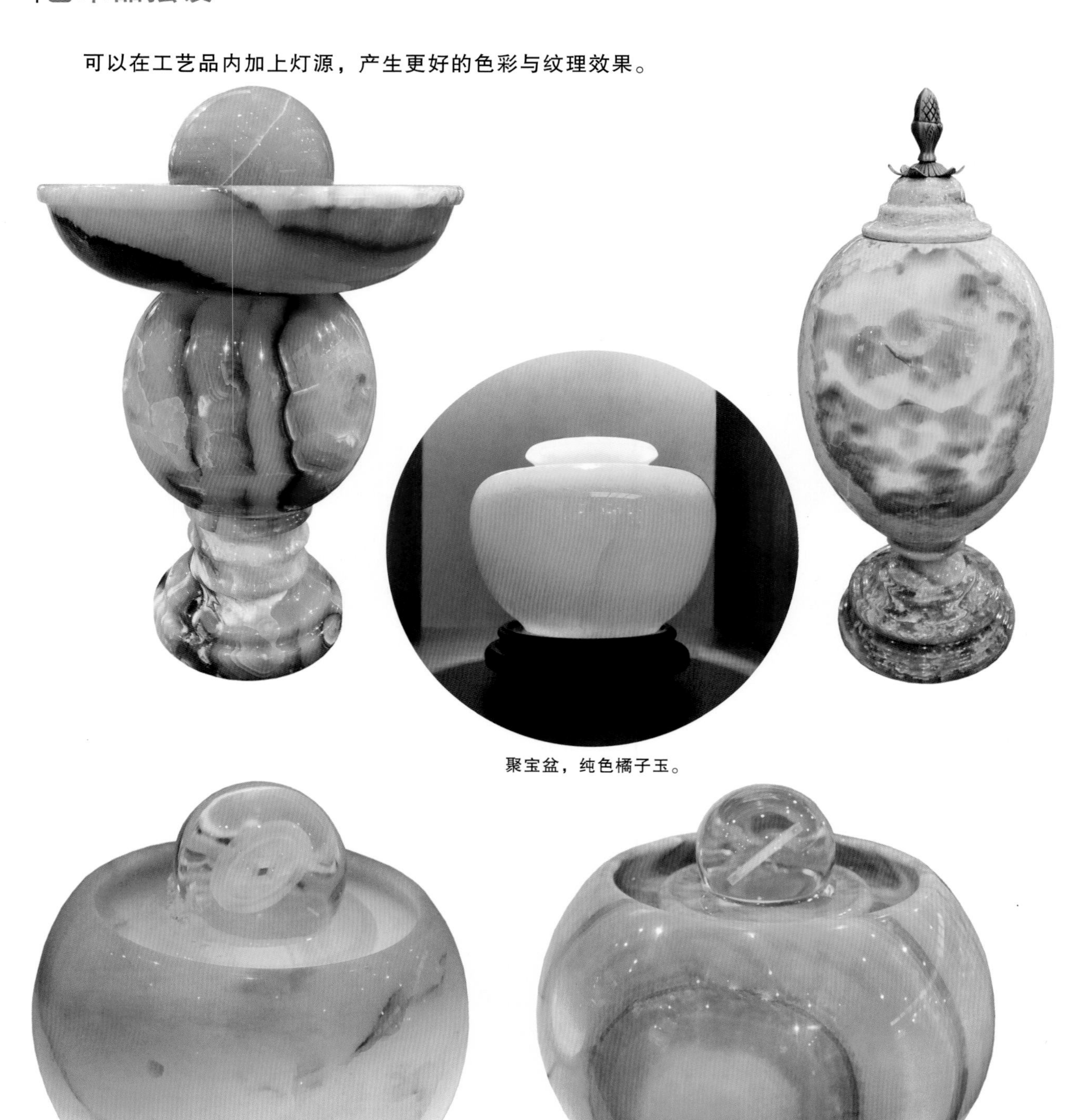

聚宝盆，纯色橘子玉。

巧妙利用纹理，这些纹理与自然中的水、礁石、树木等类似，通过这样艺术处理的壁画，生动无比。

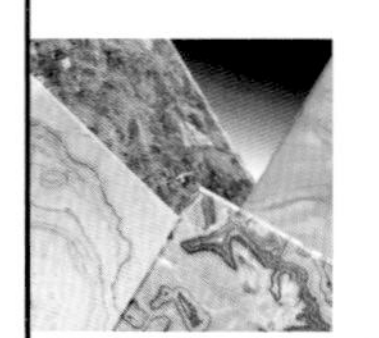

壁画装饰

利用不同微透明大理石的质地，拼接成抽象画的壁画，很真实有艺术感。

自然纹理组成的画装饰在墙壁上，透光之后别有风味，对单调的墙壁也是一种装饰。

透明大理石

三块大板拼出水墨画

扇形壁画

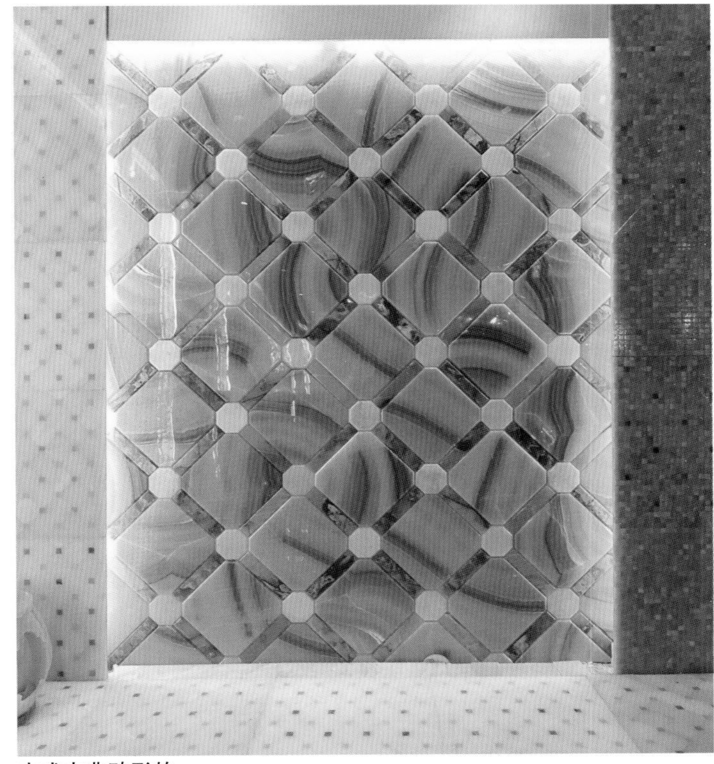

中式古典砖形的

玉宝鼎拼装的背景墙

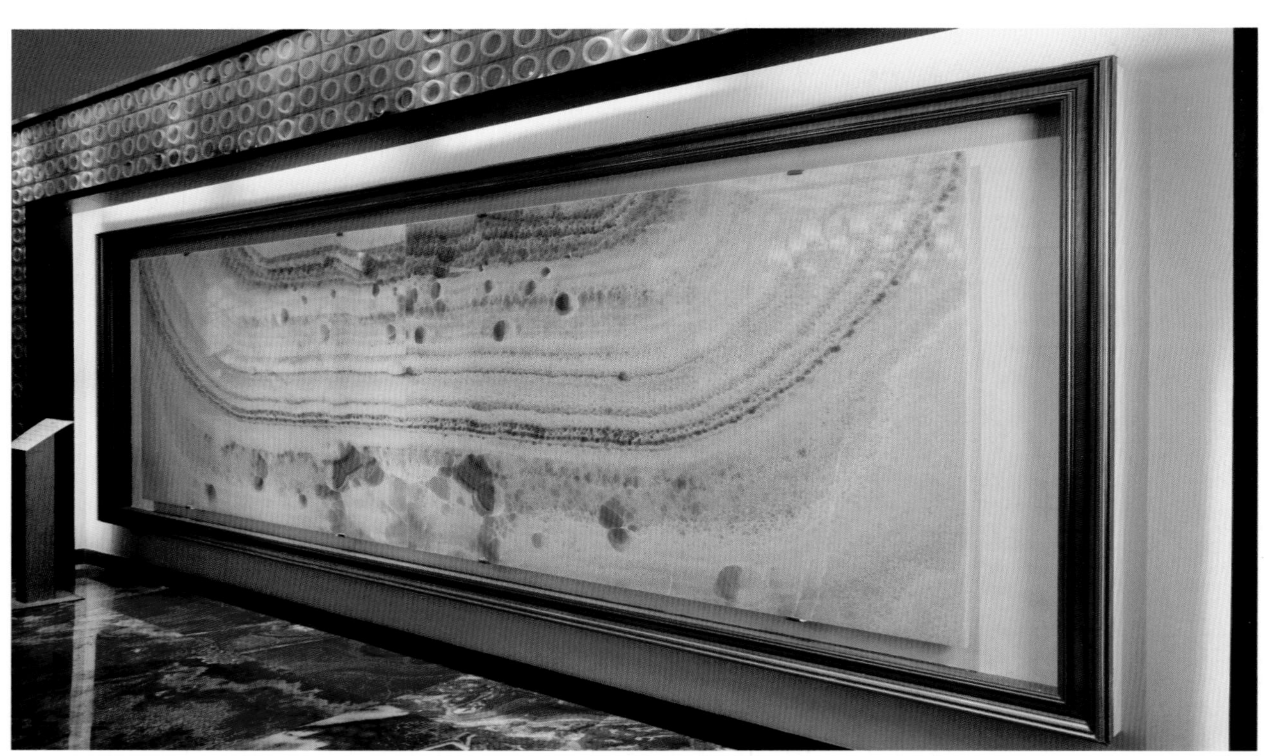

聚宝盆壁画

柠檬黄底色透光大理石在灯光的辅助下，显得柔和且温馨，优雅与古典。中国古典色彩与中式家具的搭配。

松鹤延年

透光大理石在局部墙体的使用，可以达到强调柔和的质感。特别是在空间比较阴暗的地方，这些温和的亮光，把建筑处理得生动，富有吸引力。适合商业场所的装饰。

绚丽条纹的大理石背景墙。多种色彩的平行粗线纹理，空间形成层状的节奏感，韵动，座椅以静衬托动。

多层透光

地面采用微透明大理石装饰

肌理变幻无穷，采用这种材料装饰，就是为了能够体现梦幻的艺术空间。

室内豪华装饰，玉石肌理和色彩变化，质感变化的组合，装饰的艺术效果。

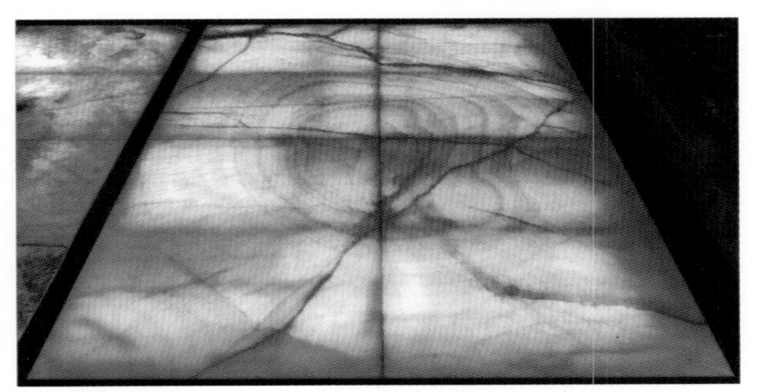

环状的纹理

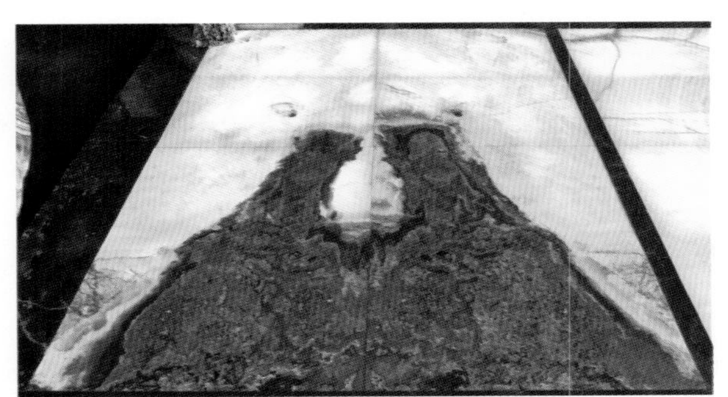

两片拼成双峰或双雄（熊）争霸的图案地面，奇特的图案形成的装饰文化。

半透明大理石用作地面插色铺设的装饰，油脂感、微透明的质感和大理石产生差异化的对比，形成独特的平面流动道。

透明大理石在灯光的照射下，形成行云流水的地面铺设。

电梯过道松香玉与黑金花草纹拼花，地面如画，空间流畅活泼。

差异色的松香玉按照小块错动拼块装饰过堂。地面金碧辉煌，并有错动感。

可乐玉铺成水波荡漾的地面

透光大理石

红龙玉梦幻纹装饰的仙境般的地面

不同板条之间采用黑色大理石分隔线板

木纹黄中间以纹理拼成图案，其他地面按照积木切割铺设。

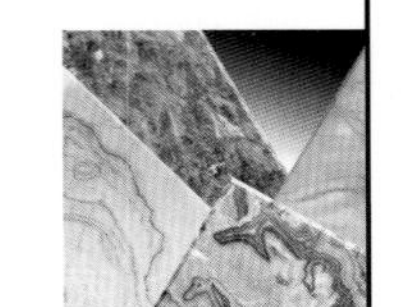

局部透光石装饰

透光石除了用于地面、背景墙装饰外，在建筑的门套、线条等细部也得到利用。这些装饰能够对建筑起到“靓丽”的点缀作用，特别是夜晚，在灯光的作用下，把建筑点缀的很立体。

吊顶装饰平行纹的大理石，地面装饰交错纹的洞石，对其夸张强烈！

工程局部装饰

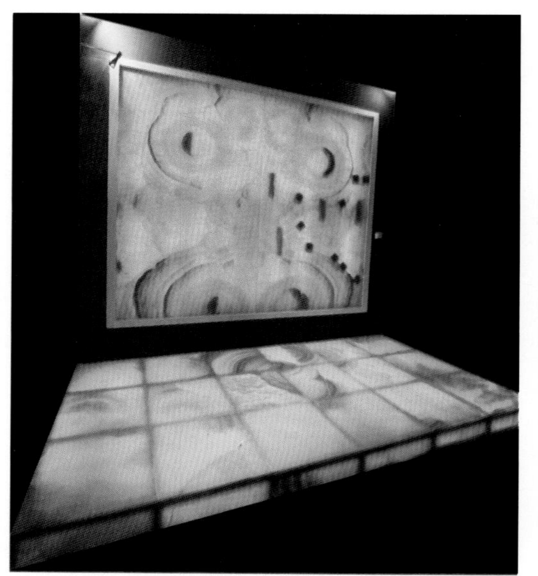
透光空间

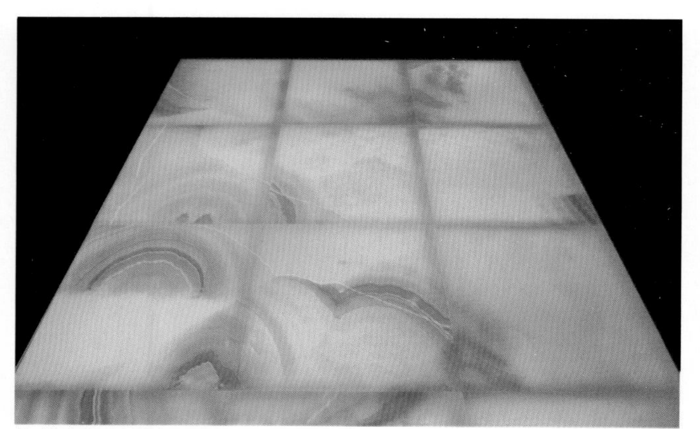
柠檬色泽的地板

地板和背景墙及局部透光装饰

毕加索大理石梦幻纹理装饰的门套，画意十足。

透光石的细部应用门套上的装饰

门套采用琥珀玉透光石，在灯光照射下，明暗陆离。地面连草纹的拼花活泼流畅，墙壁采用古典壁画装饰。

蓝色玉石门套

门套边沿装饰部分透光黄色大理石，亮光之后形成点缀。

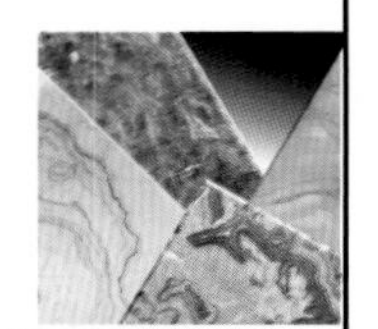

金黄色微透明大理石用于吧台面板和背景墙的装饰，在灯光照射下，金碧辉煌。

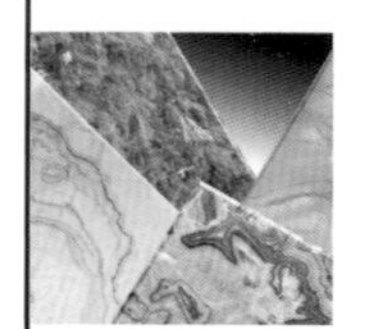

吧台

合理利用透明大理石和光源，制造灵透的酒店空间环境。

柠檬黄的大理石透光板显得富贵温和

透明大理石在吧台面上的装饰，形成亮丽的色泽。图为河南松香玉装饰的效果。

橙色的大理石板加工的单体吧台

图案纹理拼出的大理石吧台

黄色纹理变化很大的直边吧台

各种大理石板条拼出几何线条很明显的吧台

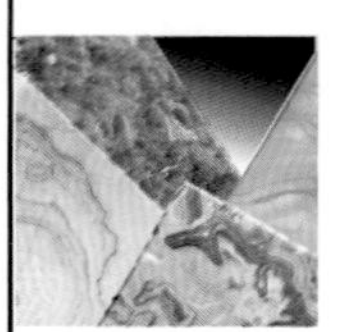

吧台

透光吧台，晶莹、亮丽、温馨。适合酒吧、会所装饰。

吧台和酒柜的空间，采用鱼肚纹粉装饰，透光下图案美观。

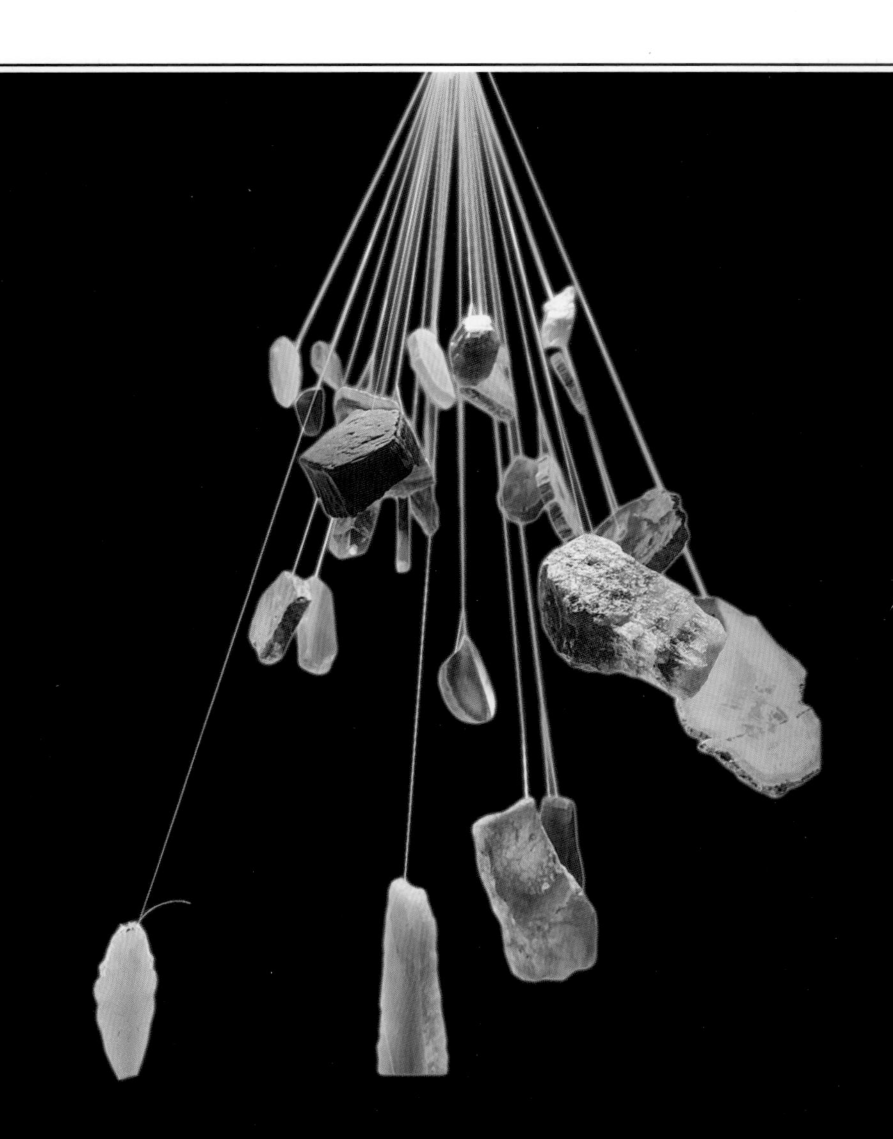

半宝石、矿物的种类和原矿特征

奇妙的石头

由于宝石量很稀少，所以，基本上用于制作首饰。

半宝石是有一定储量的、接近宝石的材料。由于超薄切割技术的发展，将玻璃质（有一定的透明度）、具有一定形态的结晶纹、色彩特别到位的半宝石或者矿物切片——粘接——抛磨之后，形成色彩绚丽、肌理梦幻、质地多样的宝贵稀有板材。这些板材是高档、稀有、时尚的装饰材料，在室内装饰方面，可以装饰成壁画、透光柱、门套等等；用于现代时尚家具面材、酒店吧台、橱柜面材、卫浴面材等部位装饰，可形成无与伦比的艺术空间。

半宝石的立体透光

乌拉圭玛瑙及蓝水晶的立体透光

常见用于装饰的半宝石种类

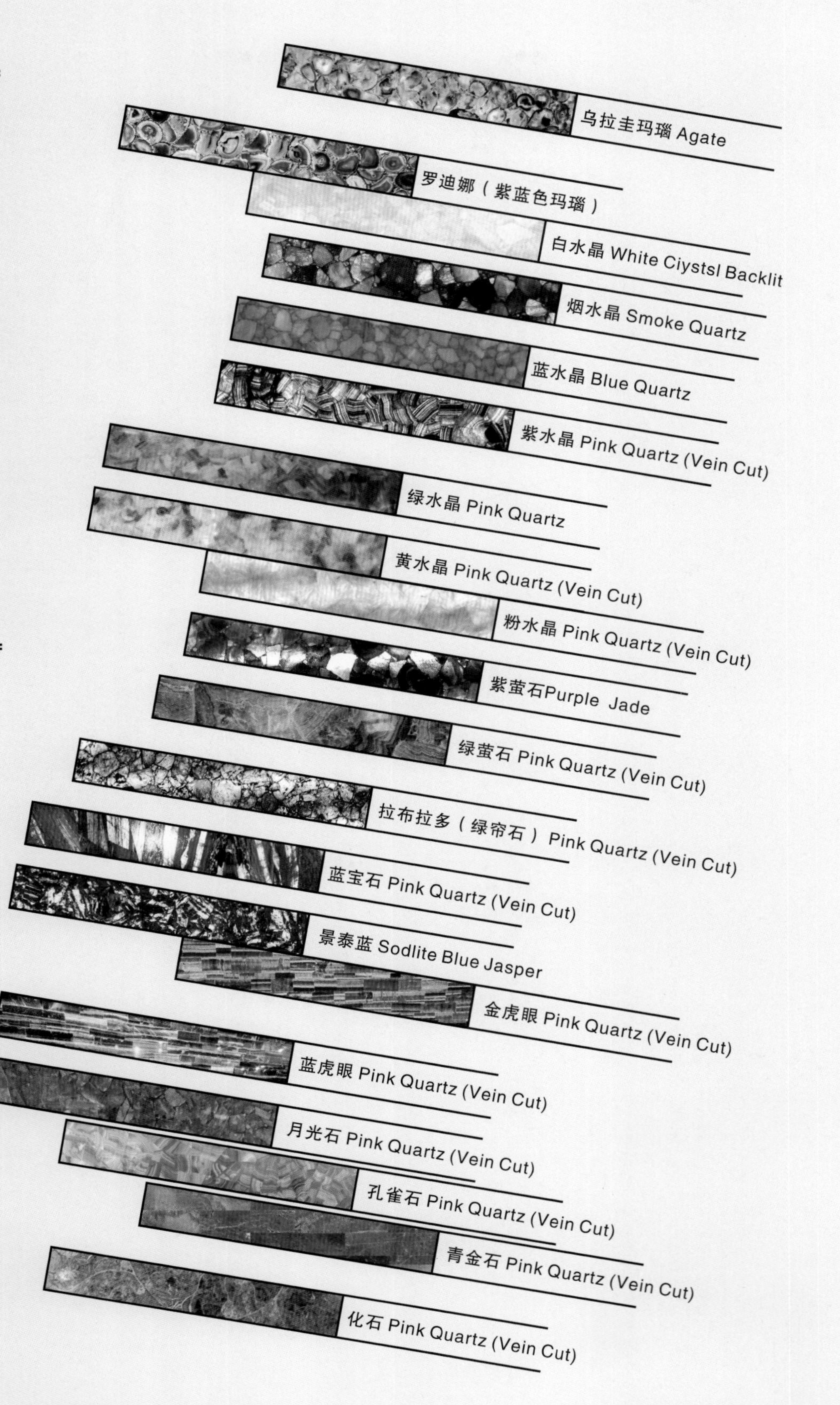

玛瑙切片

玛瑙的透光性

玛瑙原石

玛瑙

玛瑙的利用

玛瑙有一定的量，世界上很多地方都产玛瑙，中国的内蒙古、东北的辽宁阜新等有玛瑙。

进口玛瑙中，巴西进口到中国的玛瑙最多，其次是马达加斯加等非洲国家。

古语："千种玛瑙万种玉"。玛瑙的品种很多，色彩，质地变化无穷。玛瑙还可以改色，无色玛瑙可以通过染色，更使其色彩纷呈！

用于装饰的玛瑙，一般选工艺品加工之外的材料。通常为蛋形，原色有透明无色到浅白色，也有浅褐色等。

原色玛瑙拼板

局部放大效果

棕色玛瑙

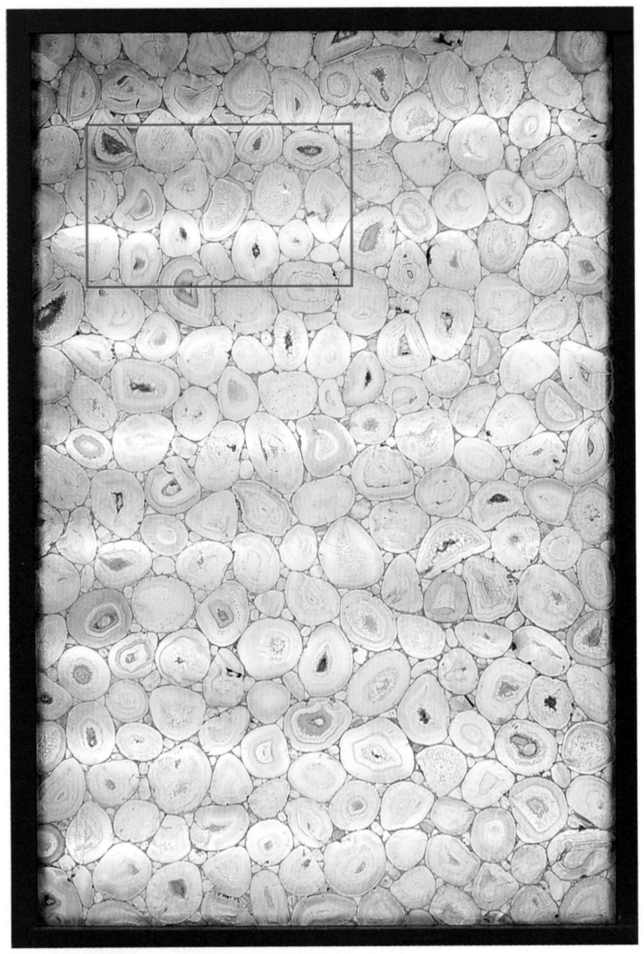

原色为透明色

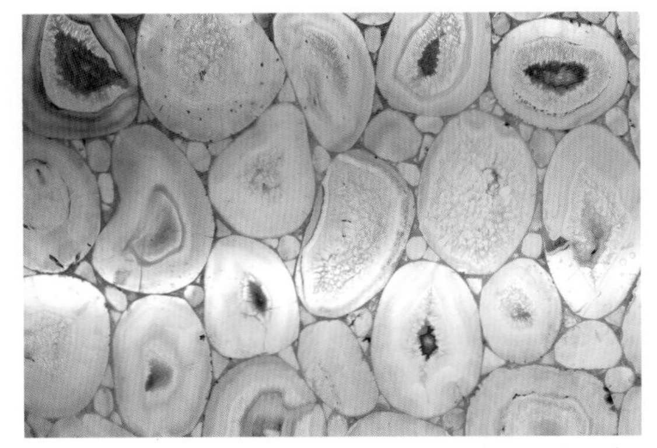

这些玛瑙蛋，基本是椭圆形的，拼贴在一起就有点画意。

原色玛瑙拼板

乌拉圭玛瑙(Agate)，金黄亮丽。

原色玛瑙灰色、浅棕色玛瑙。

局部放大效果

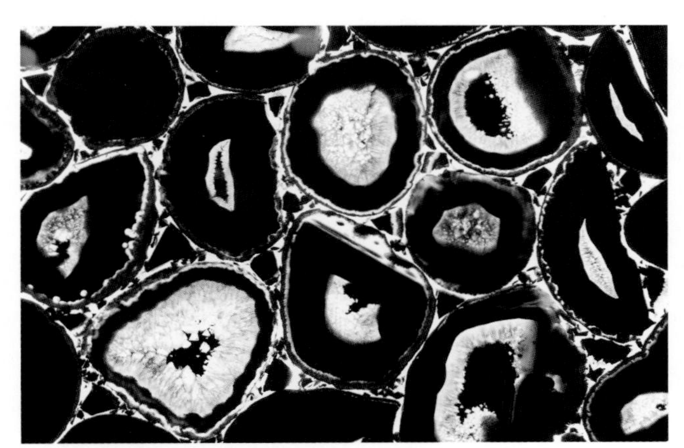
局部放大效果

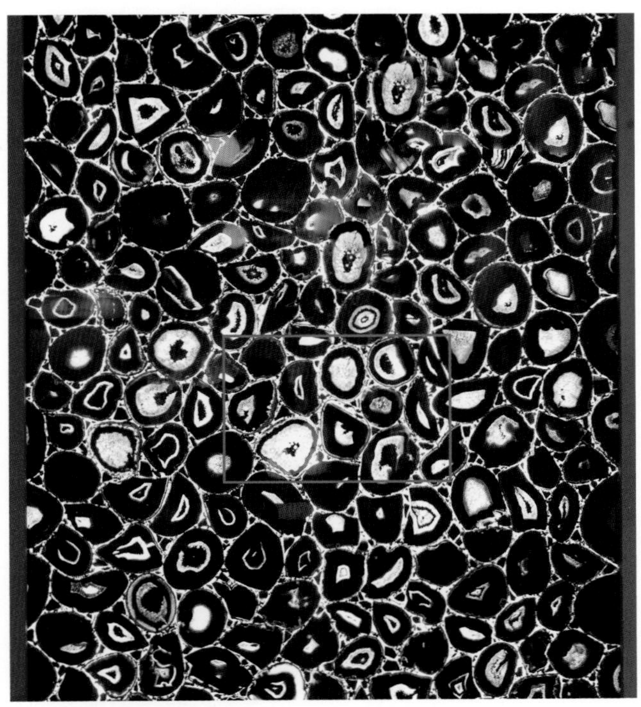
黑色玛瑙（诺曼迪）

原色为棕红色玛瑙

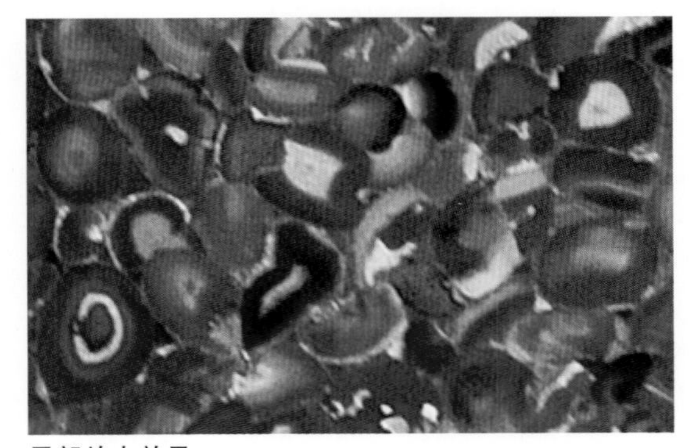
局部放大效果

染色玛瑙拼板

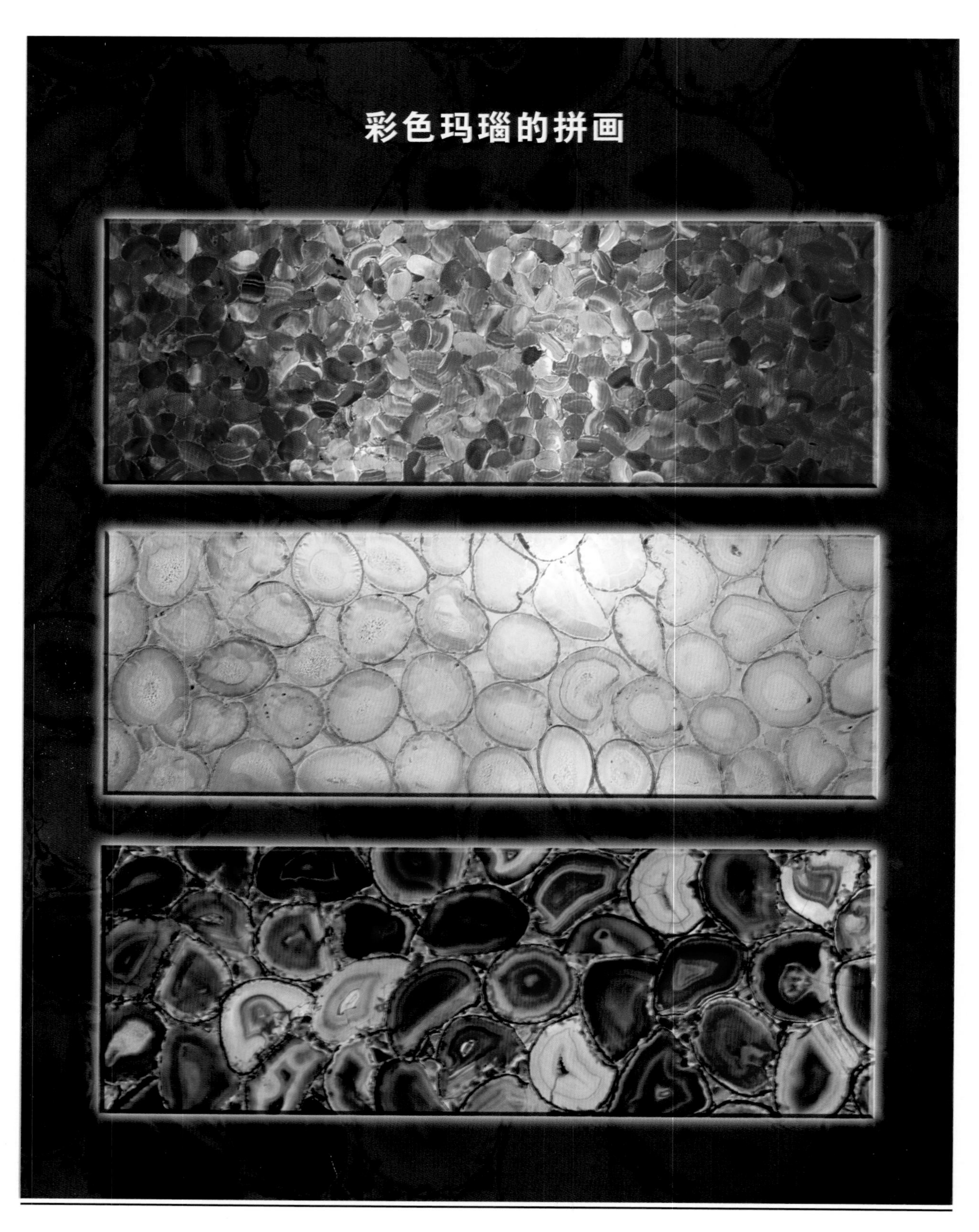

染色玛瑙拼板

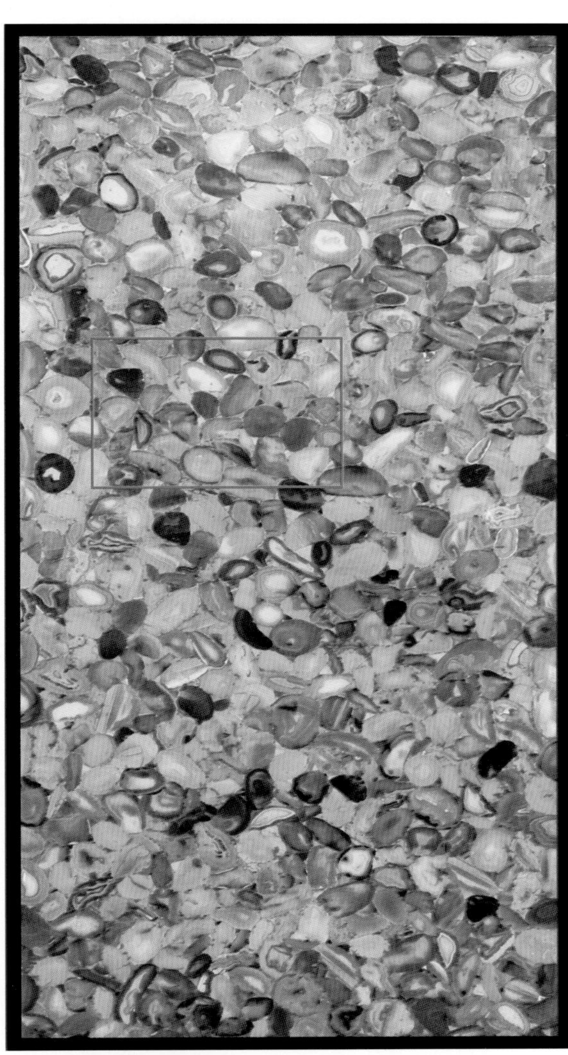

金（亮）黄色玛瑙

局部放大效果

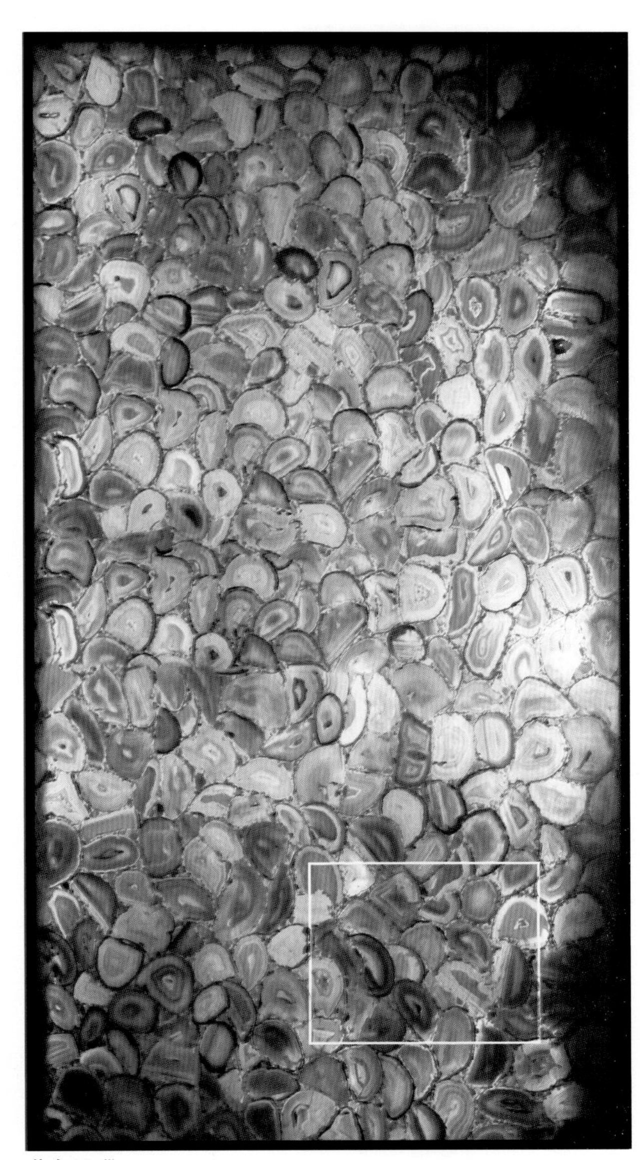

紫色玛瑙

局部放大效果

染色玛瑙拼板

淡紫色玛瑙

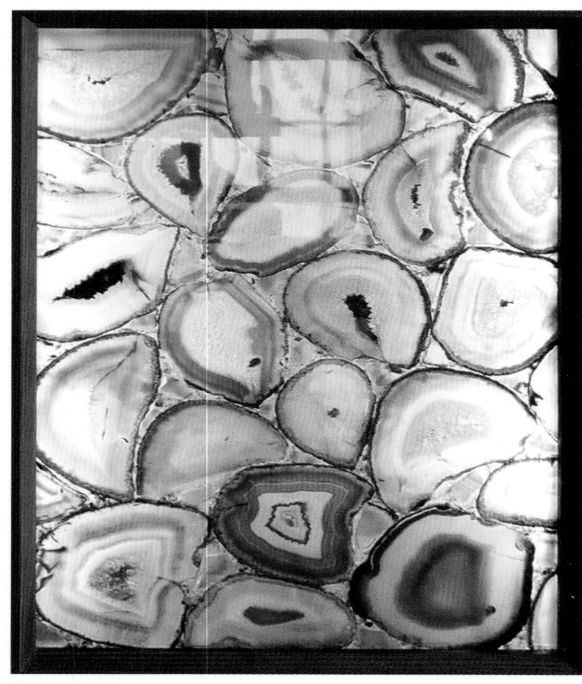
紫红色玛瑙

翠绿玛瑙

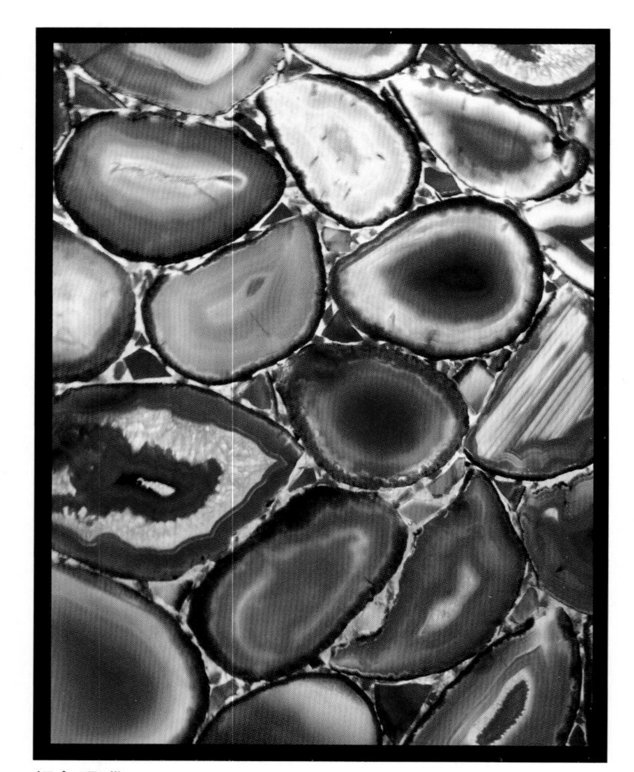
褐色玛瑙

紫蓝色玛瑙（罗迪娜）

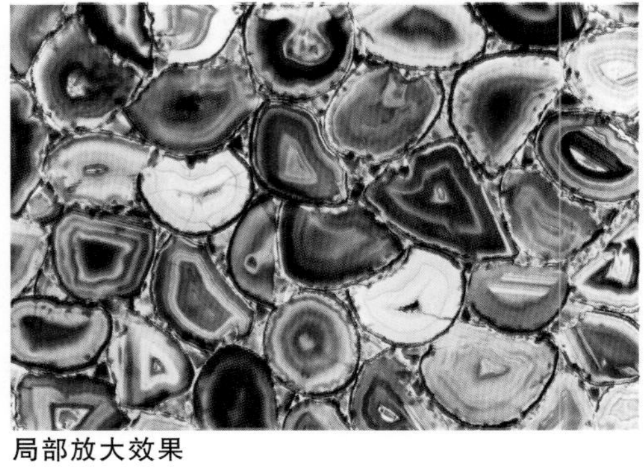

局部放大效果

局部放大效果

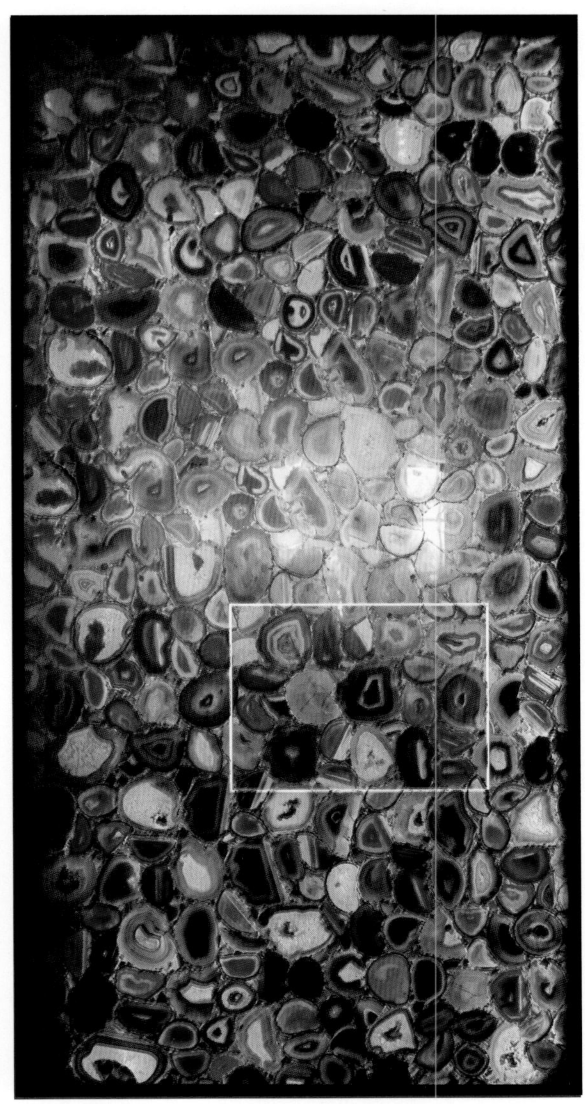

多彩玛瑙

染色玛瑙拼板

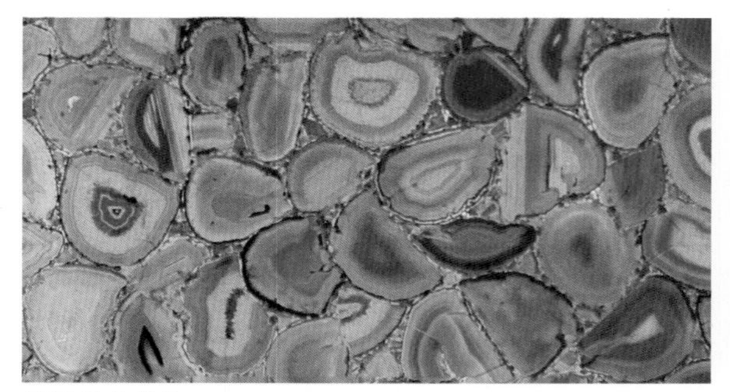

局部放大效果

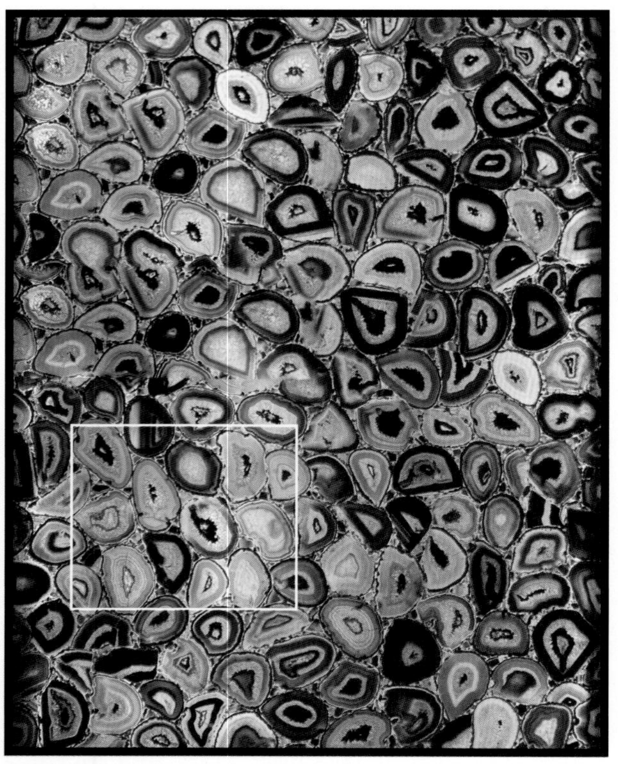

墨绿色染色玛瑙

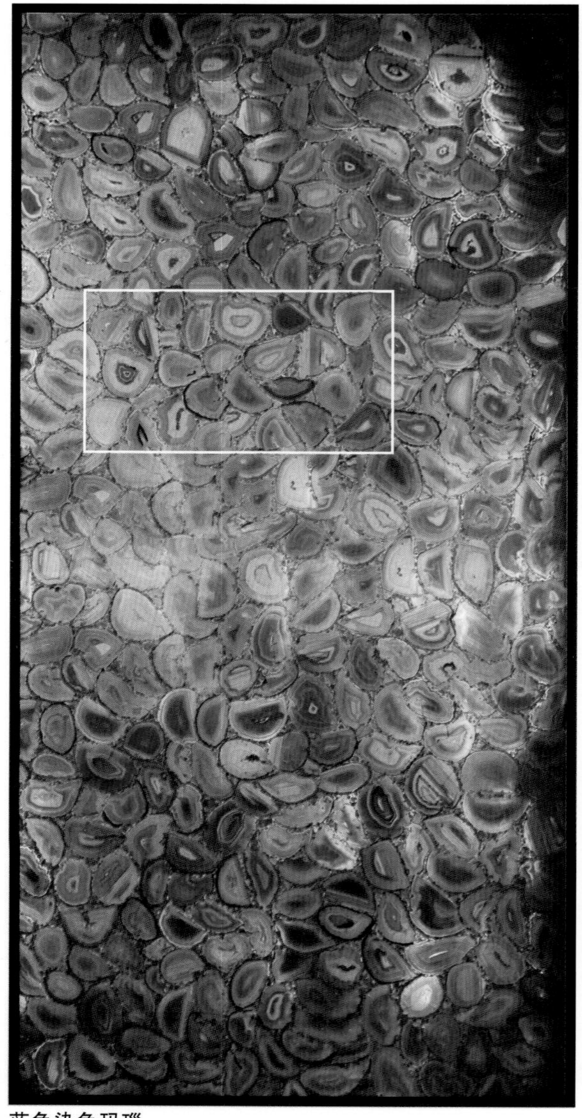

蓝色染色玛瑙

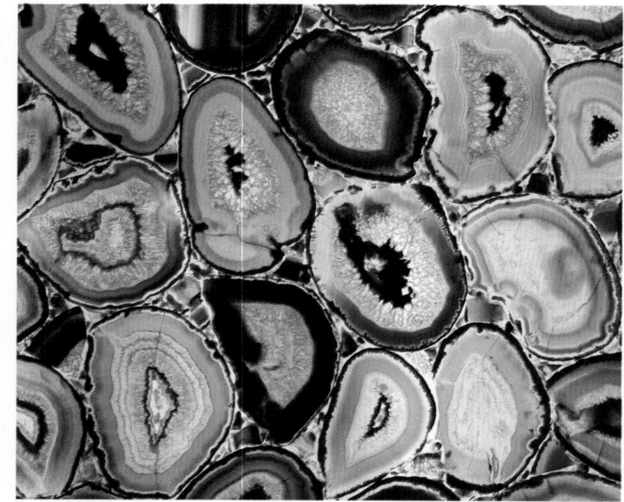

局部放大效果

染色玛瑙拼板

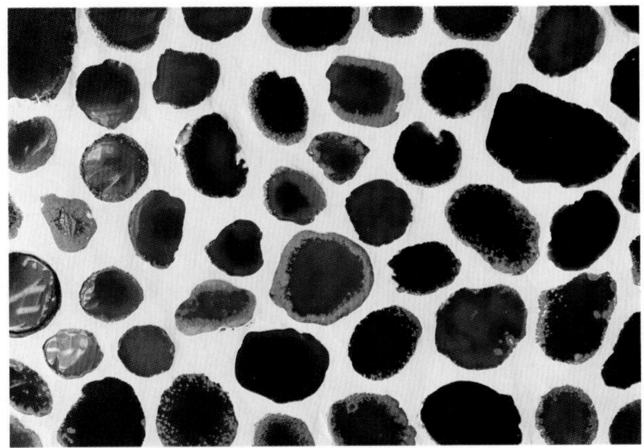
棕黄色玛瑙片

原色为浅棕红色玛瑙，染为深棕红色。

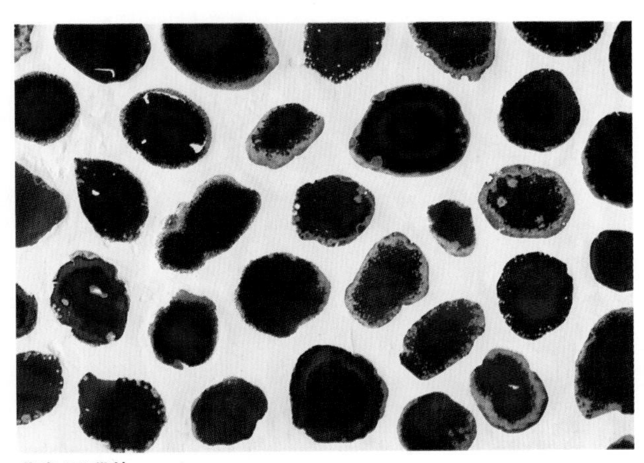
蓝色玛瑙片

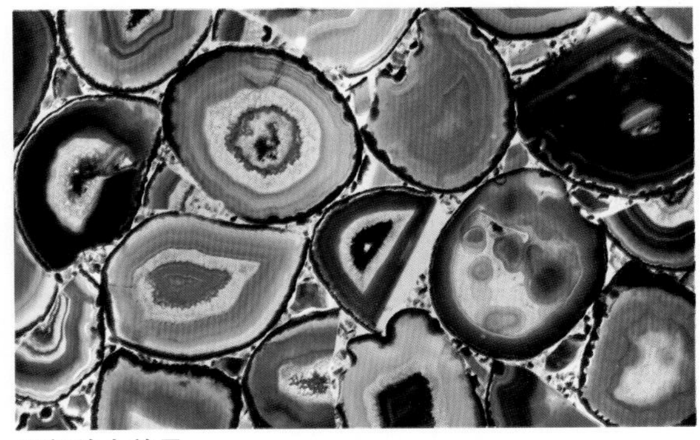
局部放大效果

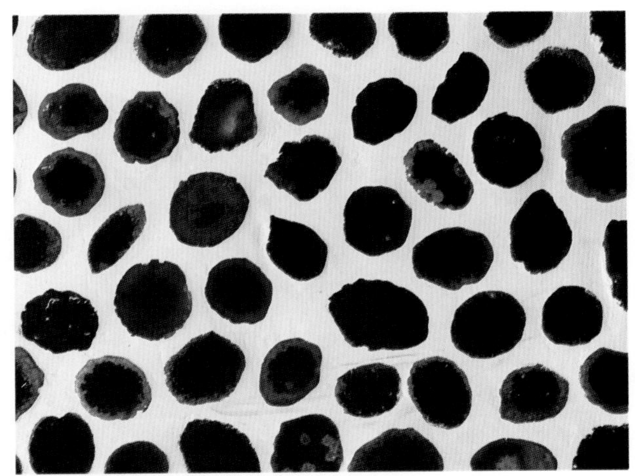
墨绿色玛瑙片

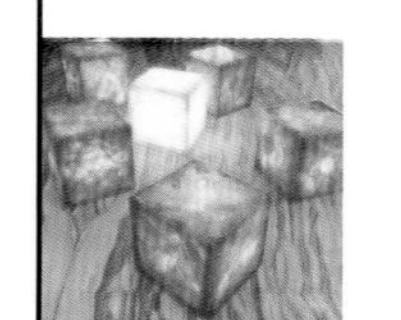

玛瑙石装饰的效果

棕色玛瑙拼画背景墙

玛瑙作为吧台前板，台面和结构件采用花岗岩，对比起来，显得立体、典雅。

玛瑙石装饰的效果

台面板采用玛瑙拼板。灯光照射下，凸显出很有诗意的图案环。

吧台面板采用透光的玛瑙拼板，边框采用暗色不透光材料，在光源作用下，整个吧台构成视觉上立体的装饰美感！

玛瑙石装饰的效果

染成红色的玛瑙色彩亮丽，很热烈的装饰色彩。

吧台前板玛瑙的细部特征

高艳丽的色彩形成视觉的冲击；不同块度大小的玛瑙块拼成的板，装饰在不同部位，形成装饰的对比。边框线条通常采用不透光的材料，从内而出的光源，把质地和肌理表现得鲜明特别。

玛瑙石装饰的效果

吧台面板上装饰的玛瑙，透光下环状明显，具有很强的纹理美感。

玛瑙装饰的墙壁

玛瑙石装饰的效果

背景采用“丝绸之路”大板拼板，如同神秘的海底世界的超级纹理，吧台面板采用乌拉圭金黄玛瑙拼板，富丽高贵。

吧台面板采用金黄乌拉圭玛瑙，背景采用金属光泽的有机板分割拼贴，时尚典雅。

吧台前板采用金黄色的玛瑙装饰，背景墙采用红水晶装饰，颜色的差异也是产生对比的构成，总体亮丽而明快，富丽而独特。

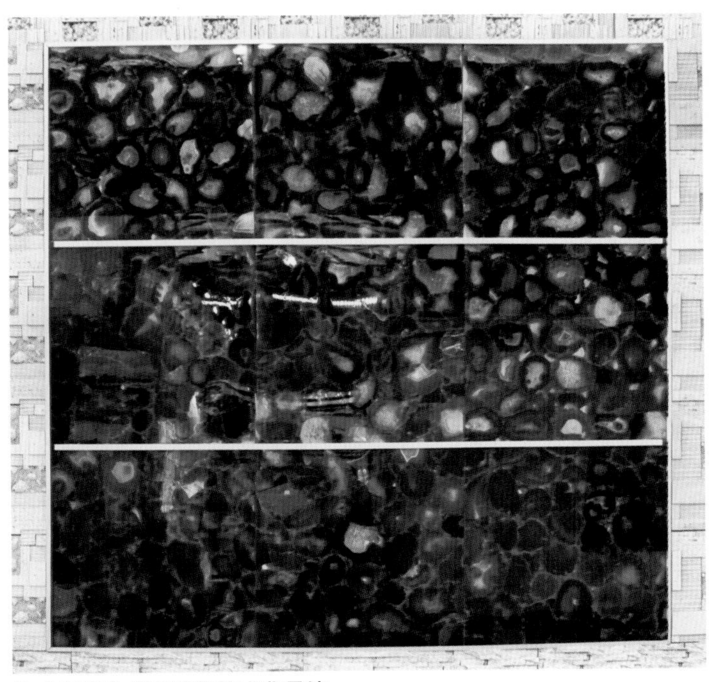

染成深蓝色的玛瑙装饰成背景墙

染成蓝色的玛瑙

玛瑙石装饰的效果

感受超越精灵的空间，似神仙的居所。文明时代技术和材质的精品象征：白玛瑙卫浴。

玛瑙石装饰的效果

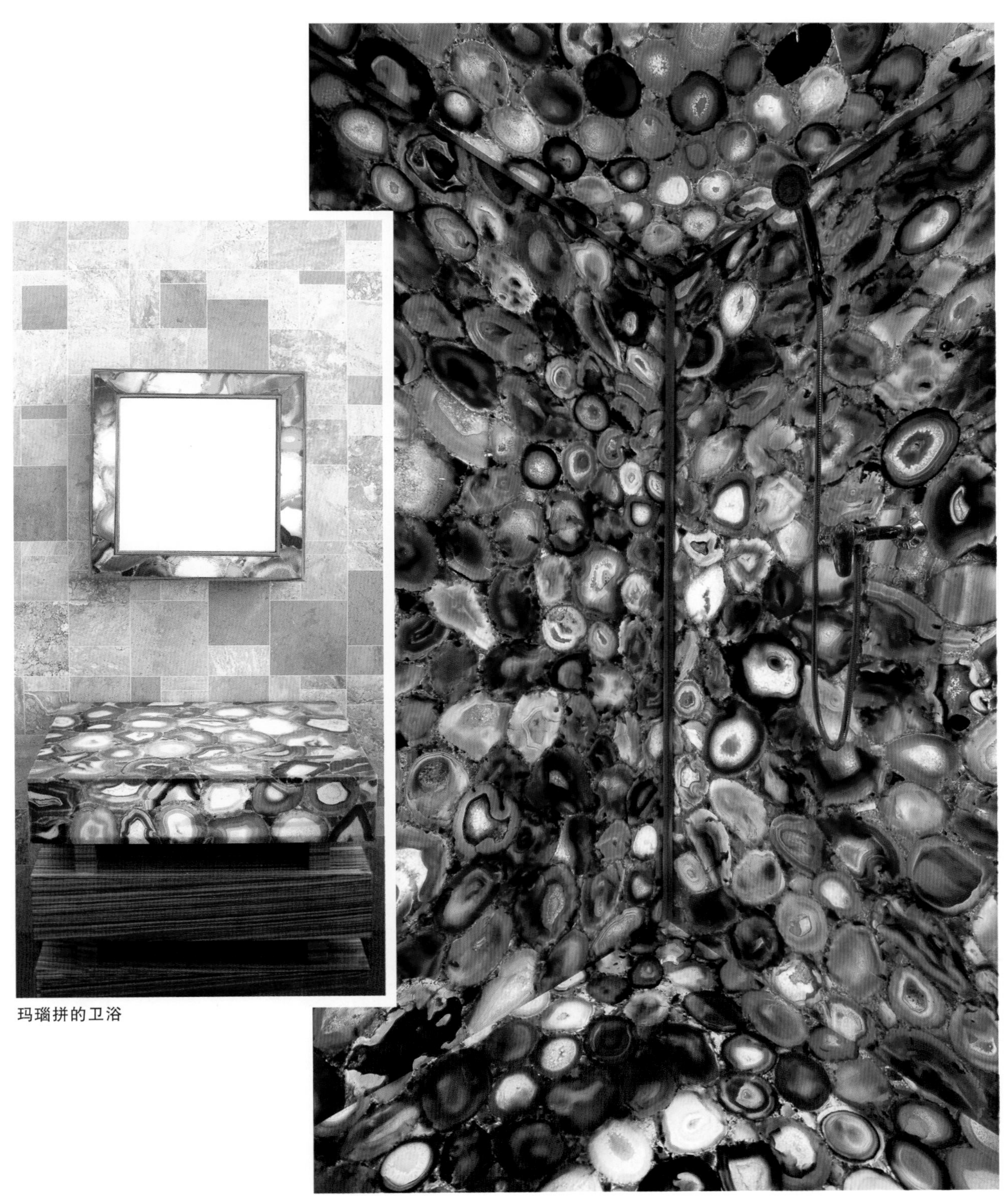

玛瑙拼的卫浴

梦幻的淋浴空间

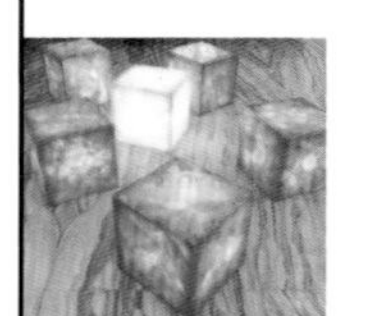

玛瑙石装饰的效果

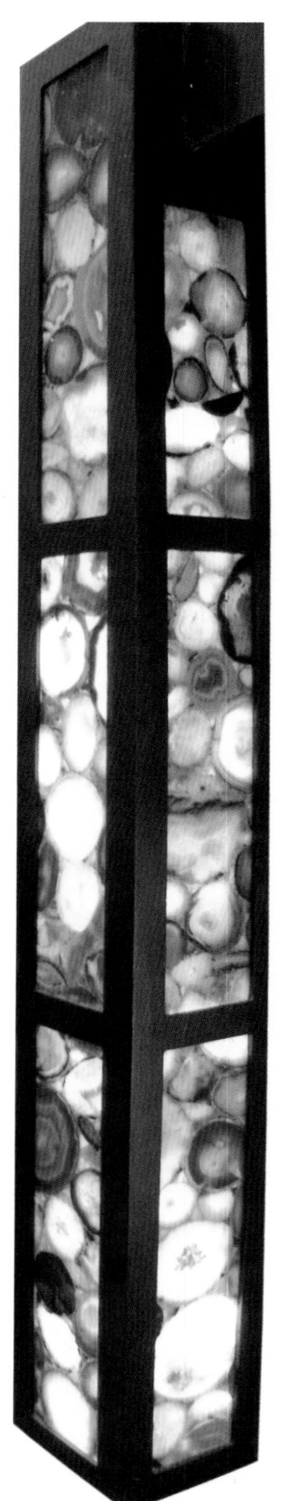

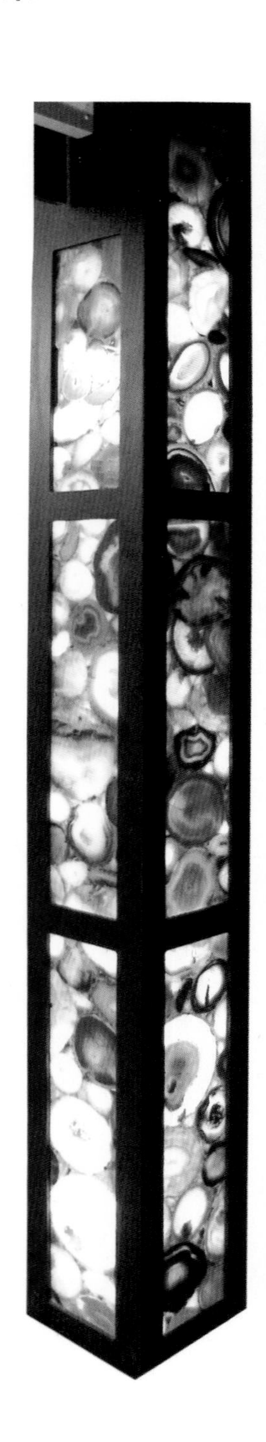

玛瑙柱

其它类半宝石、矿物

色彩鲜艳，质地灵透的半宝石。这些矿物要么晶莹剔透，要么色彩艳丽，结晶纹有各种特色，如条纹、花状、蛋形状等等，质地有油脂状、灵透玻璃状、冰状、冻状等等，显得高贵。除了玛瑙之外，自然界中还有大量可以用于生产建材的矿物。

白云石

灯光照下白云石的特征

白云石粗粒结晶透光石，三角立体折光，具有很强的透光感，纹理清晰显现。

白水晶

白水晶(White Ciystsl Backlit)

柔和的乳白色泽，纯净高贵。

烟水晶

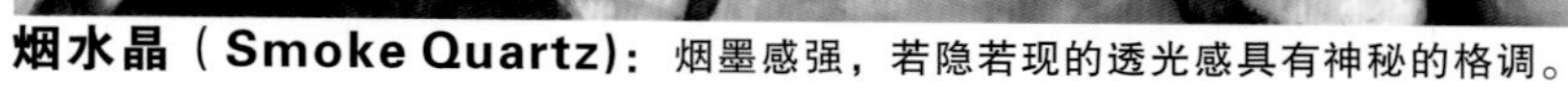

烟水晶（Smoke Quartz）：烟墨感强，若隐若现的透光感具有神秘的格调。

蓝水晶

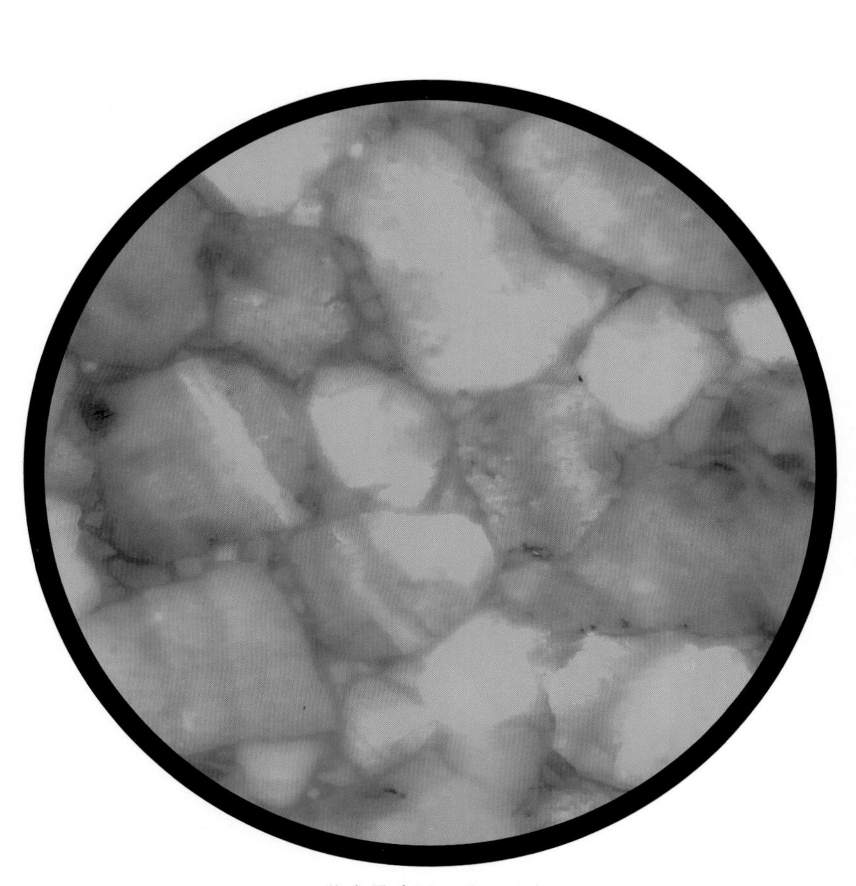
蓝水晶（Blue Quartz）

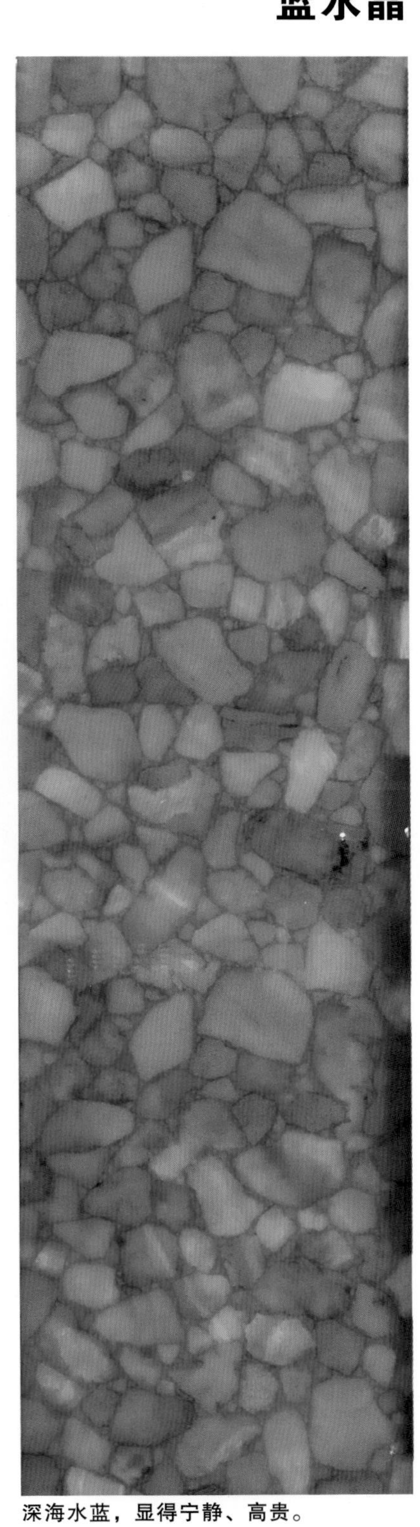
深海水蓝，显得宁静、高贵。

紫水晶

紫水晶 Pink Quartz (Vein Cut)

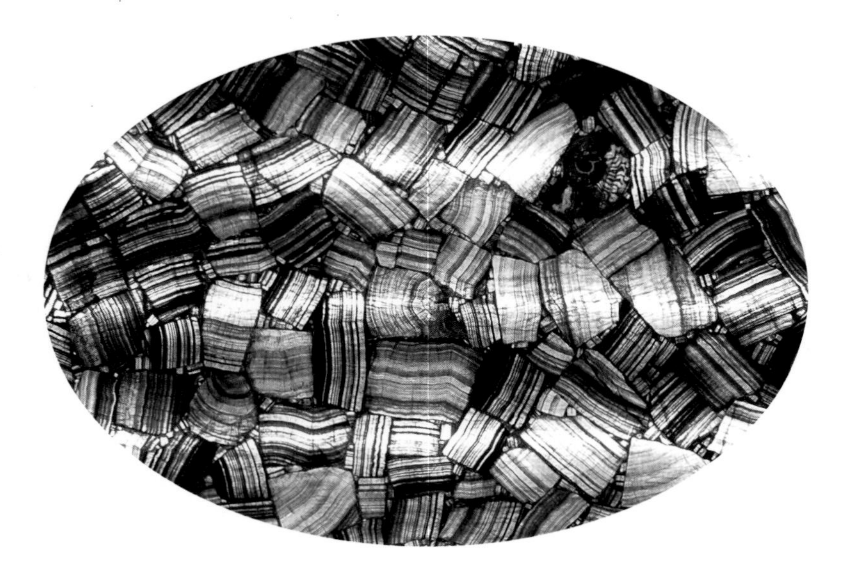
紫水晶切片，组织在一起，神秘、优雅之色，板面纹理有蠕动之感。

紫水晶 Pink Quartz (Vein Cut)原矿

绿水晶

绿水晶的浓绿及粉质感有很强的装饰性

黄水晶

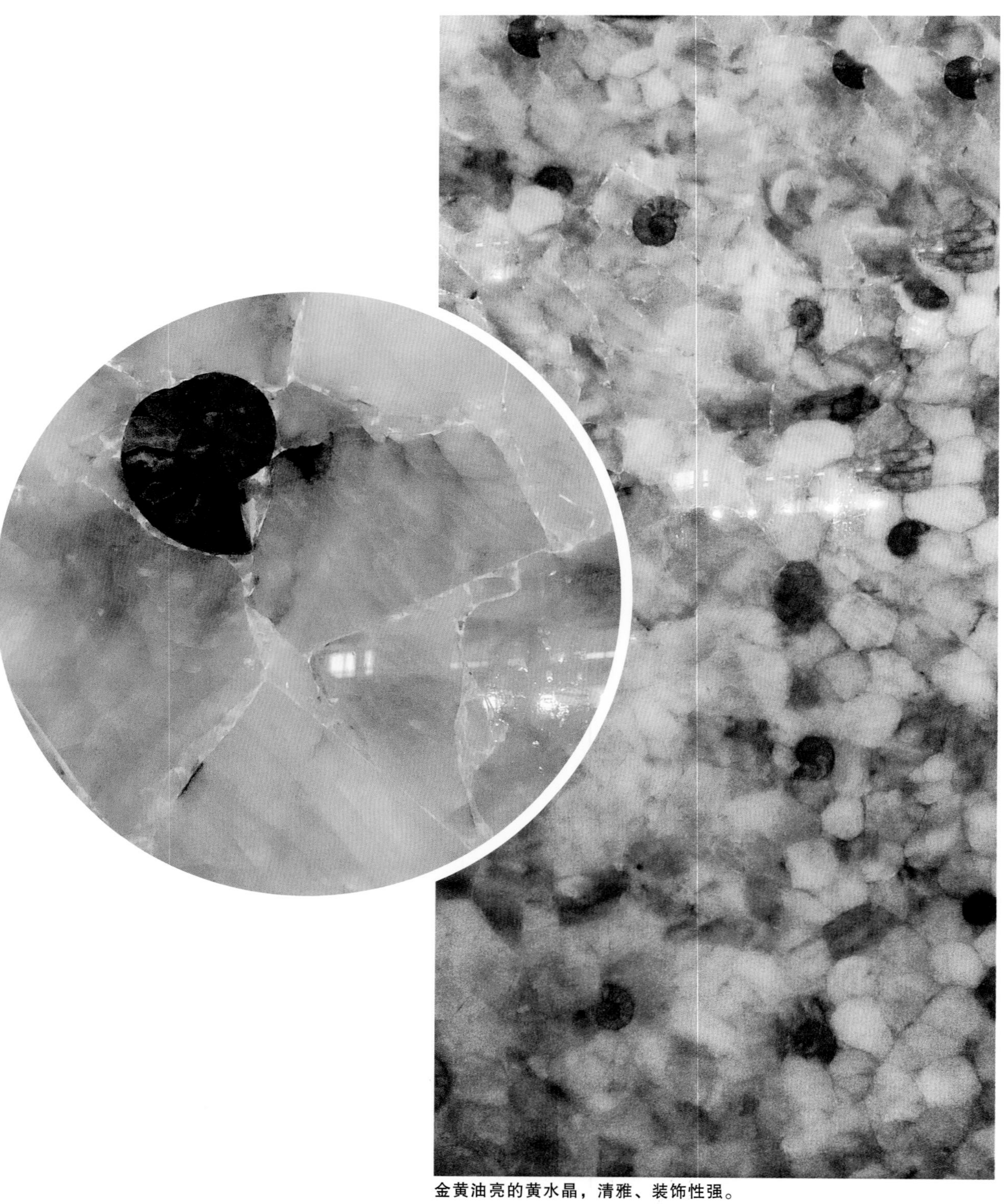

金黄油亮的黄水晶，清雅、装饰性强。

粉水晶

紫玉原石

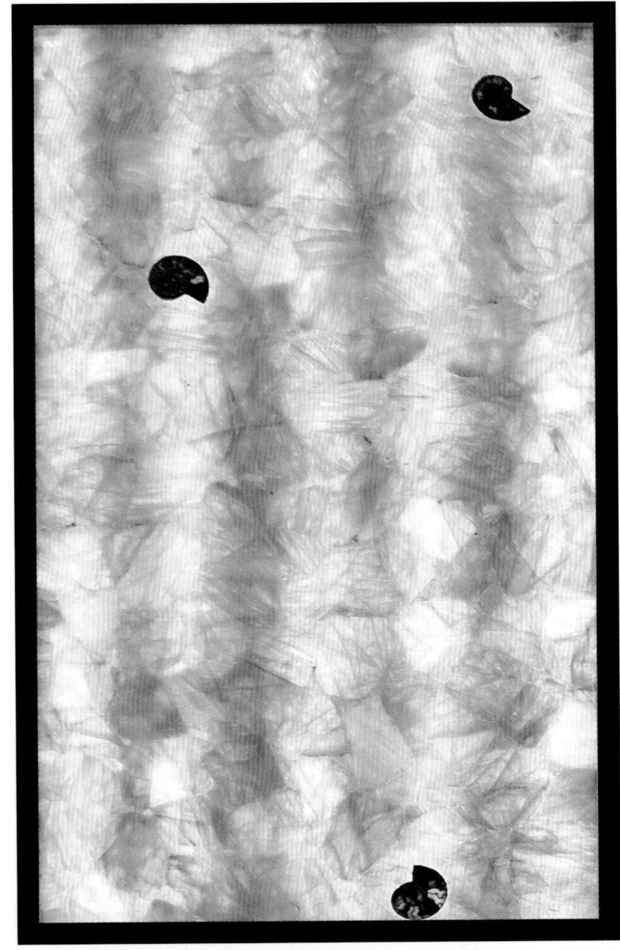

紫红色，有碎裂纹，浪漫、温馨之色；自然气息之美，温润之美。

紫萤石

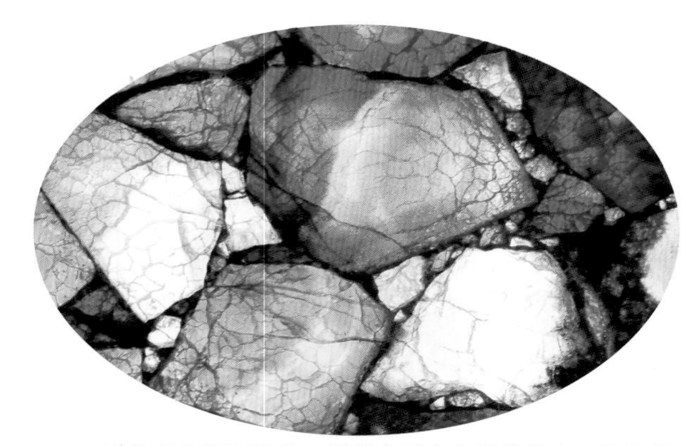

矿物具有细网格纹，拼接之后有宁静的张力，显示静中有隐含内力。

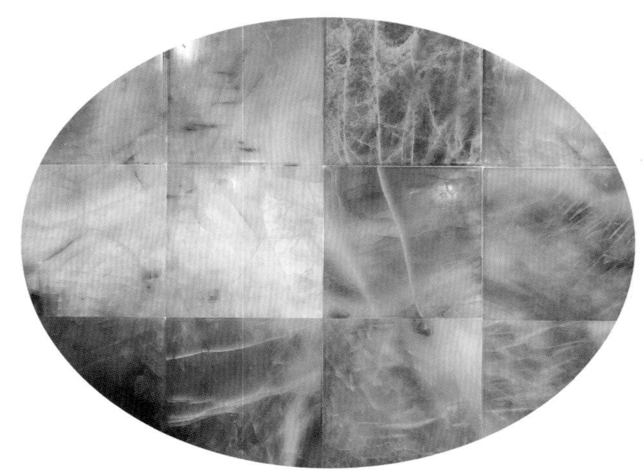

浅紫色透光萤石板材

结晶纹不是很清晰的萤石块切成细小片粘贴板。

绿萤石

墨绿萤石（一）

墨绿萤石（二）

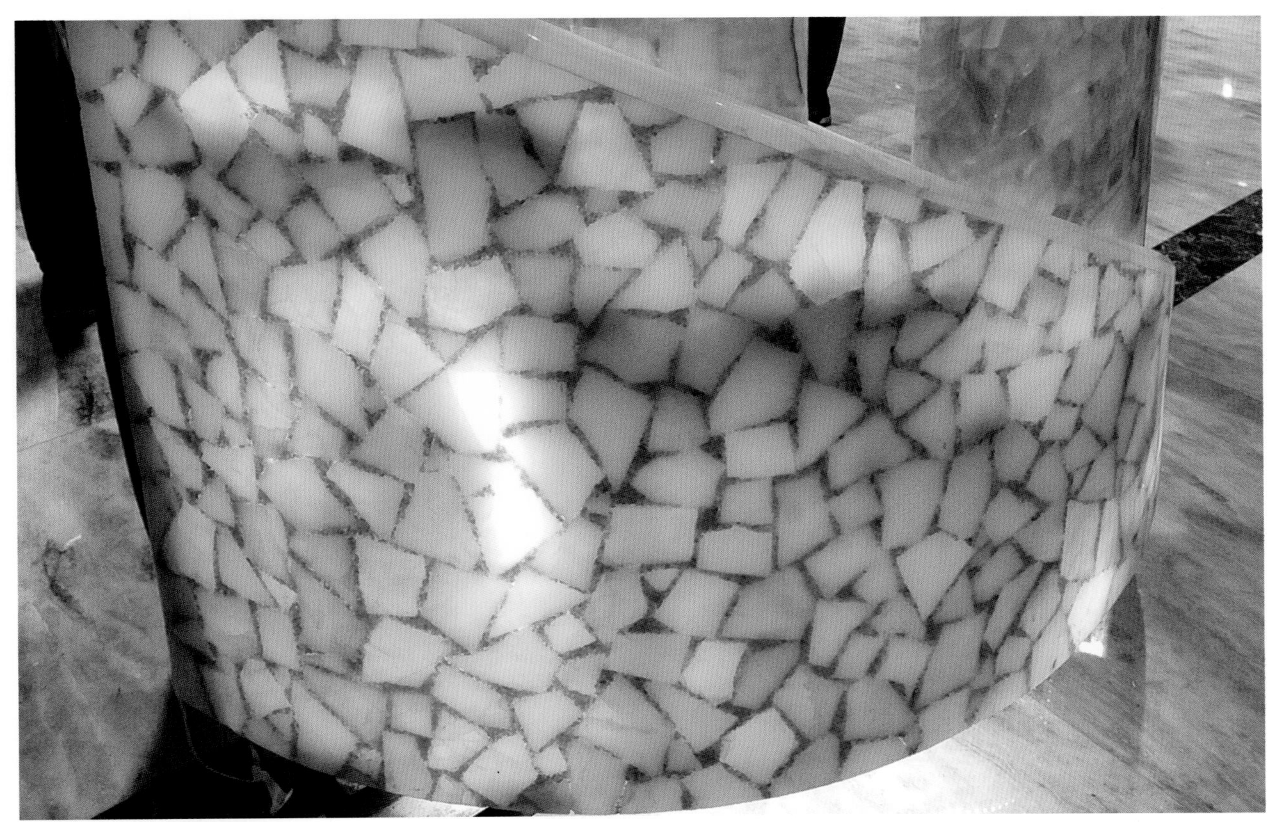
青绿萤石碎片拼的弧面板

拉布拉多（绿帘石）

拉布拉多（绿帘石），色彩浓淡相间的组合，如同夏天中一片绿意的清流，给人一种色彩的穿透和清凉。

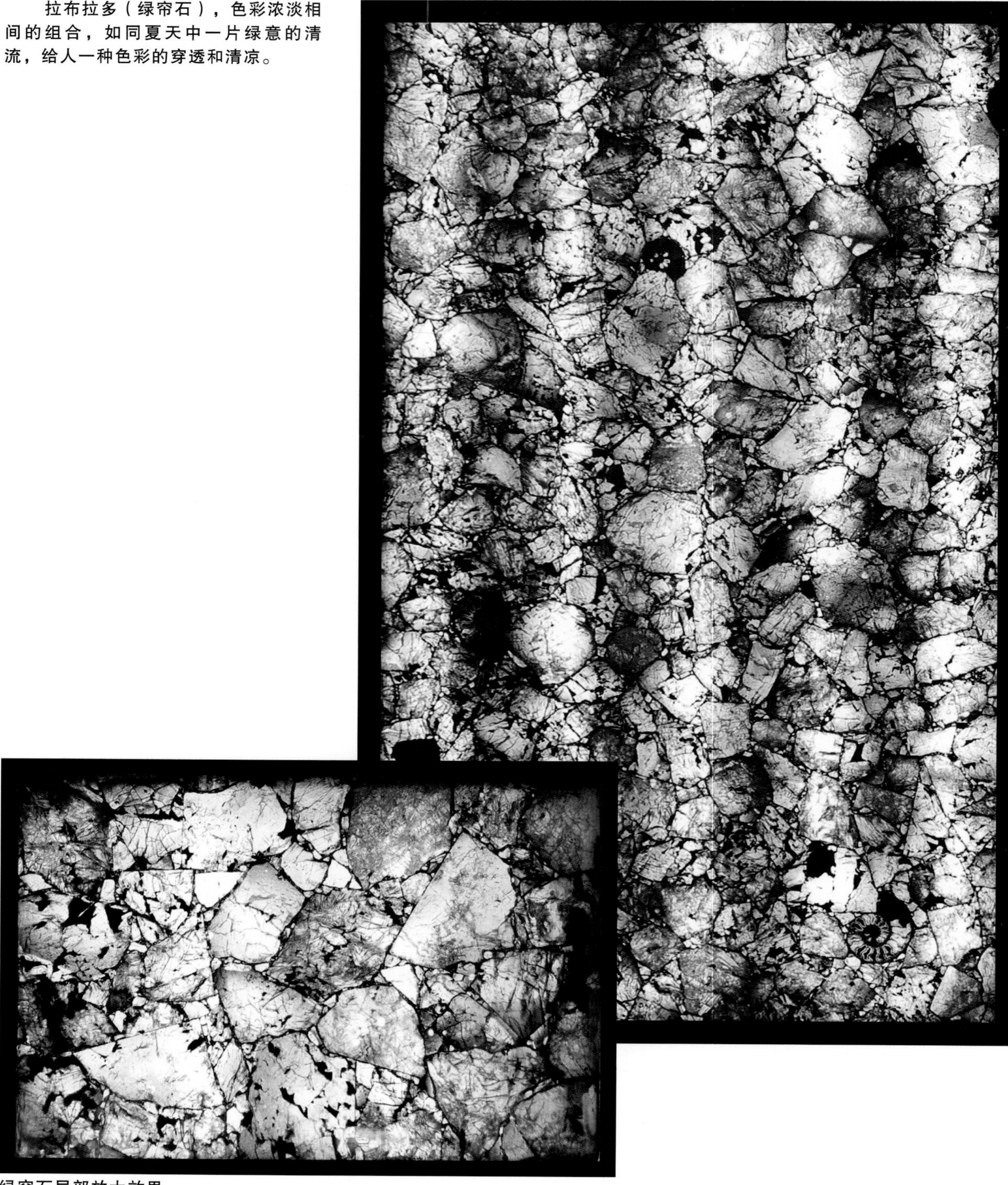

绿帘石局部放大效果

蓝宝石

条纹蓝宝石。蓝宝石的大板，相间的色彩，内敛中有秩序。

卡诺莎及景泰蓝拼板

卡诺莎 Canosa

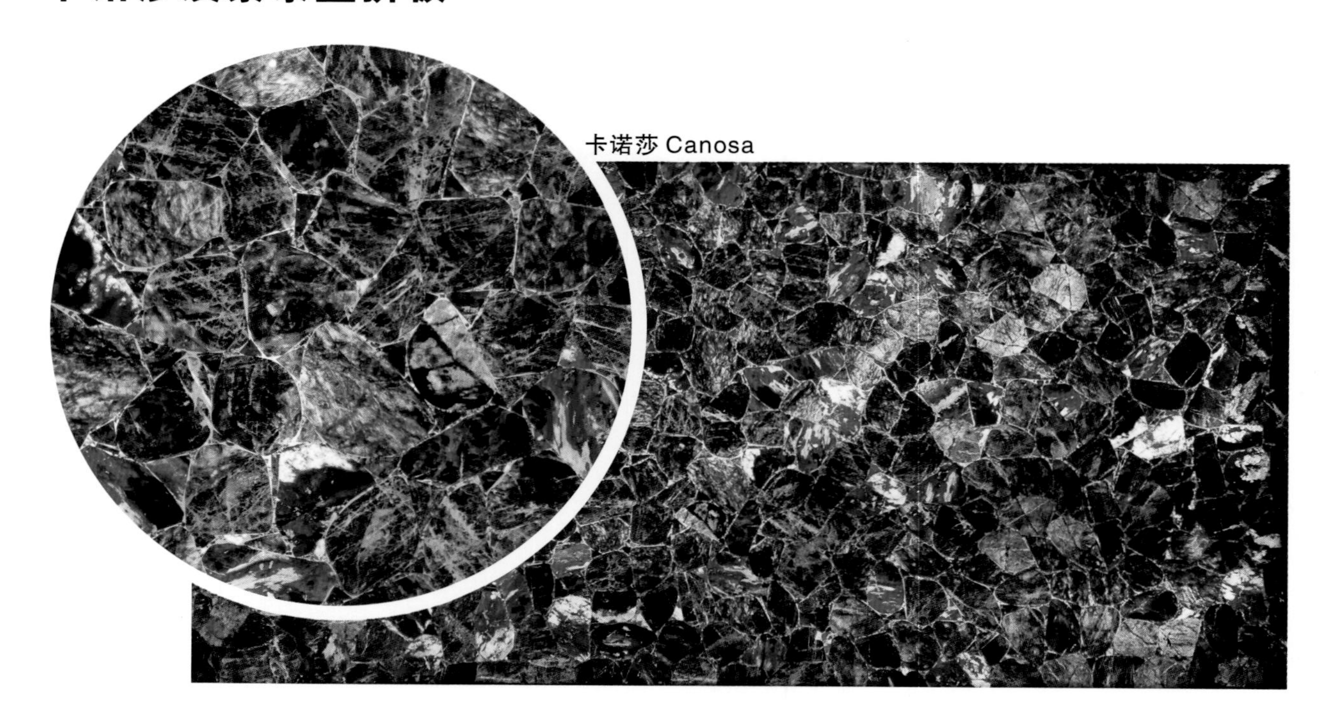

碎片的景泰蓝（Sodlite Blue Jasper)拼成的板，宁静中有浮华，比较含蓄的色彩。

景泰蓝（Sodlite Blue Jasper)拼成的透光壁画

虎眼石

虎眼石杂乱纹的拼接，交错纹具有很强的艺术感。

颜色比较暗淡的虎眼石横条纹拼板，色泽诡秘，有折光。神秘的色调。

金黄色虎眼石横条纹拼板

月光石

月光石拼板，冷峻的蓝色折光色，由于板片的折光效果，产生板面不同的反光效果，具有梦幻感。

月光石原石，块状，片状结构。

孔雀石

孔雀石由于颜色酷似孔雀羽毛上斑点的绿色而获得如此美丽的名字，具有很强的色彩、纹理、质地的装饰特征。

孔雀石，矿物表面扭曲纹很明显，小块粘贴的板材。

顺纹粘贴的孔雀石板材，质地富油脂感，色彩纯正而富丽，具有贵族的色彩气息和飘动感。

青金石

青金石拼花，湛蓝色的色彩如同地中海的海水一样的深浓，海贝类镶嵌其之中，形成美丽的海底世界。

阿富汗青金石的原矿

青金石积木拼板，深蓝色的色彩浓烈到位。

鹦鹉螺化石

鹦鹉螺化石：这件鹦鹉螺化石来自地质古生年代的第二纪奥陶纪，时间距今大约为5亿年前，至迟不晚于4.4亿年前，重约15千克。鹦鹉螺为海生无脊椎动物，是极其珍贵的观赏贝类，因贝壳表面有赤橙色火焰状斑纹，酷似鹦鹉而得名。

鹦鹉螺化石

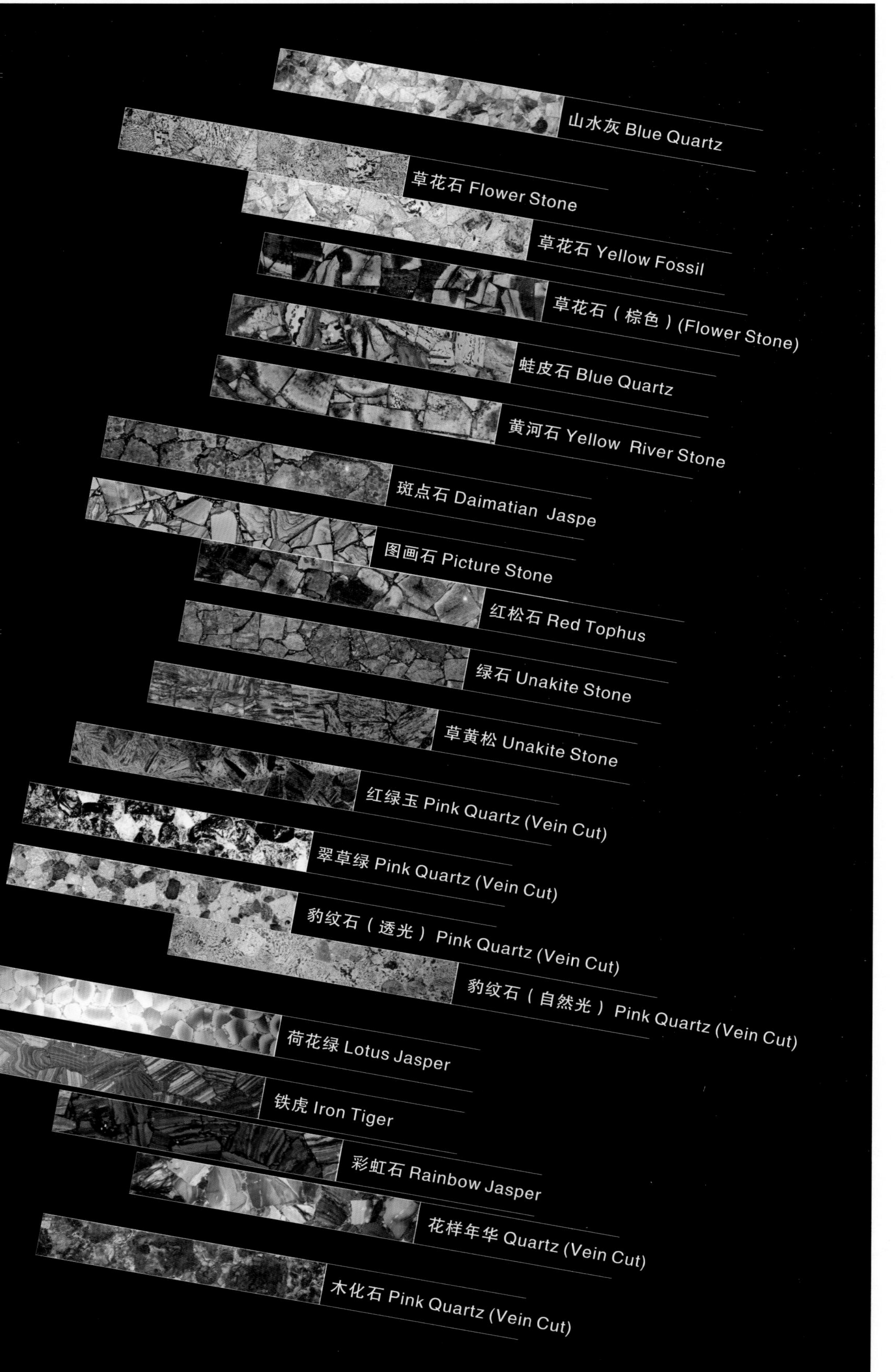
常见用于装饰的彩石种类
山水灰 Blue Quartz
草花石 Flower Stone
草花石 Yellow Fossil
草花石（棕色）(Flower Stone)
蛙皮石 Blue Quartz
黄河石 Yellow River Stone
斑点石 Daimatian Jaspe
图画石 Picture Stone
红松石 Red Tophus
绿石 Unakite Stone
草黄松 Unakite Stone
红绿玉 Pink Quartz (Vein Cut)
翠草绿 Pink Quartz (Vein Cut)
豹纹石（透光） Pink Quartz (Vein Cut)
豹纹石（自然光） Pink Quartz (Vein Cut)
荷花绿 Lotus Jasper
铁虎 Iron Tiger
彩虹石 Rainbow Jasper
花样年华 Quartz (Vein Cut)
木化石 Pink Quartz (Vein Cut)

山水灰 Blue Quartz & 草花石 Flower Stone

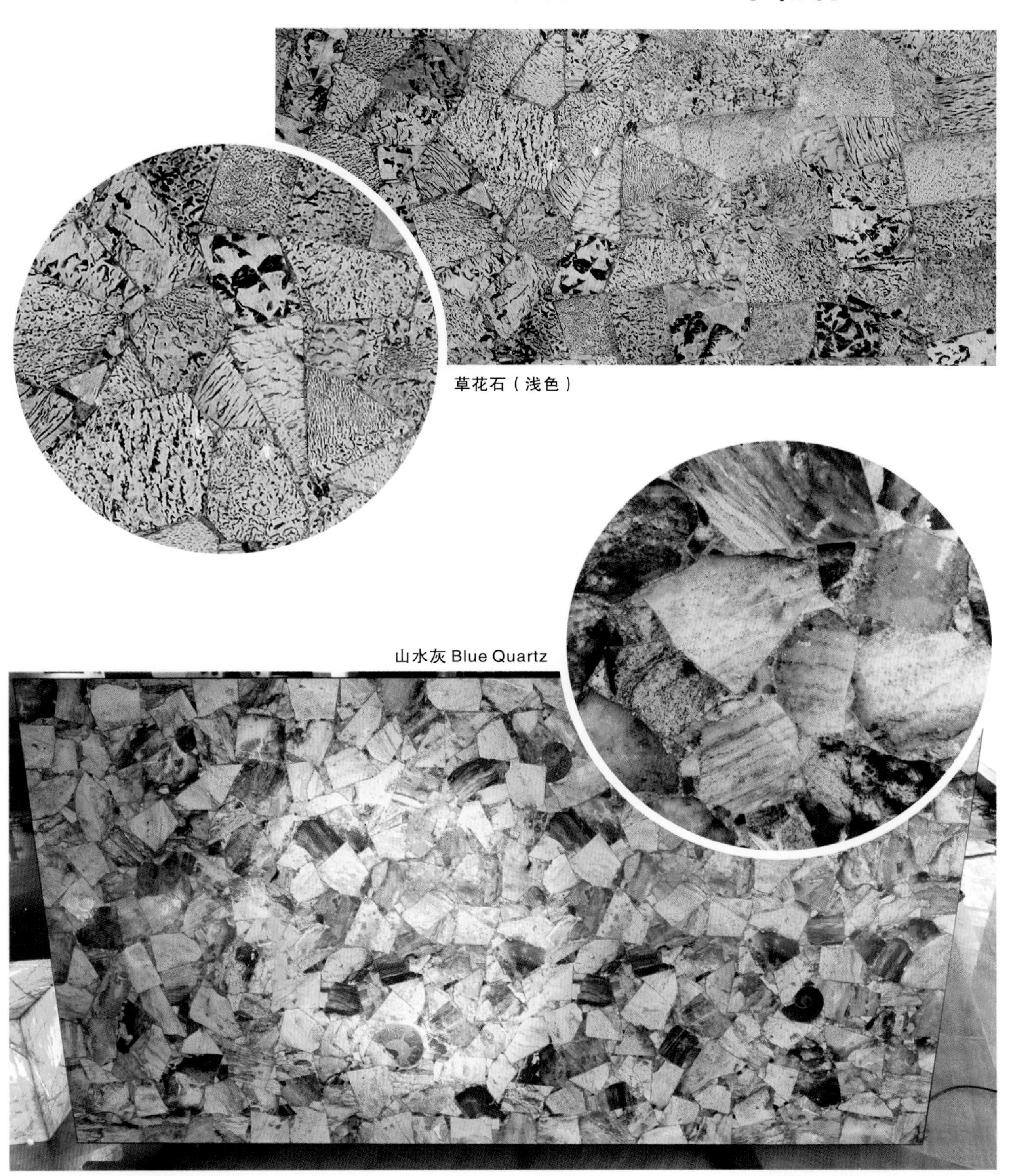

草花石（浅色）

山水灰 Blue Quartz

山水灰镶嵌鹦鹉螺化石切片的拼板。花草纹制造出如同原始草地之中的生态环境，偶见鹦鹉螺，表现一种自然景观的画面。

草花石 Flower Stone（金黄色 & 棕色）

草花石(Yellow Fossil)

草花石（棕色）(Flower Stone)

蛙皮石

蛙皮石，花色形象，生动，具有活泼的色彩意境。

黄河石 Yellow River Stone & 斑点石 Daimatian Jaspe

黄河石 Yellow River Stone

斑点石 Daimatian Jaspe
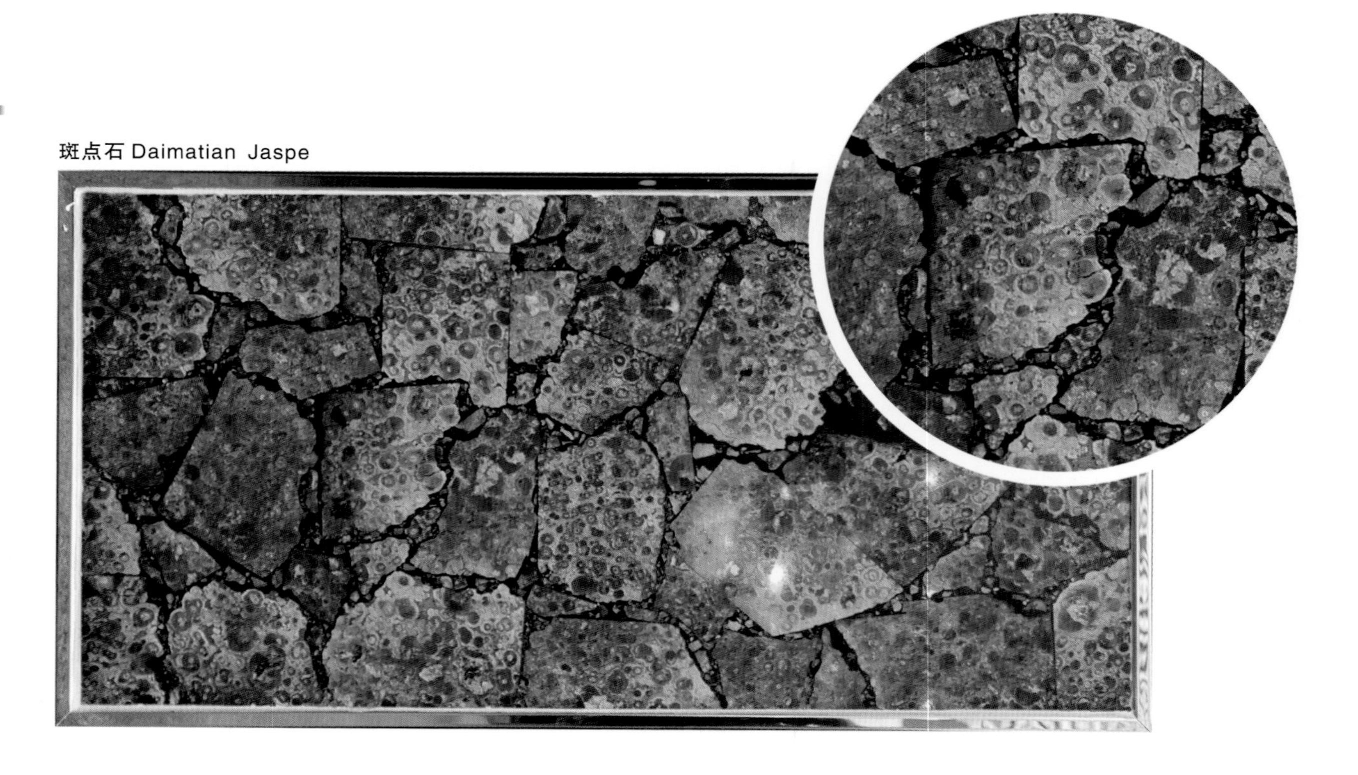

图画石 Picture Stone & 红松石 Red Tophus

图画石 Picture Stone

红松石 Red Tophus

绿石 Unakite Stone & 草黄松 Unakite Stone

绿石 Unakite Stone

草黄松 Unakite Stone

红绿玉 & 翠草绿

红绿玉（小颗粒为红宝石），亮翠绿色彩和条纹漂亮、高贵典雅。

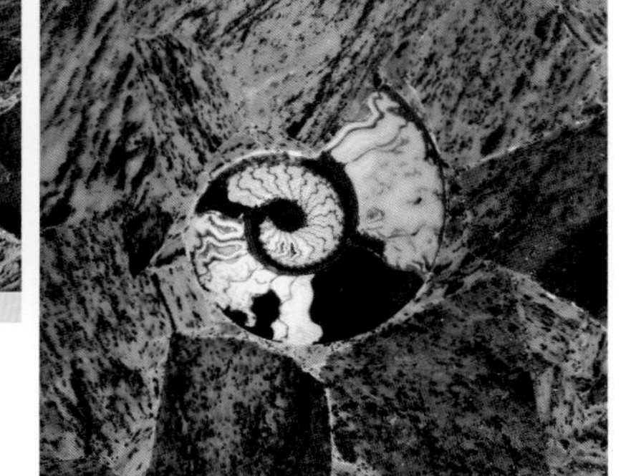

镶进鹦鹉螺切片，形成图画美感。

翠草绿拼色彩石，色彩古朴又绚丽奢华。

豹纹石

豹纹透光石，如同猎豹花纹的金黄色的不规则片石粘贴成的板，具有很强的仿生性，有王者之气的纹理，富贵而霸气！

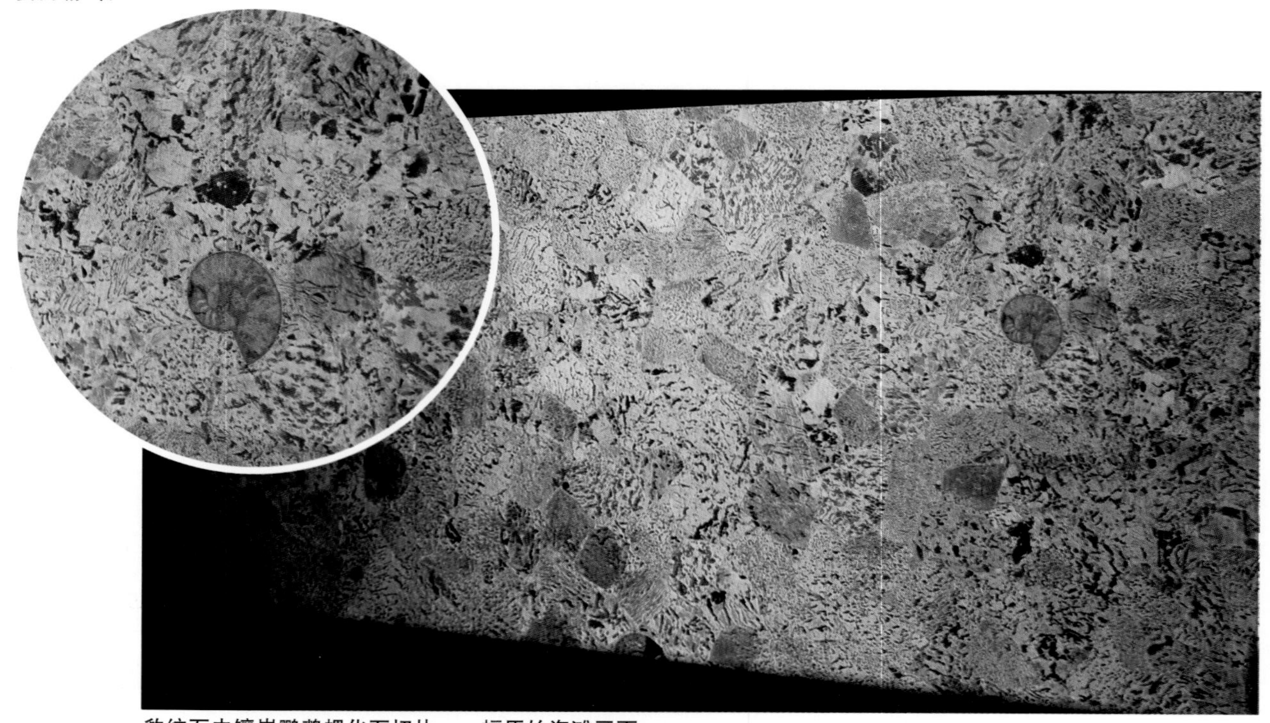

豹纹石中镶嵌鹦鹉螺化石切片，一幅原始海滩画面。

荷花绿 Lotus Japer

荷花绿，油绿、窑变的色彩，如同写意的春天乡野油画。

铁虎 Iron Tiger & 彩虹石 Rainbow Jasper

铁虎 Iron Tiger

彩虹石 Rainbow Jasper

花样年华

花样年华，不规则的艳丽的紫红色与金黄色色块拼贴在一起，构成富贵奢华画面。

木化石 Parify Wold

木化石切片拼板，木皮纹理清晰，皮质上的纹理和色泽依然可见，玉质化强，色彩斑驳，有窑变质感和色彩。

木化石 Parify Wold

木化石杂片与鹦鹉螺切片拼接组成板，具有画意感。

木化石，竖切面，宽窄不一的横竖拼板，古朴感，油脂感很强！

木化石杂形拼接板，木纹清晰。

木化石断面拼接，年轮清晰。

家具面材装饰

奢华的床铺

紫水晶拼成的烂漫之床

乌拉圭玛瑙，窑变色的色彩，展示出光怪陆离，奢华无比。装饰上显得更温润，质地富丽。

白色的吧台，透明石膏的拼接板。在灯光的照射下，展示出柔和的色泽，优雅温润。

家具面材装饰

湛蓝色的蓝宝石装饰的部分座椅摆设部位，色彩深浓，纹理清晰，具有冲击力的质感，营造出富丽的质感空间。

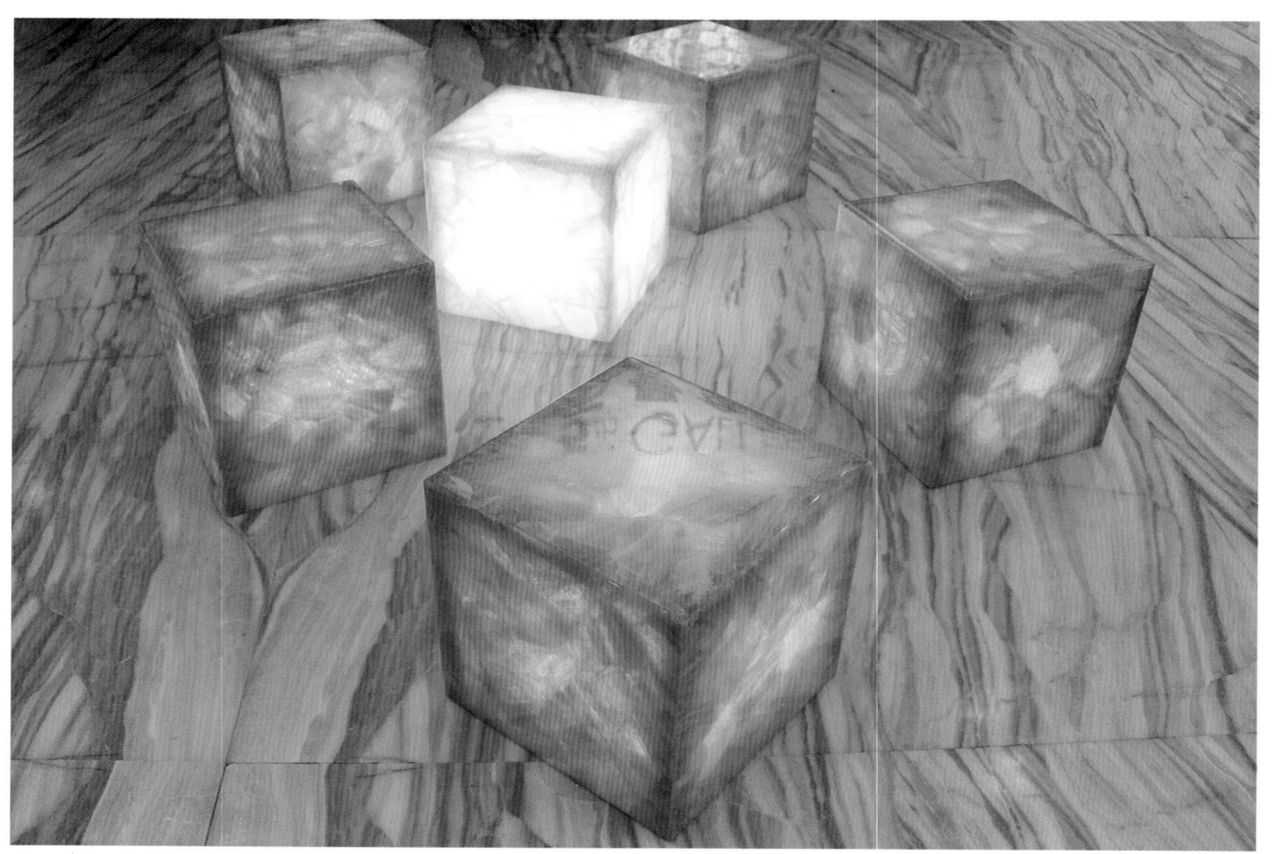

紫水晶透光座椅，充满浪漫的气息。

荷叶绿装饰的桌面

亮橘黄色的透光灯下肌理自然，色泽富丽。

多彩的座椅中间的花样年华摆放桌，艳丽扩张、富丽奢华。

家具面材装饰

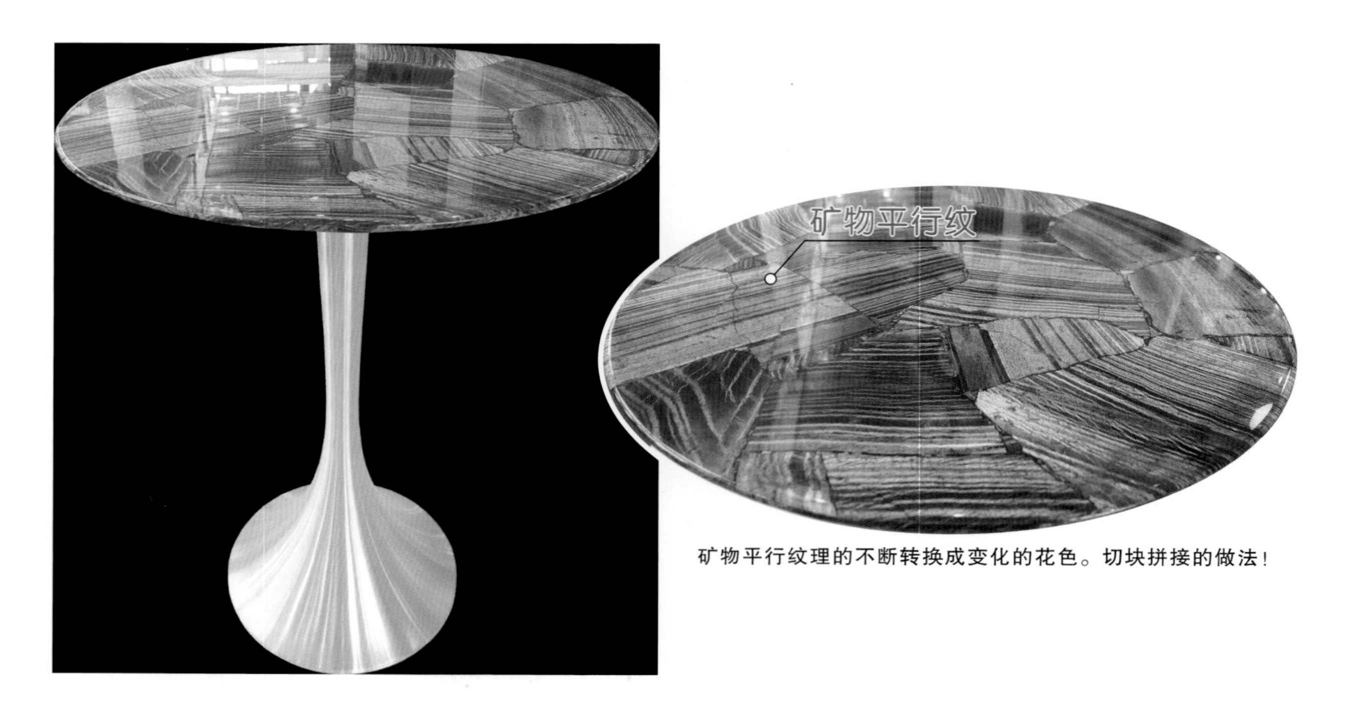

矿物平行纹理的不断转换成变化的花色。切块拼接的做法！

木化石座面，断面切片弥漫自然圆木的形态及年轮的气息，色彩古朴，质地自然。

孔雀石桌，矿物的纹理如同孔雀开屏的曲变纹理，美丽高雅。

乌拉圭玛瑙拼板的桌面，张性的纹理。

虎眼石的办公室谈判桌

宝石拼花，花鸟争春。

用彩石镶嵌的面板做成的家具

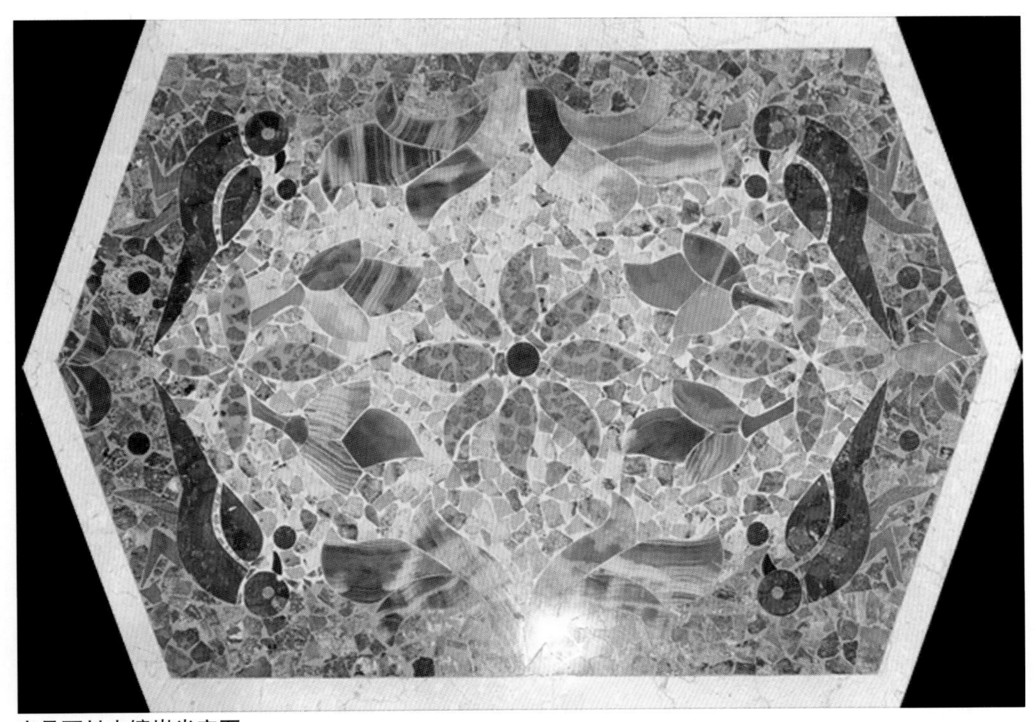

家具面材中镶嵌半宝石

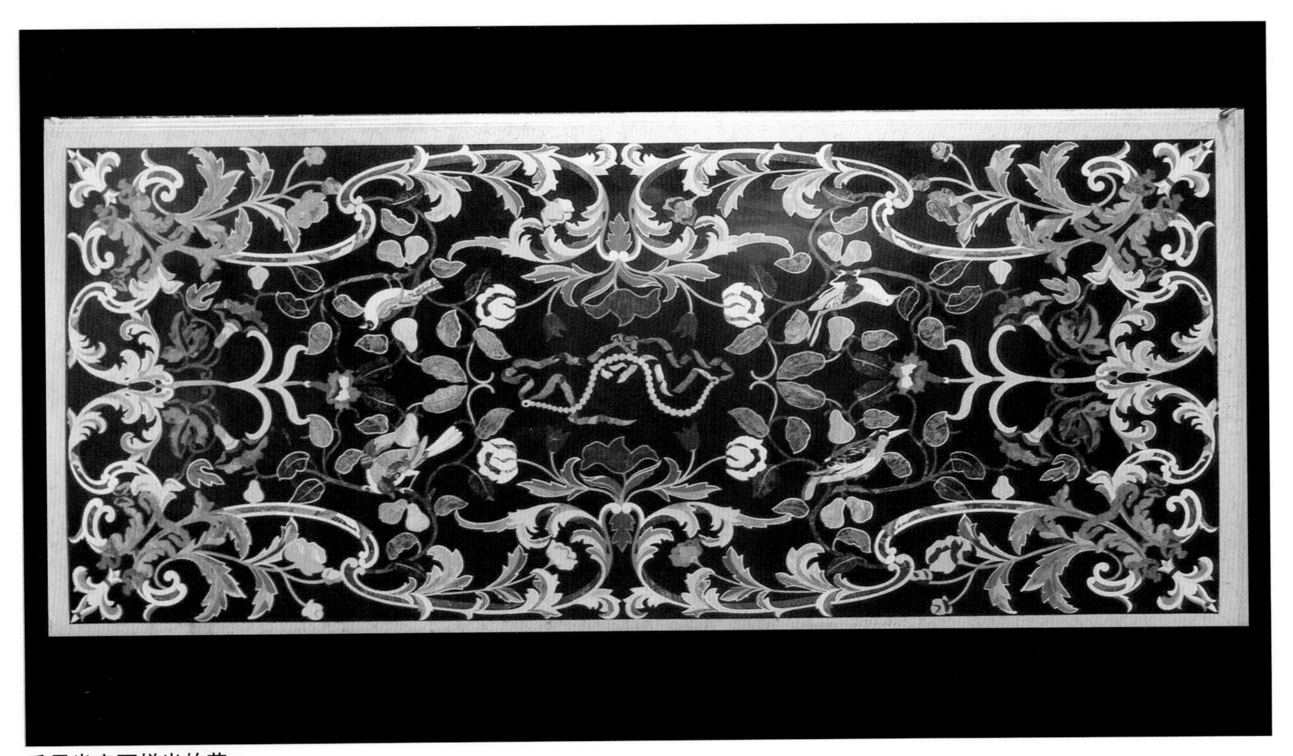

采用半宝石拼出的花

柱的装饰

半宝石成为高档柱式装饰的好材料

由水晶、萤石、绿宝石等打磨的水滴，如同雨滴一样，充满烂漫之感。

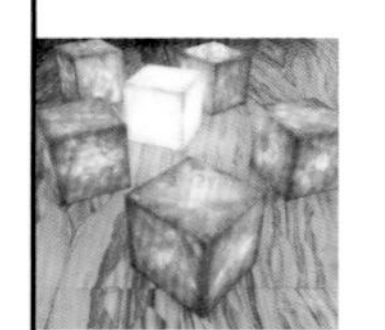

壁画装饰

随意形、杂块多彩石拼贴的乱花壁画。

奢华书房。背景墙和地面中央采用木化石断纹面拼板，整个空间奢华灵动。

折射制造眩晕的美妙立体空间。适合文化活动的场所装饰。

立体折变的墙壁，在镜面的反光！

壁画装饰

虎眼石壁画

虎眼石的墙壁装饰

格兰云面对纹地面形成的图案

翡翠蓝铺设的地面

地面装饰

冰质地的翡翠蓝和金黄色的大理石在地板中插色，色彩对比强烈。

淡蓝色的玛瑙质石材与花线做成地板的框线。

亮金黄色的石材装饰成牡丹花花瓣，镶嵌在大面积铺地的翡翠蓝中，鲜艳亮丽。

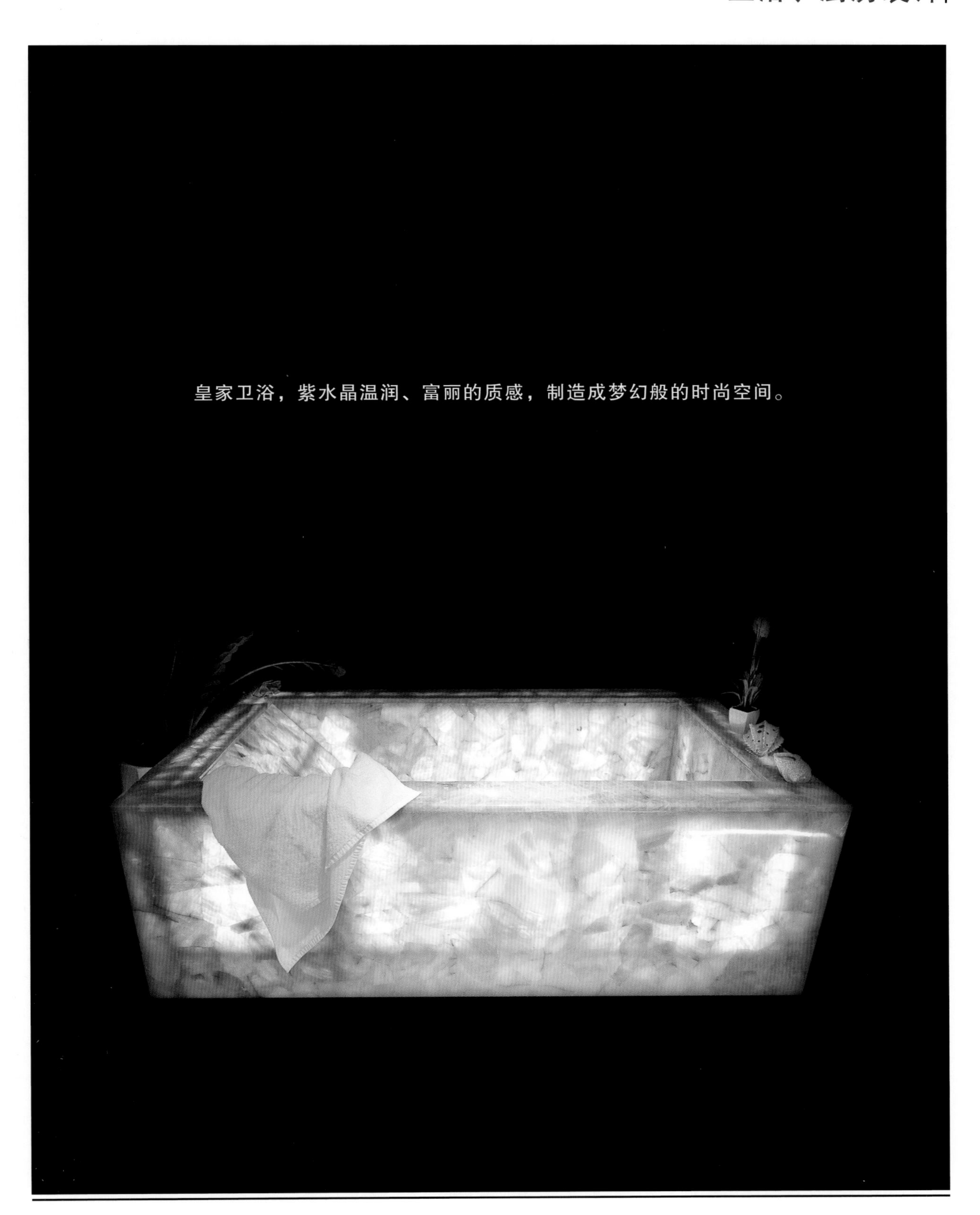
皇家卫浴，紫水晶温润、富丽的质感，制造成梦幻般的时尚空间。

卫浴、厨房装饰

通过板的胶粘形成的浴缸，温润晶莹，美不胜收。

透明石膏拼成放置物的台，纯净的洁白，给心灵一种宁静。

白色石膏拼装成天堂般的浴盆，真乃天上人间“瑶池”也。

烂漫的洗浴盆

紫水晶拼的卫浴空间

卫浴、厨房装饰

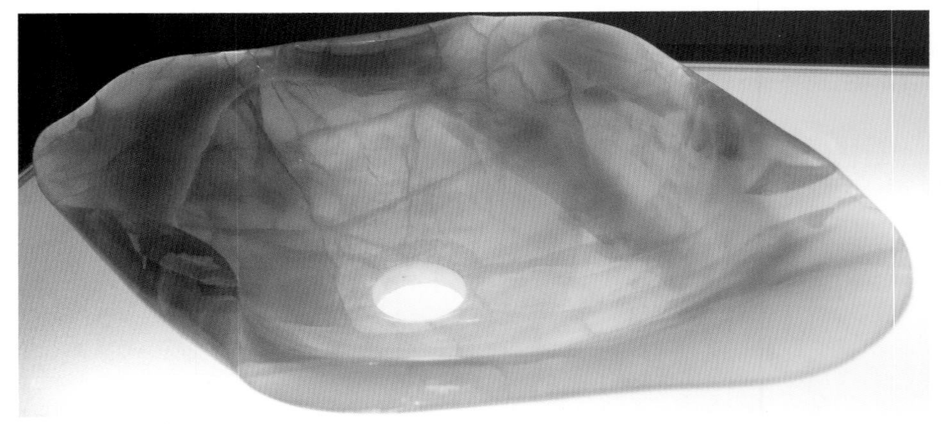

半透明的萤石洗手盆

木化石拼接成厨房台面板，木头纹纹理自然，质地古朴。

高档景泰蓝（Blue Sodalite）彩石做成透光台阶，形成在装饰材质上、色彩上的强烈反差对比。

工艺摆设装饰

萤石灵透花瓶 180mm×180mm×280mm

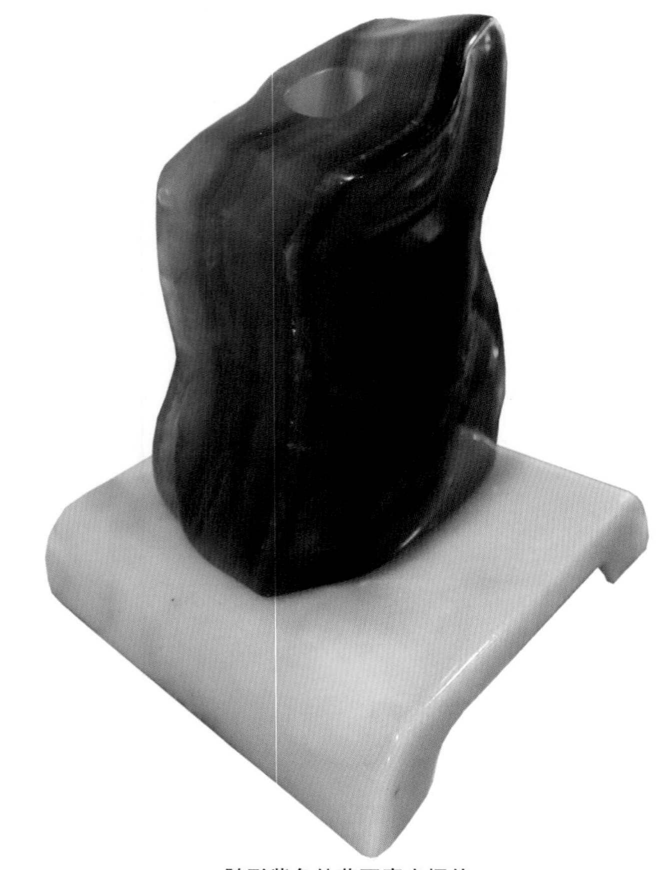
随形紫色纯萤石磨光摆件

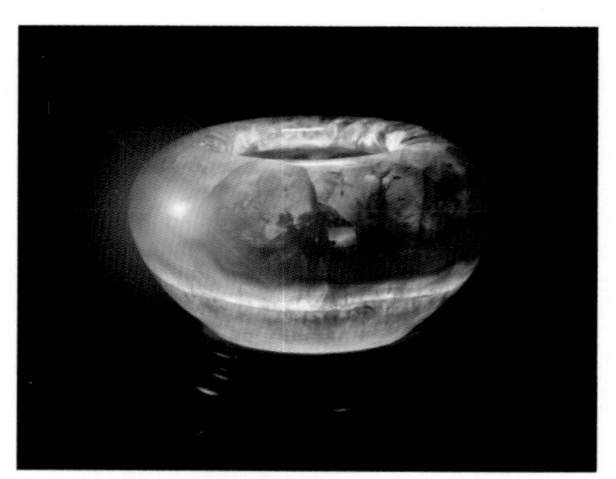
蓝紫色冰裂纹鼓圆形聚宝盘
180mm×180mm×100mm

萤石洗手盆

紫水晶透光

青金雕刻的博古器

青金石雕刻的双耳花瓶

青金石磨光摆设石

青金石等宝石贴的插屏

青金石等彩石嵌百宝“会昌九老图”

青金石嵌百宝三羊开泰图插屏

工艺摆设装饰

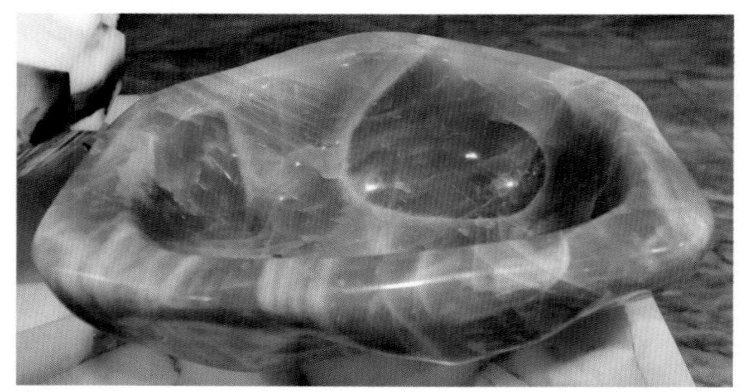
养鱼缸

花盆

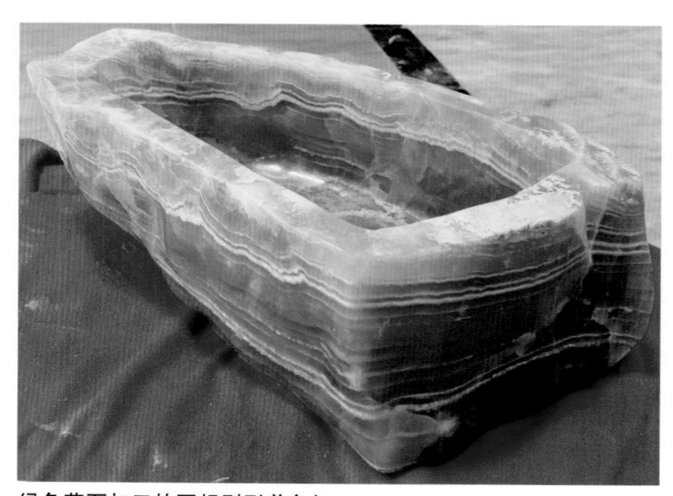
绿色萤石加工的不规则形养鱼缸

孔雀石摆设瓶，矿物上花朵状的纹理起到点缀的装饰。

梦幻奢石

奢华石板材

1、色彩绚丽、奇特、珍稀；

2、纹理梦幻、如诗如画，奇妙无穷；

3、一块独立成图，或组合成图；

4、花岗岩、大理石、砂岩这些材质中的佼佼者，一般地质上属变质岩类。

瑰丽的色彩或花纹，但在稀罕程度上一般不及半宝石和玉石，可以取出大料，切割出大板材。具有油画、国画的画意，陶瓷釉面光泽、玻璃质地、金属质感等材质特征的这些板材，尤为宝贵。与传统的纹理稳定、颜色纯一的石材的装饰效果相比较，这些自然的鬼斧神工的图案装饰效果具有无穷的艺术！

由于奇石的纹理图案特别，用在酒店、豪宅或商业空间等的细部装饰，能够带来新颖、独特的时尚效果。

蓝色石

景泰蓝，湛蓝色，色泽深浓，蓝色天然石材中的极品。

格兰云天，条纹色彩，具有飘逸与雅静的色彩美感。

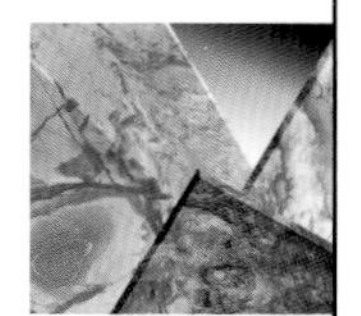

蓝色石

海洋蓝

方纳蓝，产自巴西。深蓝花点状，如穿透秋意的天空、深远而景象万千，意境画。

蓝色石

梵高蓝：如画质感，马达加斯加出产。

皇家兰，墨绿与深紫的色纹，色彩浓郁，具古典之美。

绿色石

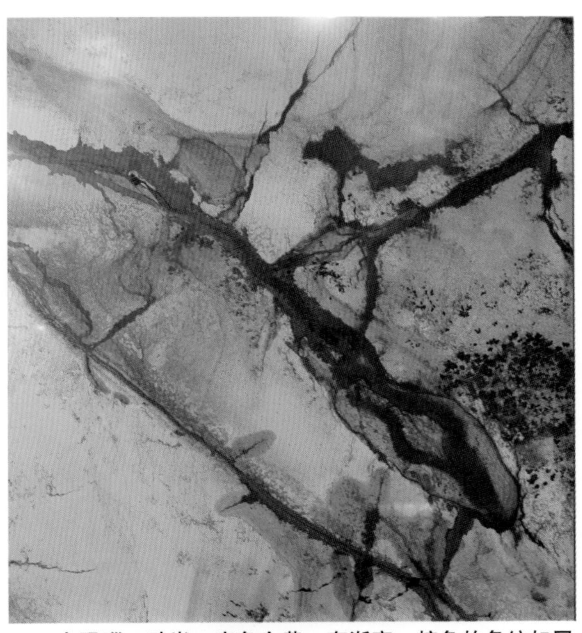

金玛瑙，砂岩，底色金黄，有渐变，棕色的条纹如同大师寥寥数笔的大写意油画。

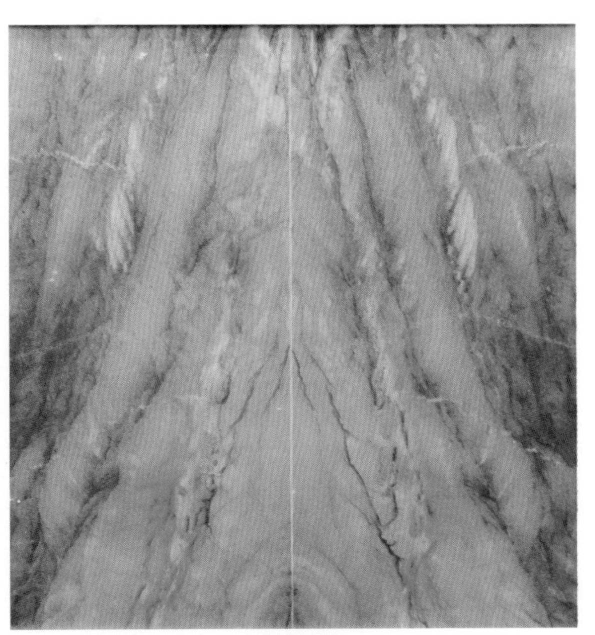

绿宝，条纹方向清晰，盛夏的画意。

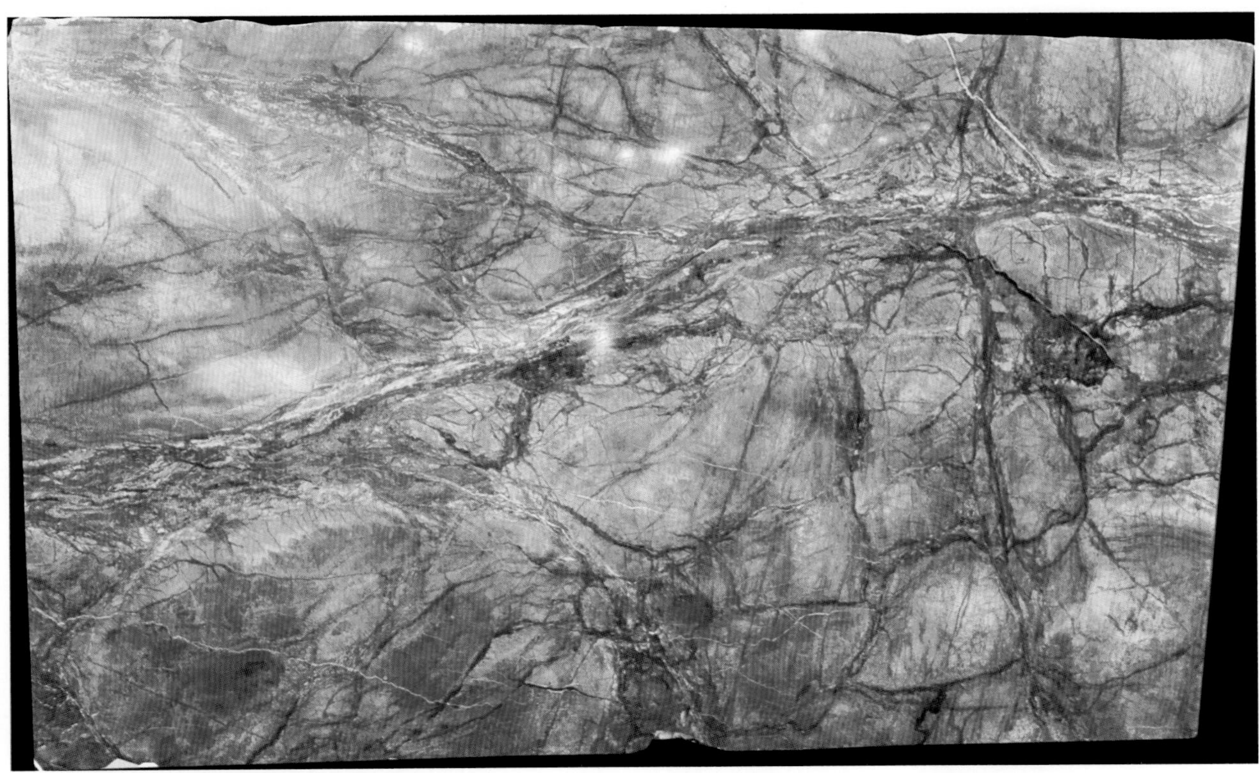

雨林啡，产自印度。纹理如同河流流系，古金色的色泽。常成为装饰中表现富贵、喜庆、古典的色彩。

绿色石

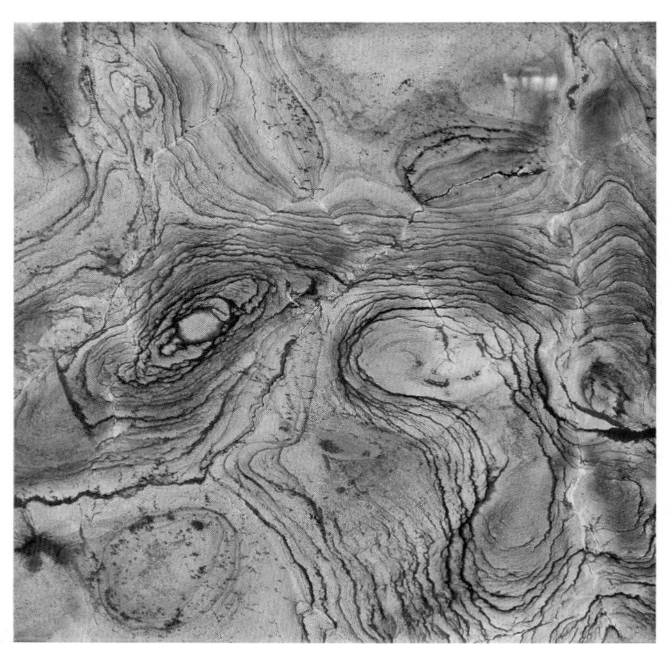

德玛蓝，产自巴西。环线纹理，装饰性强。

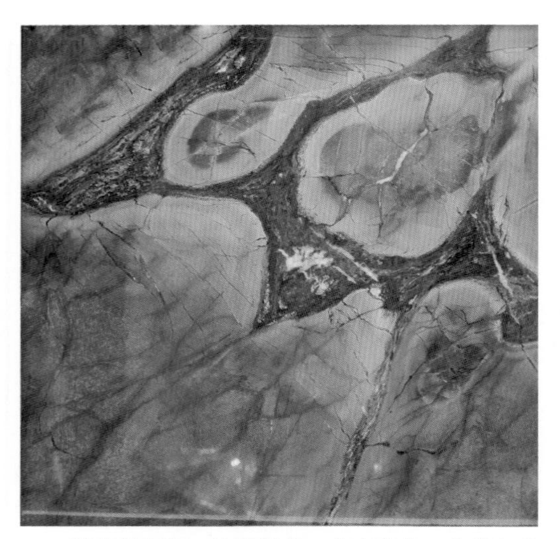

荷花绿局部：油墨绿色，有窑变色，金黄色的渐变化及树枝状裂纹，具有很强的色彩欣赏价值。

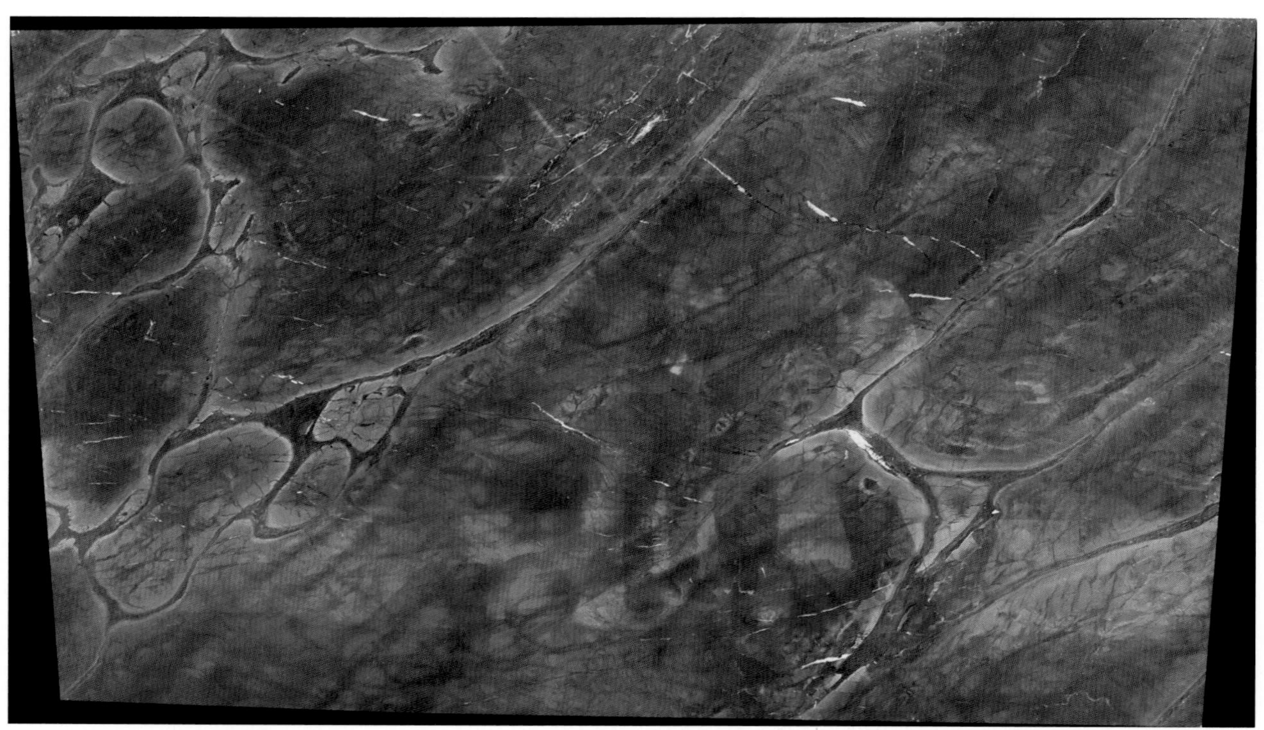

荷花绿，浓烈的油墨绿色，深沉、郁动，色彩展示一种古典的情调。同时，图案中的纹线又隐含生命的舞动，整个图案赋予极强的想象力，适合文化空间的装饰。

绿色石

亚马逊绿，巴西。

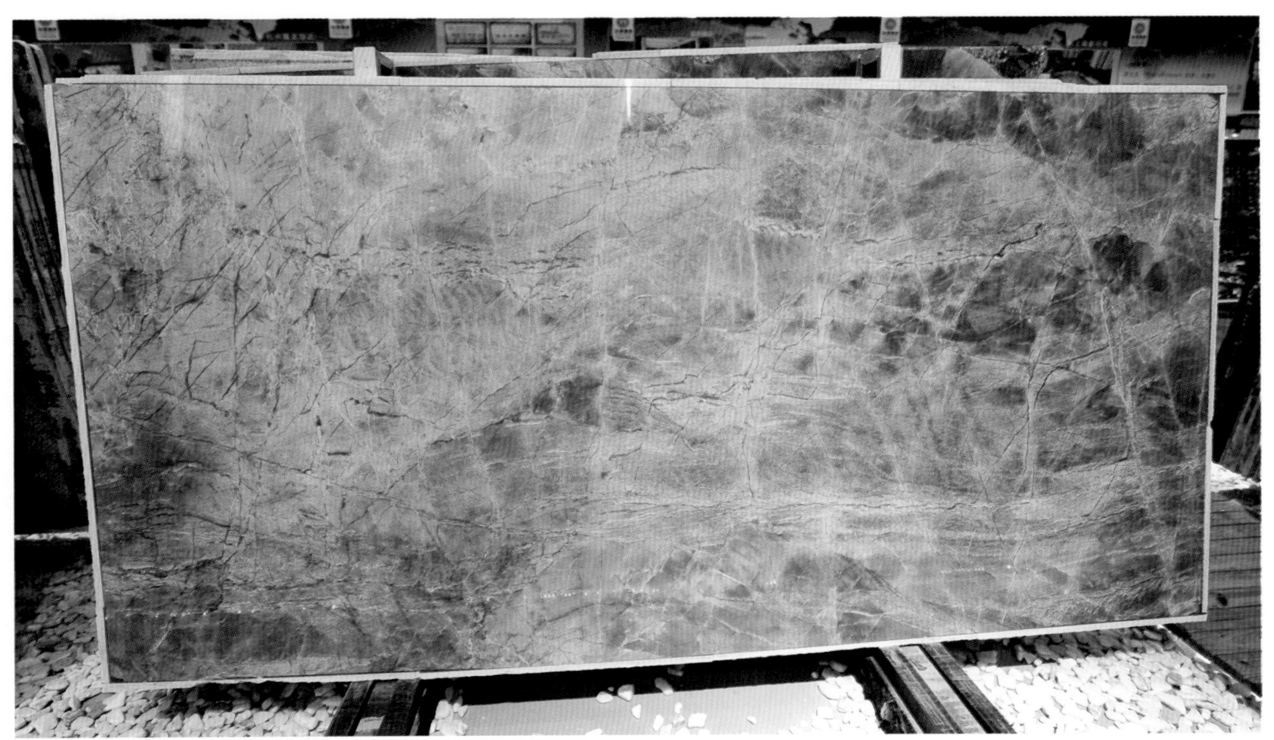

皇家绿，巴西。

多彩石

紫山水

紫山水

多彩石

碧血丹心：多彩类花岗岩，巴西石材。

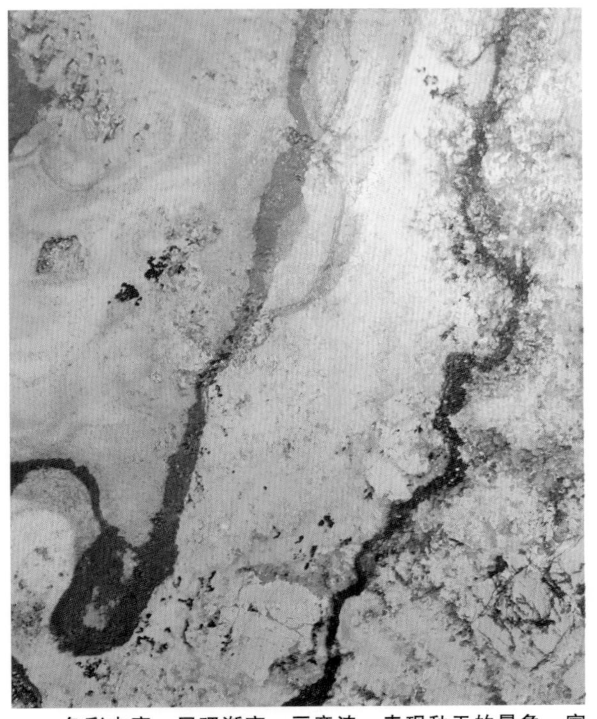

色彩丰富，层理渐变，画意浓。表现秋天的景象，寓意丰收美景。家居、办公、酒店等均可。

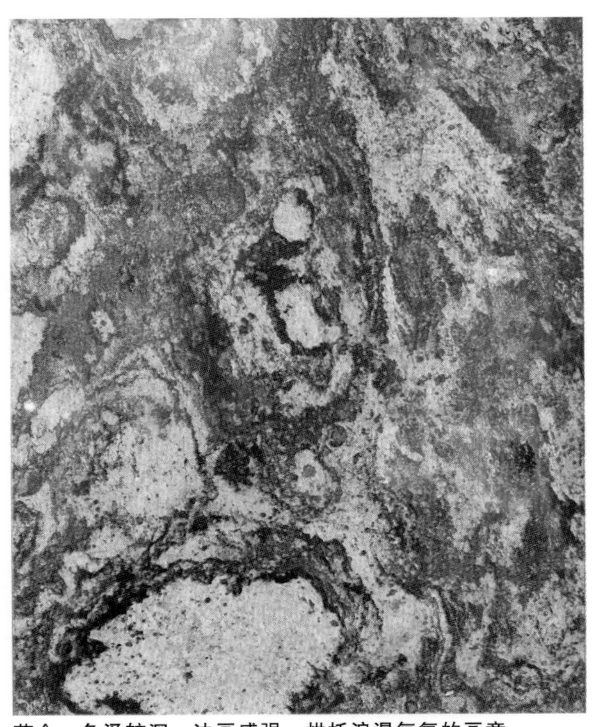

蓝金，色泽较深，油画感强，烘托浪漫气氛的画意。

多彩石

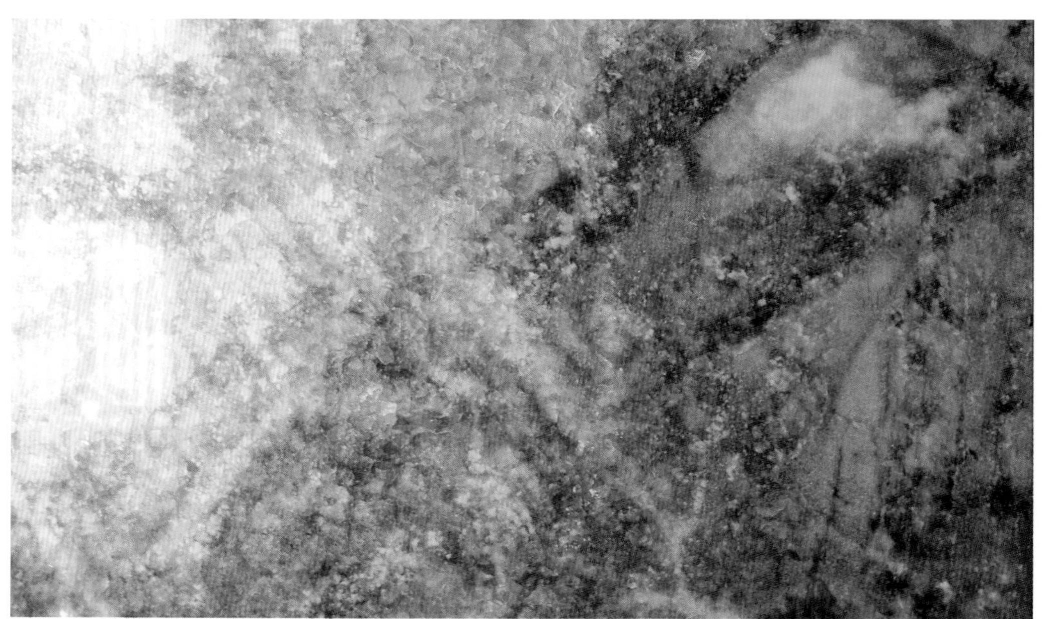

梵高画彩色板材

澳大利亚绿：如同初春的冰化水流，带着绿意，锈黄色彩增加画面景象的想象空间。适合文化空间装饰。

意境石

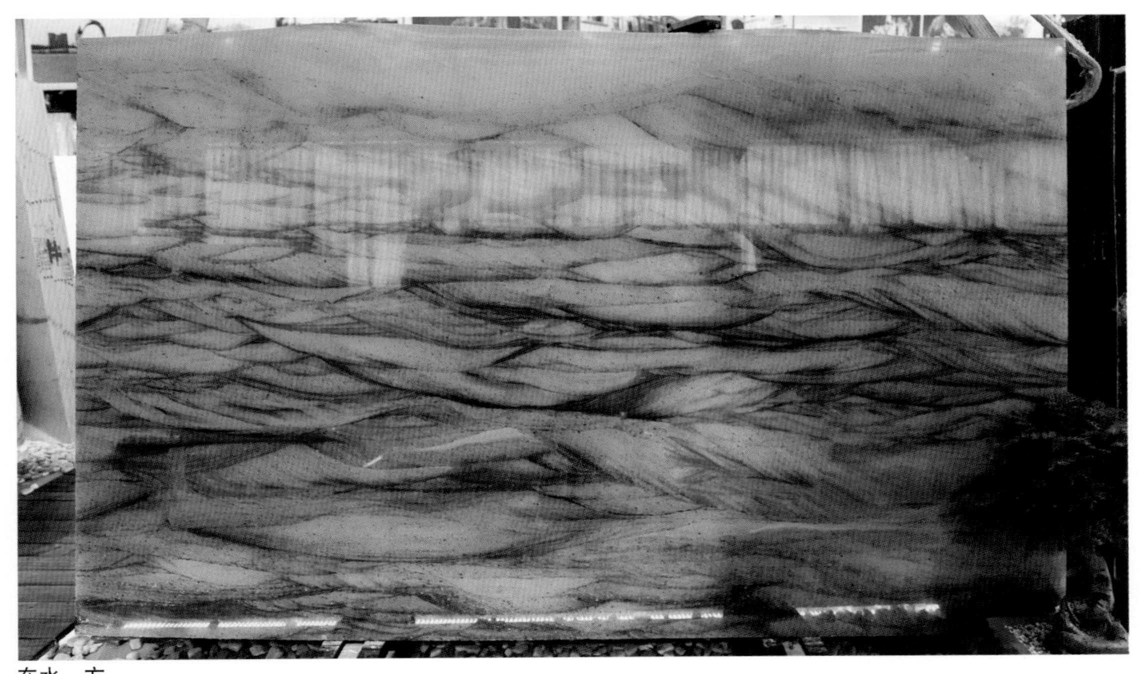
在水一方

斯里兰卡——意境画面石。

梦幻纹理

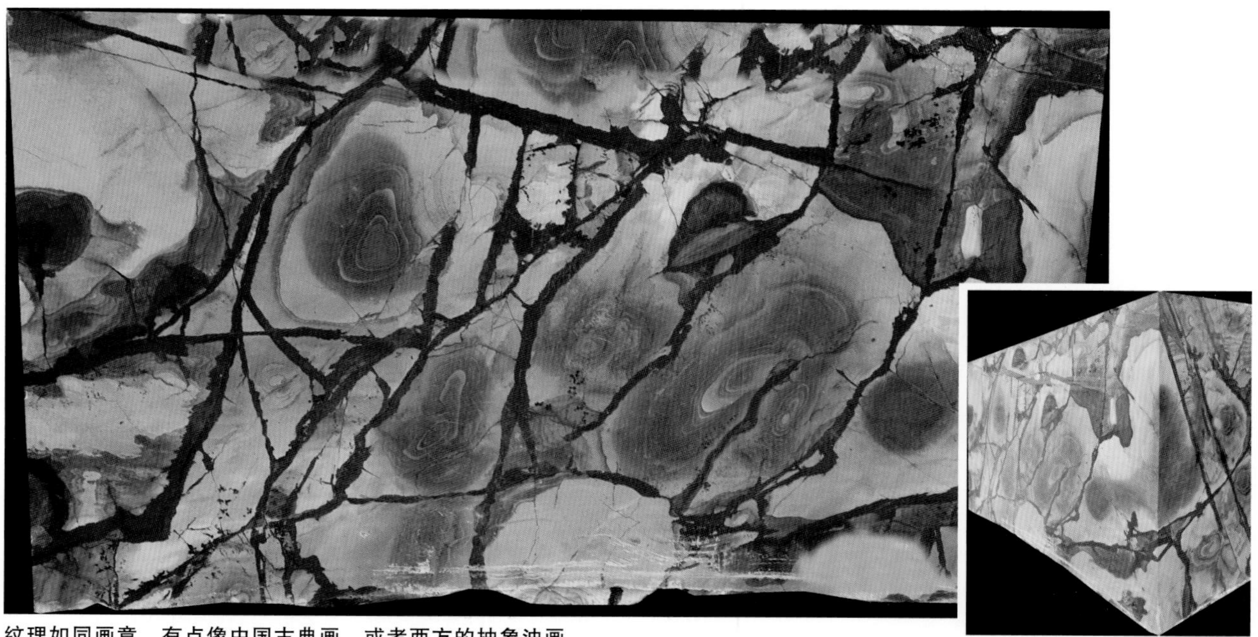

纹理如同画意，有点像中国古典画，或者西方的抽象油画。

石料双面都具有画意的图案

罗马印象：大花纹，强烈节拍的花纹变化，表示一种冷调的热烈场面，写意性很强的画意。适合文化、休闲空间装饰。

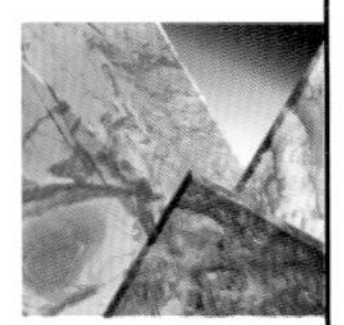

梦幻纹理

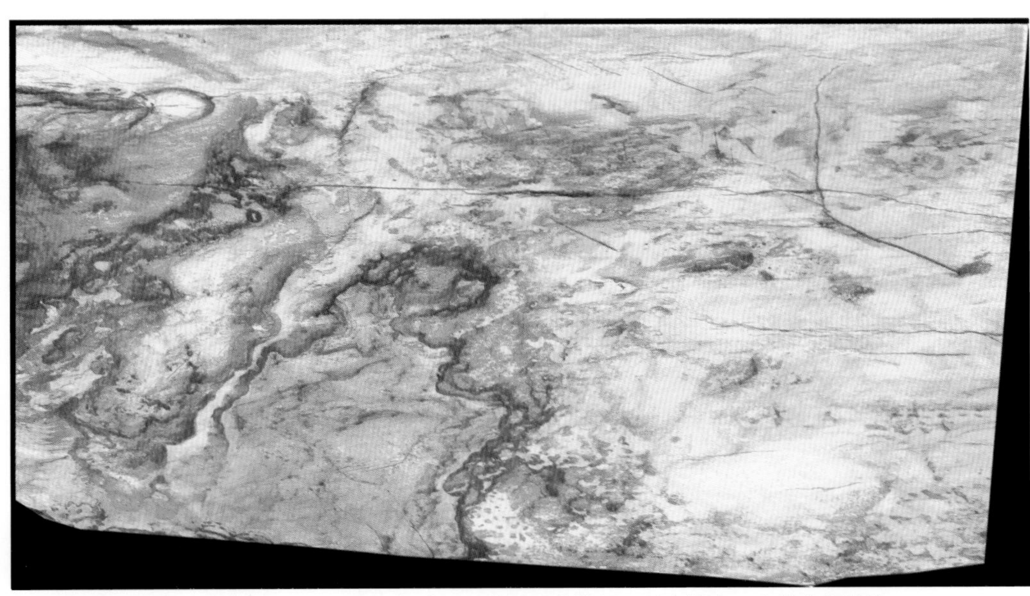

梵高绿：似火焰山一样热烈，色彩浓烈舞动，一种活跃的情调。适合酒店，文化空间装饰。

锦天绣地

化石纹

菊石化石

化石

化石

化石纹

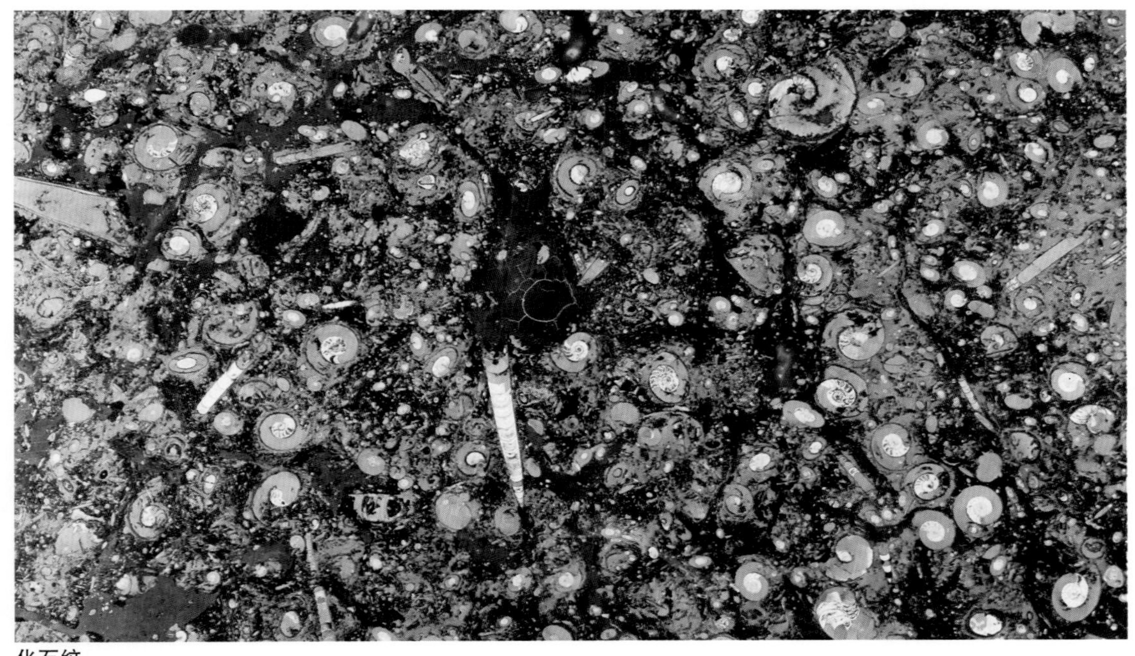

化石纹

化石

化石纹

罗马帝国

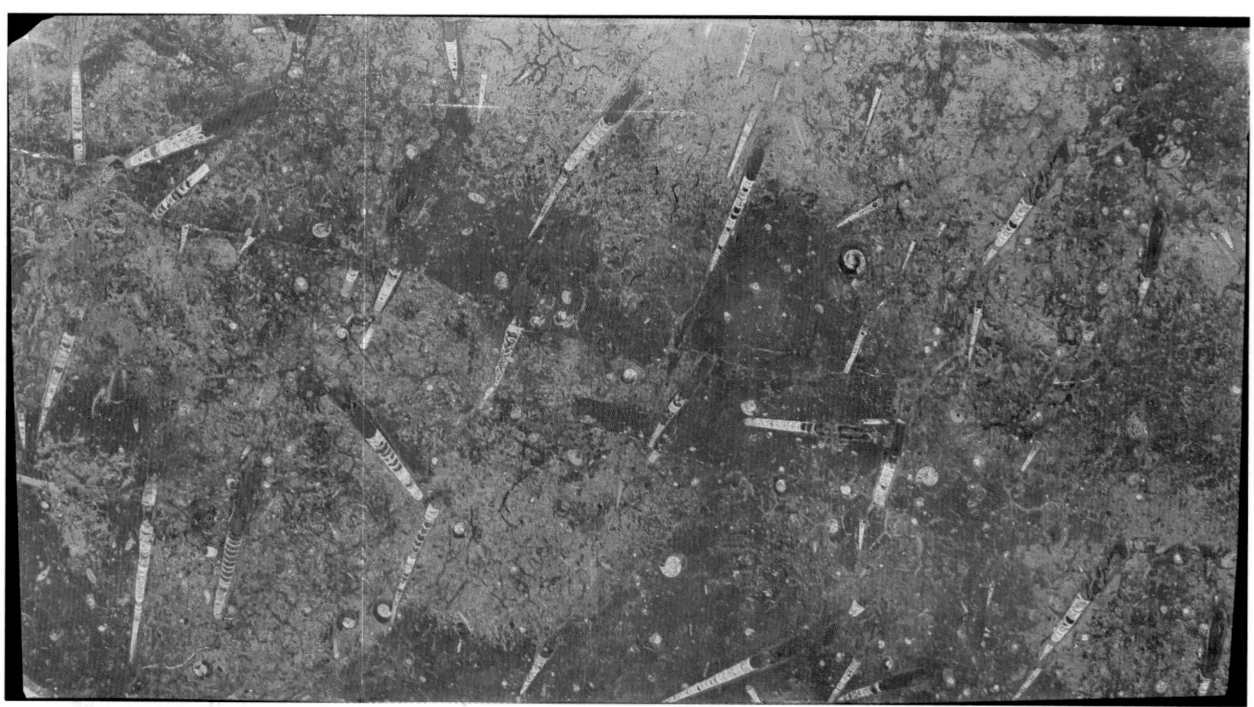

海底世界，化石纹。

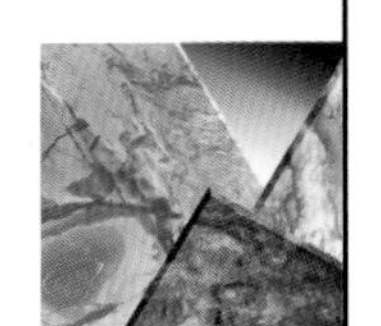

结晶纹

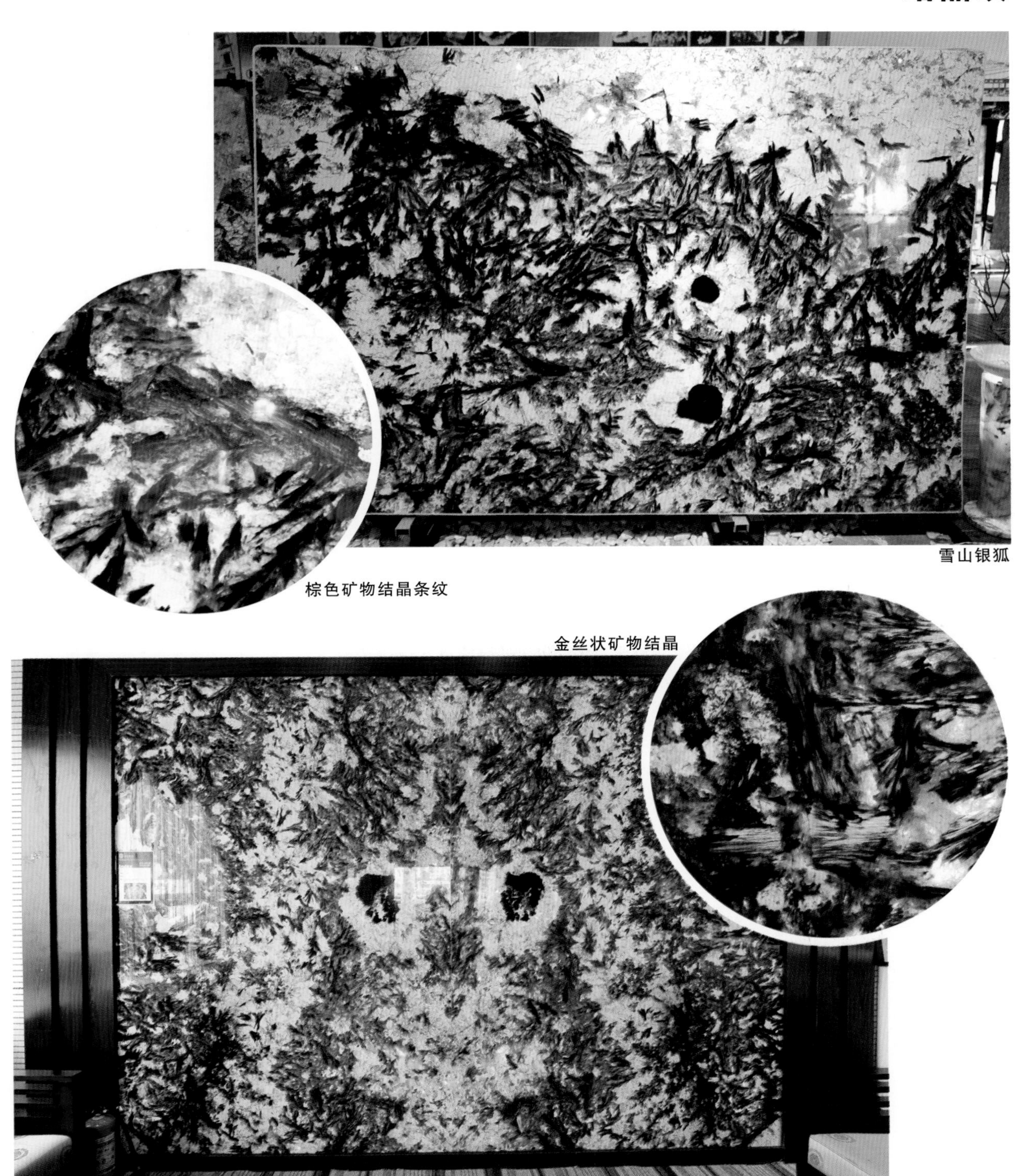

雪山银狐

棕色矿物结晶条纹

金丝状矿物结晶

结晶纹

宝石棕 Materous(Antique) 竹叶片状的花纹，凹凸有致，似梅花，实为石榴石。

钻石流星，产自乌克兰。Diamong Fall

纹理纹

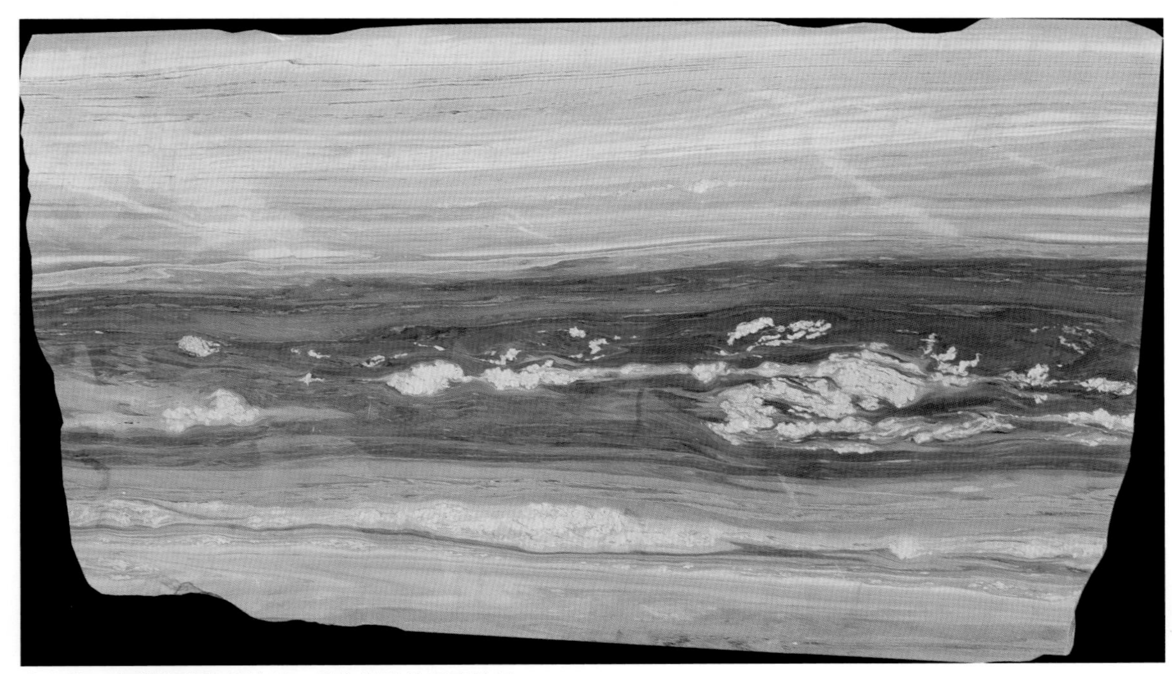

蓝金沙，有横线流粒状纹理，具有很强的图案效果。

棕绿色，斜条纹，具有丝绸的味道，装饰起来也很古典。

图案纹

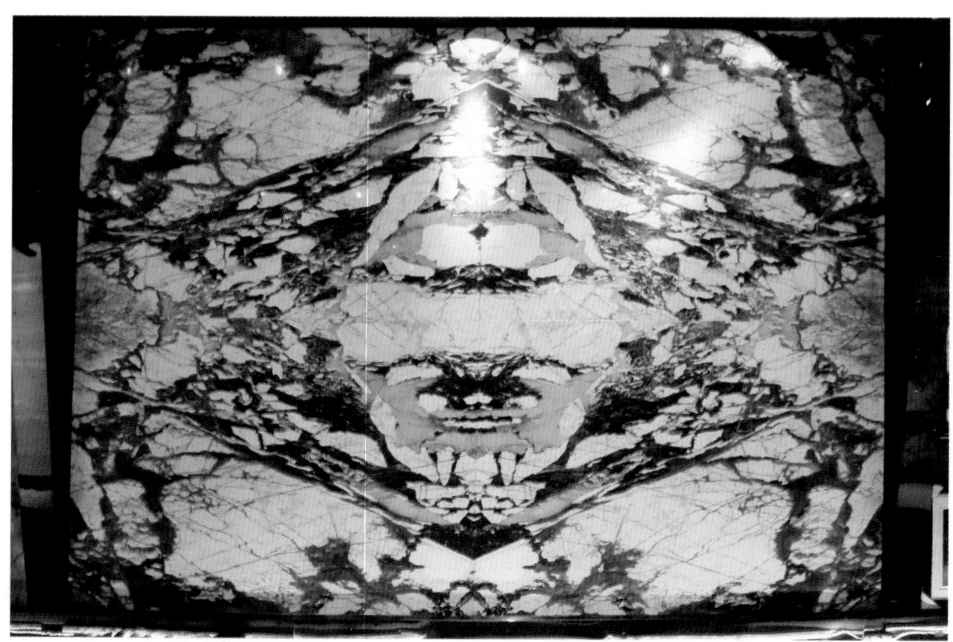

天女散花，大色块的花纹拼成的画。

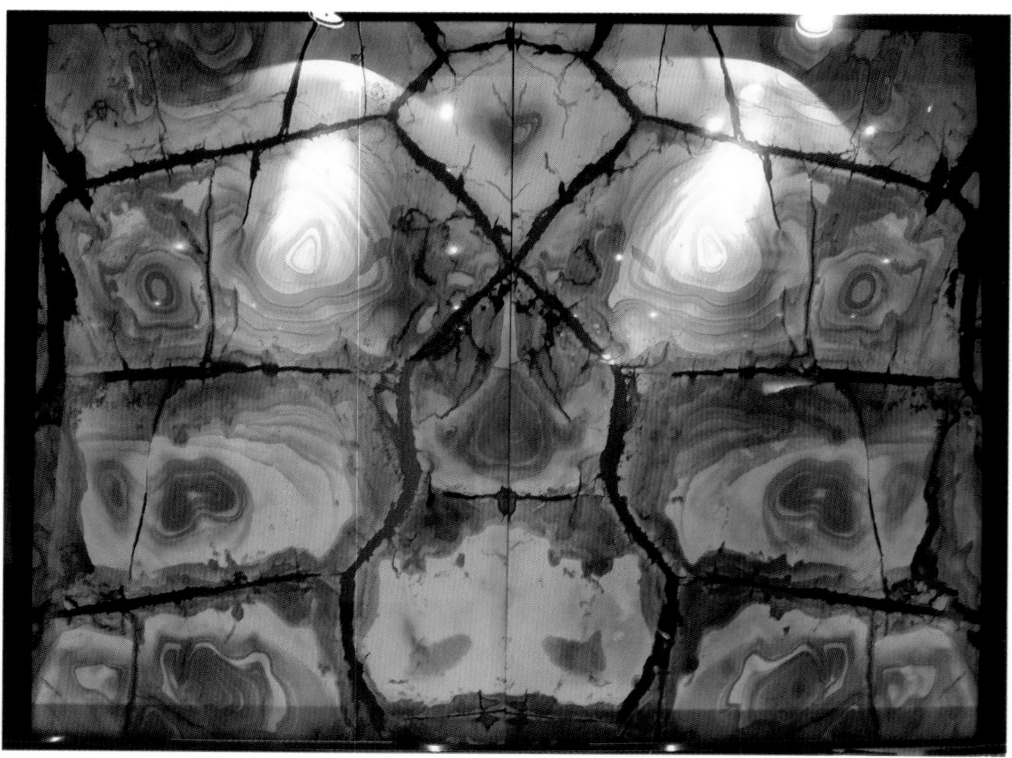

佛朗明哥 Palomino

图案纹

浅色龟纹石

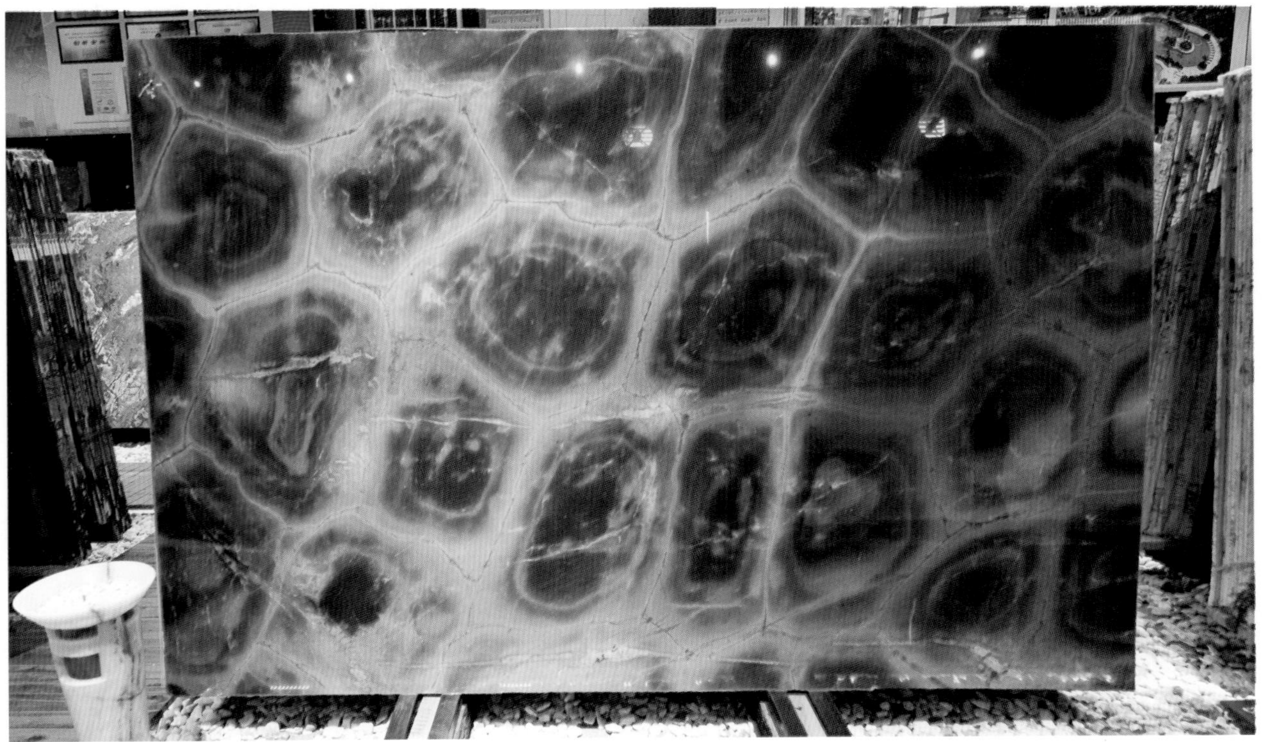
深色龟纹石

立体画装饰

奢石拼画装饰案例

天然纹理或者生成图案很精美的奢石板材。但是，有些板材需要后期加工之后，才能够形成适当的图案。因此，奢石的装饰，需要对其特性进行了解。

可以利用奢石的质地进行合理的立体拼画。利用奢石的肌理可以拼成很多抽象的画意。

中式脸谱

古典美女的创意，以蓝玉石为背景多种彩石参照仿真的色彩，拼出的立体画。

立体画装饰

金属叶片与石材组成的壁画

以纹理为海浪，表面立体的章鱼，表现意境协同。

骏马，立体拼画。

立体画装饰

波浪状的形态拼花

立体拼画

立体画装饰

从地面延伸到墙壁的拼花

立体拼花

艺术天堂。地面是平面平滑拼花，墙面是立体拼花。

平面拼板壁画

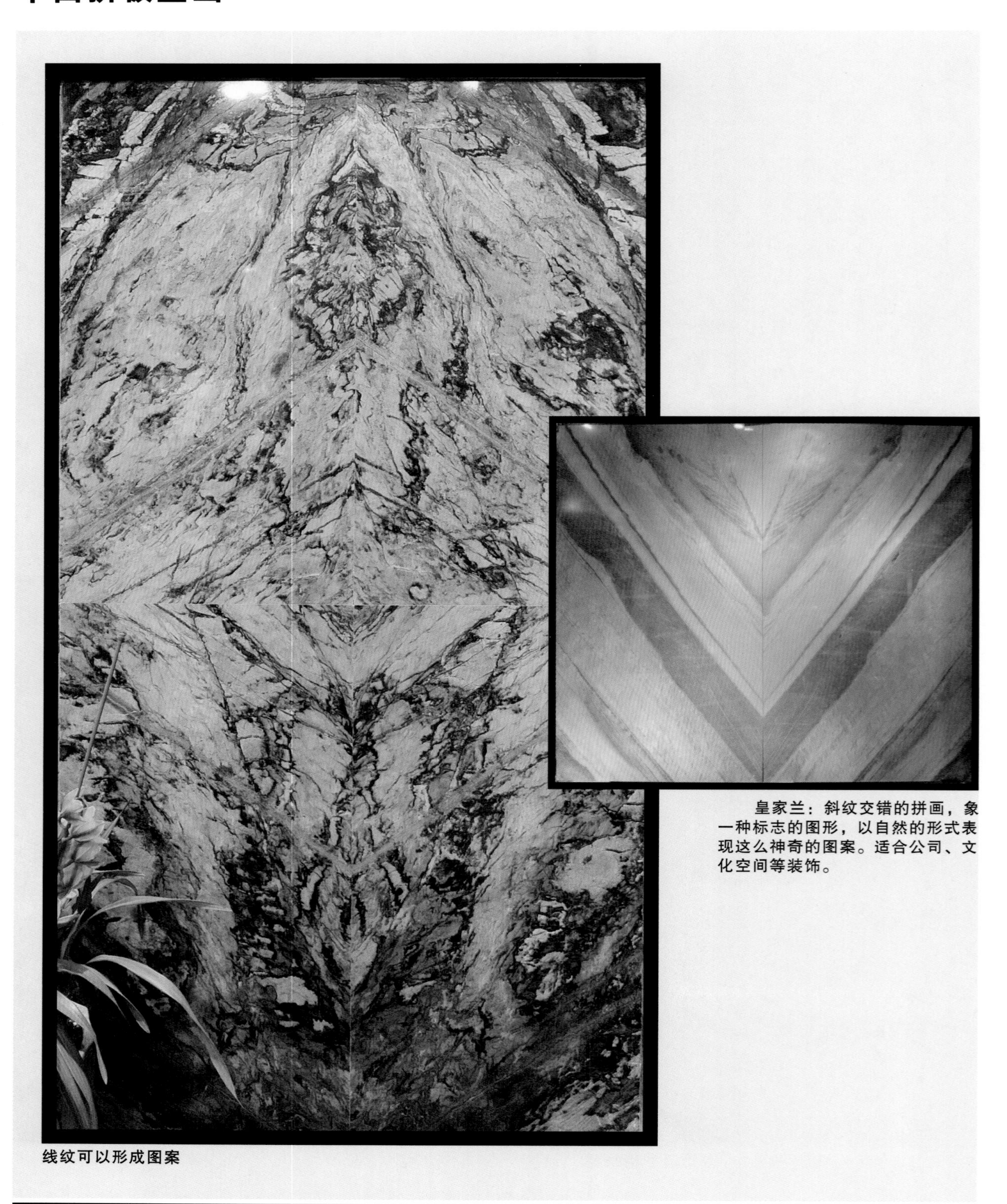

皇家兰：斜纹交错的拼画，象一种标志的图形，以自然的形式表现这么神奇的图案。适合公司、文化空间等装饰。

线纹可以形成图案

平面拼板壁画

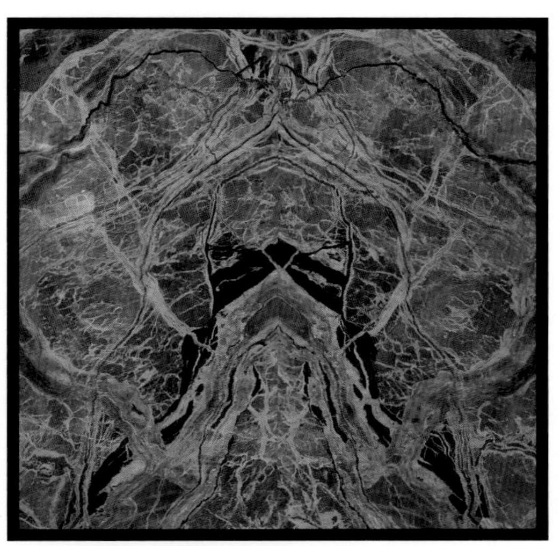

根线环绕的纹理画

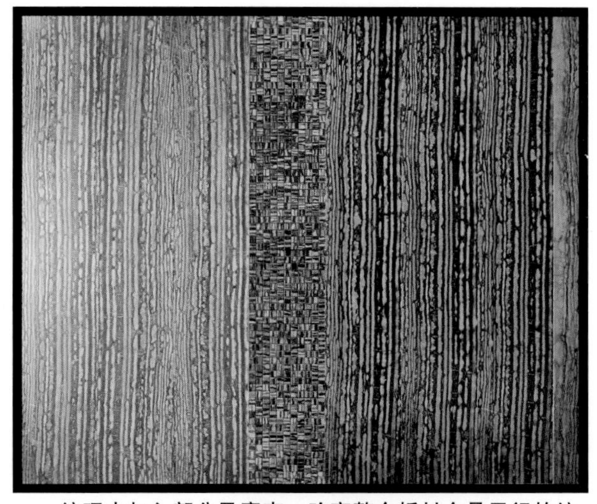

纹理中加入部分马赛克，改变整个板材全是平行的纹理单一的构图，形成较有节奏变化的图案。

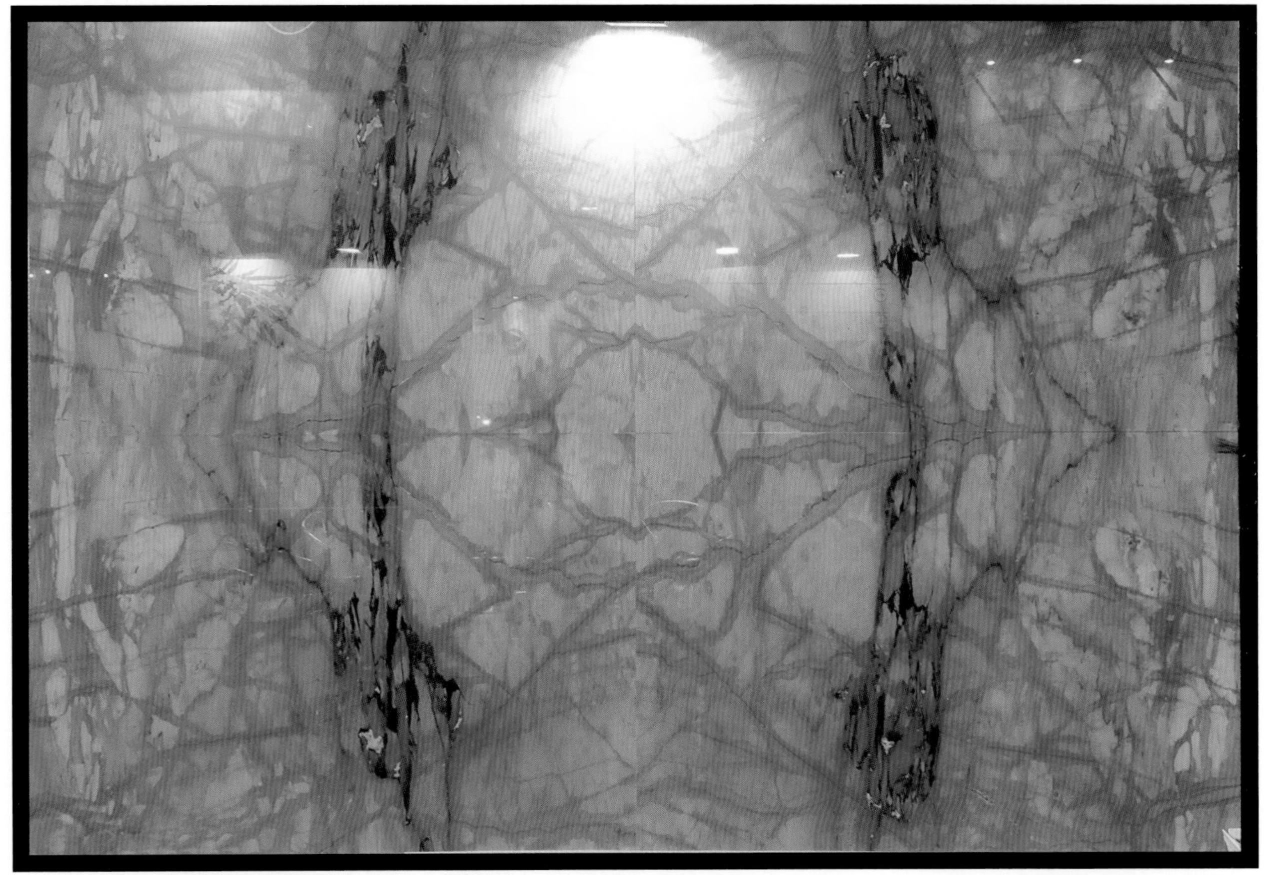

金田黄，抽象油画，柠檬金色的色彩，网格纹构成的对称图案，似乎表达“网罗天下财（才）”“聚吉祥之气”之意，寓意吉祥。适合家装、公司等装饰。

平面拼板壁画

纹理能够构成如“佛光”、“佛”等具有禅意的图案，吉祥，很受欢迎。

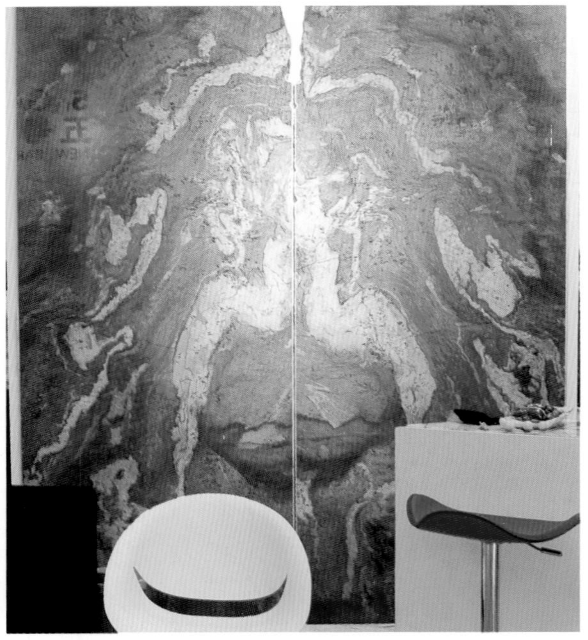

油画纹的石板拼画。幻彩蓝色的画面上，好像太阳鸟、龙、凤在嬉戏、舞动，一派吉祥景象。适合家居壁画装饰。

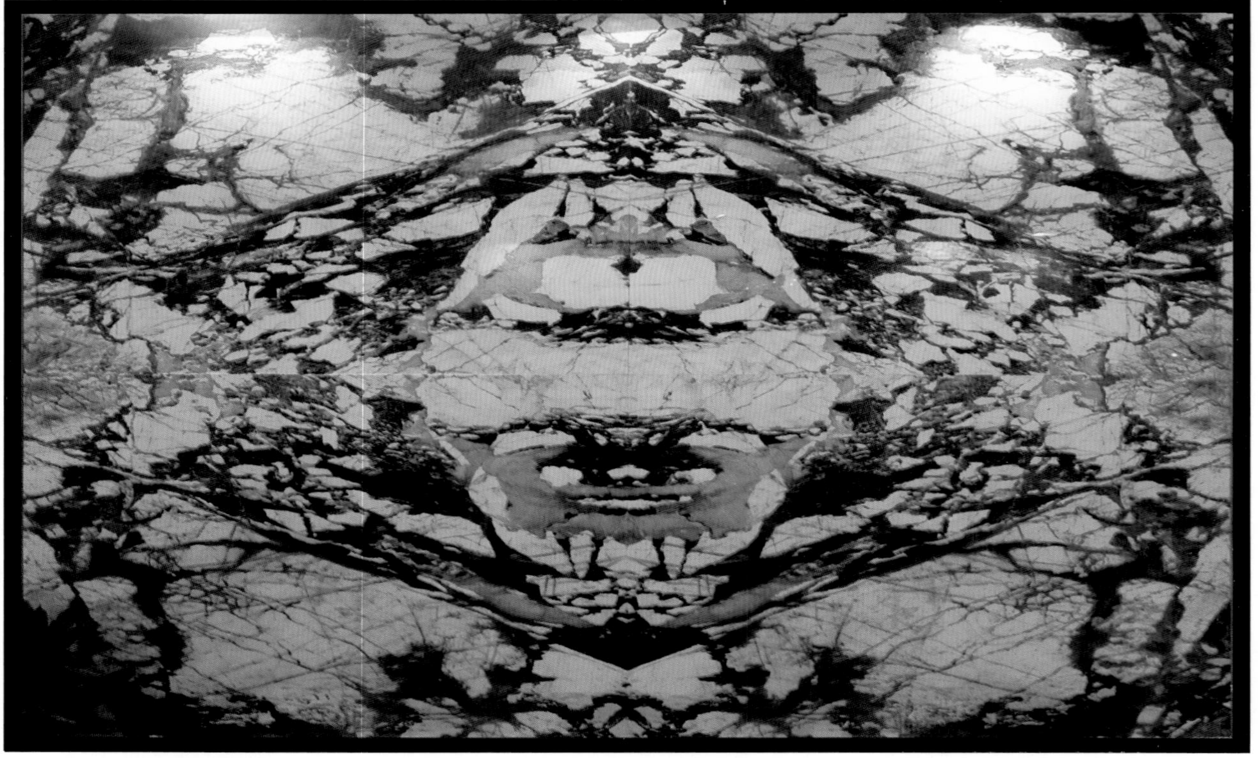

“天女散花”碎块纹拼画

奢石拼画装饰案例

平面拼板壁画

纹理画背景分别采用木化石和矿物装饰，色彩古朴而高贵。

采用夜玫瑰的镜面磨光，透出红花点点，浪漫而且豪华。

纹理壁画，顺着比较明显的纹理层层叠加，构成一幅自然景象的画面。

平面拼板壁画

奢石具有很特别的色彩及奇妙的纹理，成为时尚空间装饰的元素。纹理装饰的壁画。

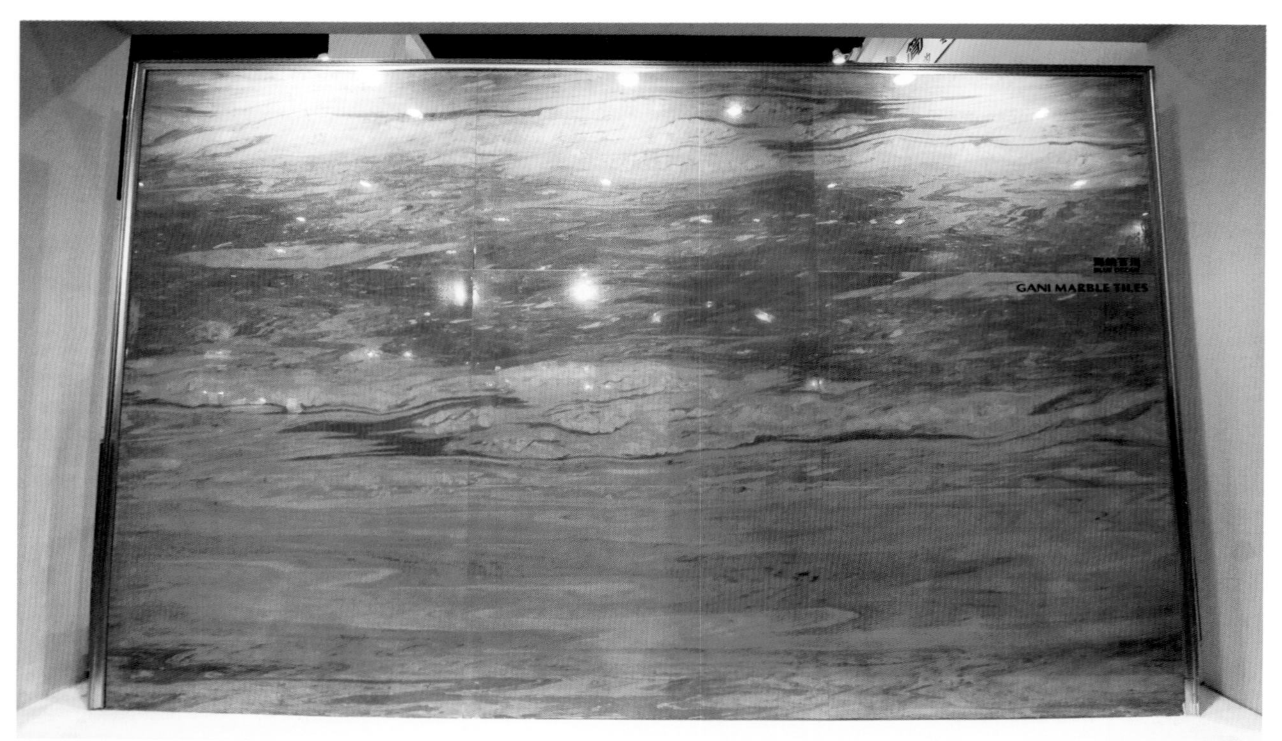

海纳百川

质感性的地面铺设

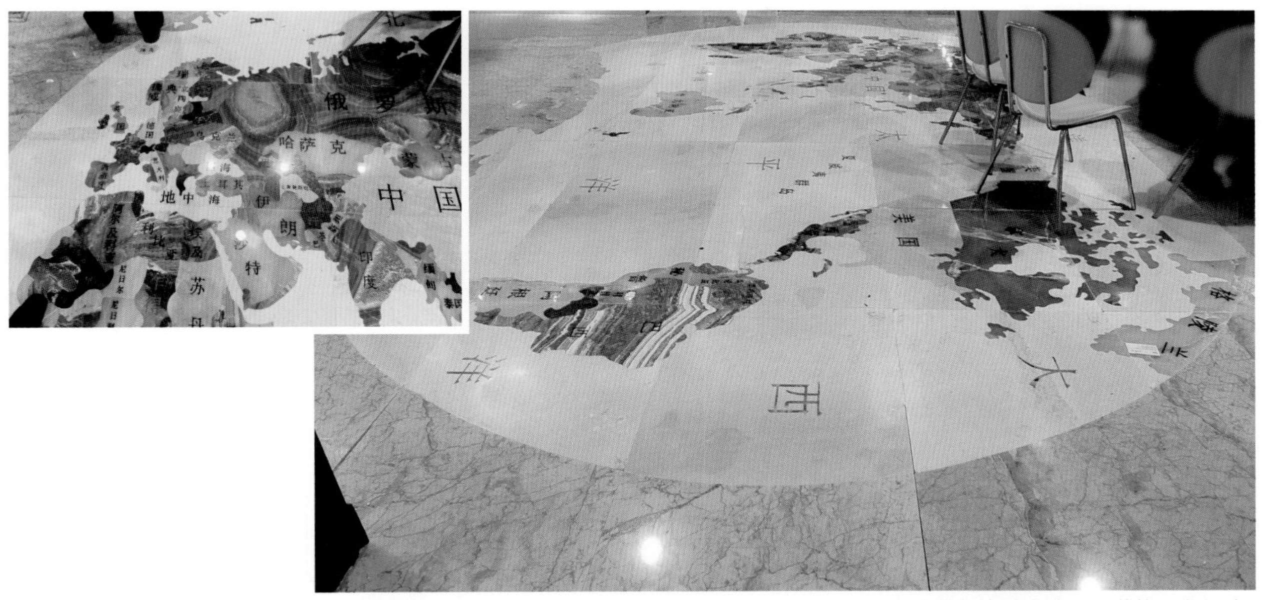

不同色块的彩石，以白色为背景的石板，把全球不同国家按照色块拼成地图，装饰一些酒店、写字楼的地面或者背景墙。

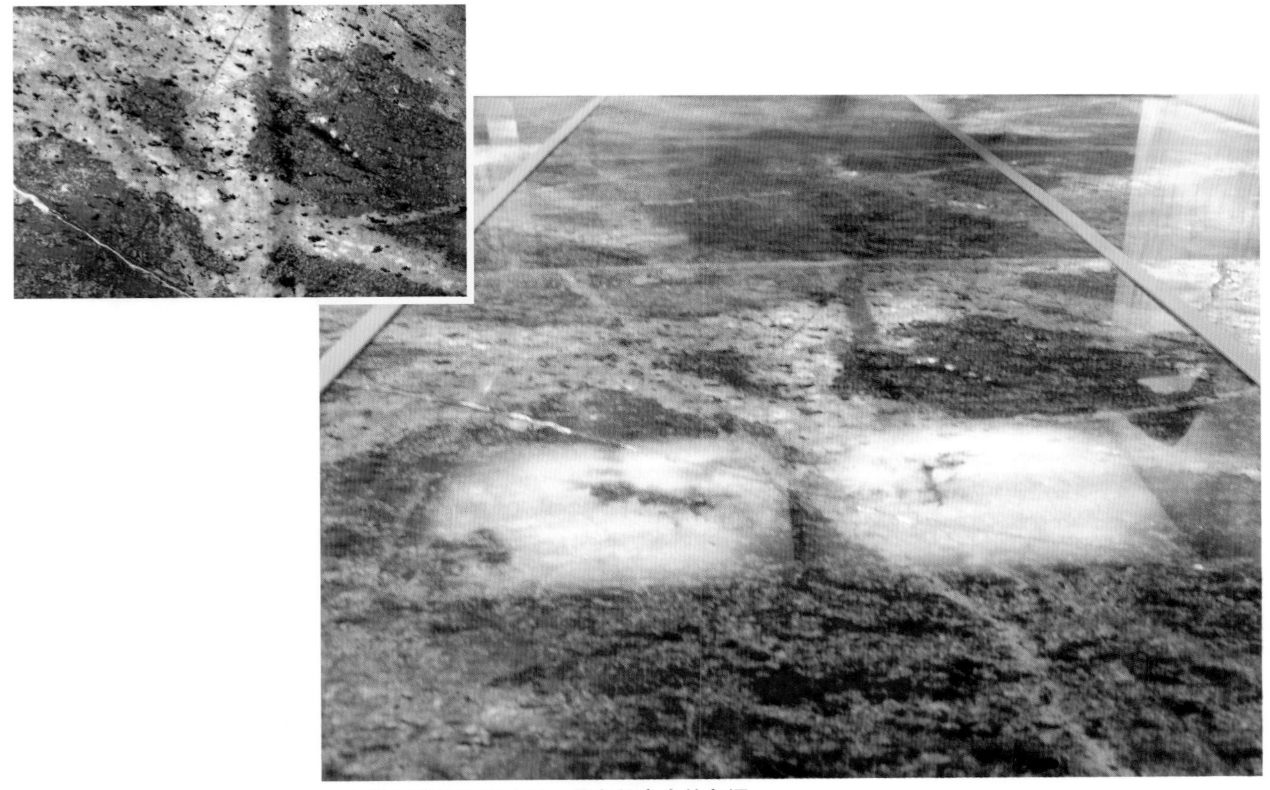

蓝色的景泰蓝彩纹地面，具有很高贵的色调。

纹理性奢石地面

纹理性奢石地面

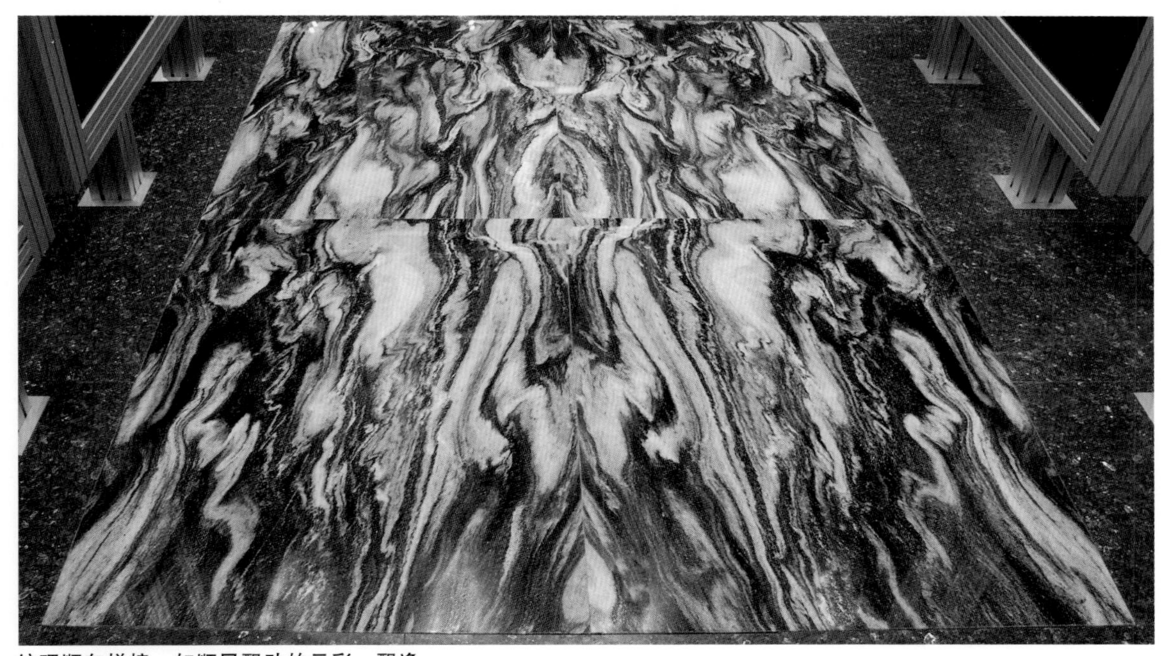

纹理顺向拼接，如顺风飘动的云彩，飘逸。

纹理对拼，黑金花条带花纹形成规制的菱形图案，具有很强的天工装饰艺术之美。

纹理性奢石地面

花岗岩流动花纹在装饰中互相连接，把地面装饰得如同海边的波浪一样，生动而自然。

具有波浪纹的花岗岩

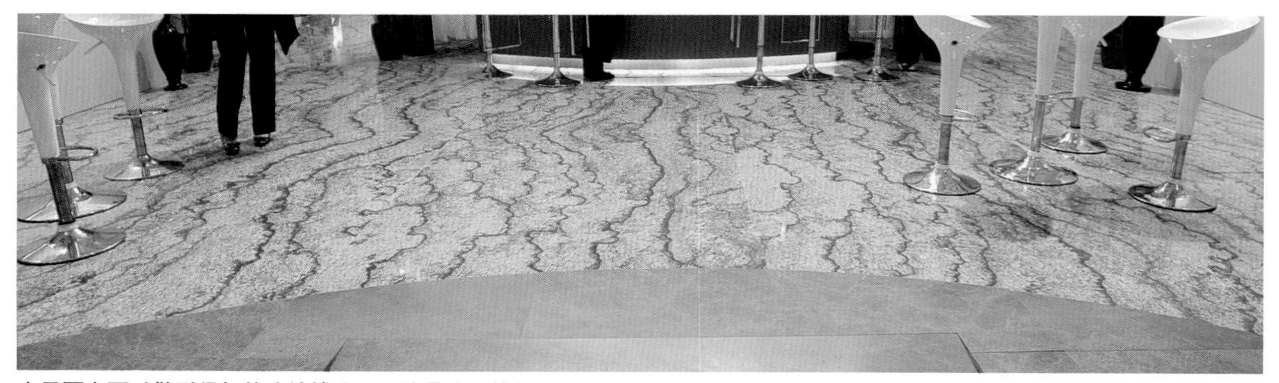

宽平面上可以做到很好的连续铺设，这就是纹理的魅力。

纹理性奢石地面

丝绸之路 Fusion

“丝绸之路”铺在地面形成梦幻空间

纹理性奢石地面

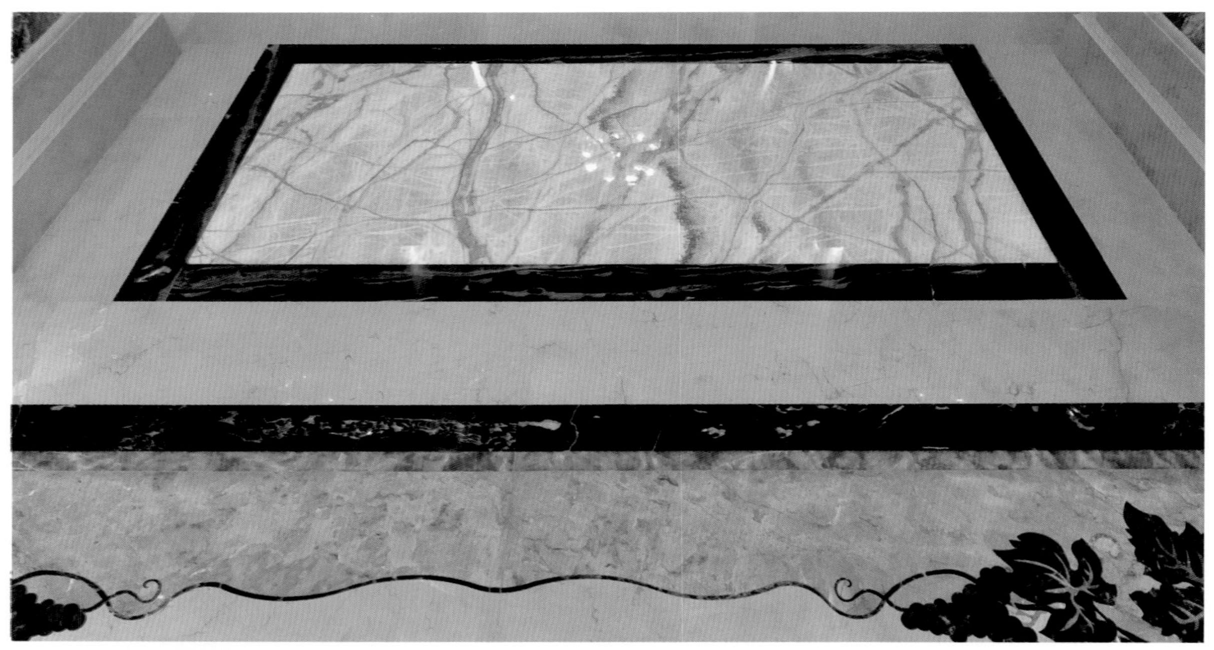

树根纹单片石材直接加工成整幅图案

地面装饰局部点缀，单片抽象画图案。

纹理性奢石地面

青山浮云，绿色彩石两片拼画。

纹理对拼，形成如同虎皮纹一样的画面。

地面画，可以把整个地面铺成图案纹，也可局部处理成这样的图案纹；图为四片对拼形成的夸张图案。

墙面装饰

欧式柱式透光壁画的装饰

彩石装饰的古典壁画

“碧血丹心”石材装饰的壁画

“佛朗明哥”石材装饰的壁画

彩色景泰蓝石材装饰门

格兰云天的空间装饰，烂漫奇妙。

方纳蓝装饰的卫浴墙壁局部

皇家蓝装饰的起伏跌宕的油画墙壁

梦幻蓝宝装饰的卫浴墙面

吧台

方纳蓝对花背景墙

亚马逊绿：大板粘贴拼装的彩石吧台，亮绿的斑块浮在古朴的灰色调的底色上，如画。

格兰云天装饰的厨房台面，优雅、清新。

粗纹的红龙玉铺设的卫浴地面，野性并张扬。

草花纹石块座椅

桌面中间透光的彩石

玉石茶几，色调雅致，桌面丝纹纹理与飘云纹理对比装饰。

贝壳螺钿的装饰

贝壳螺钿的利用

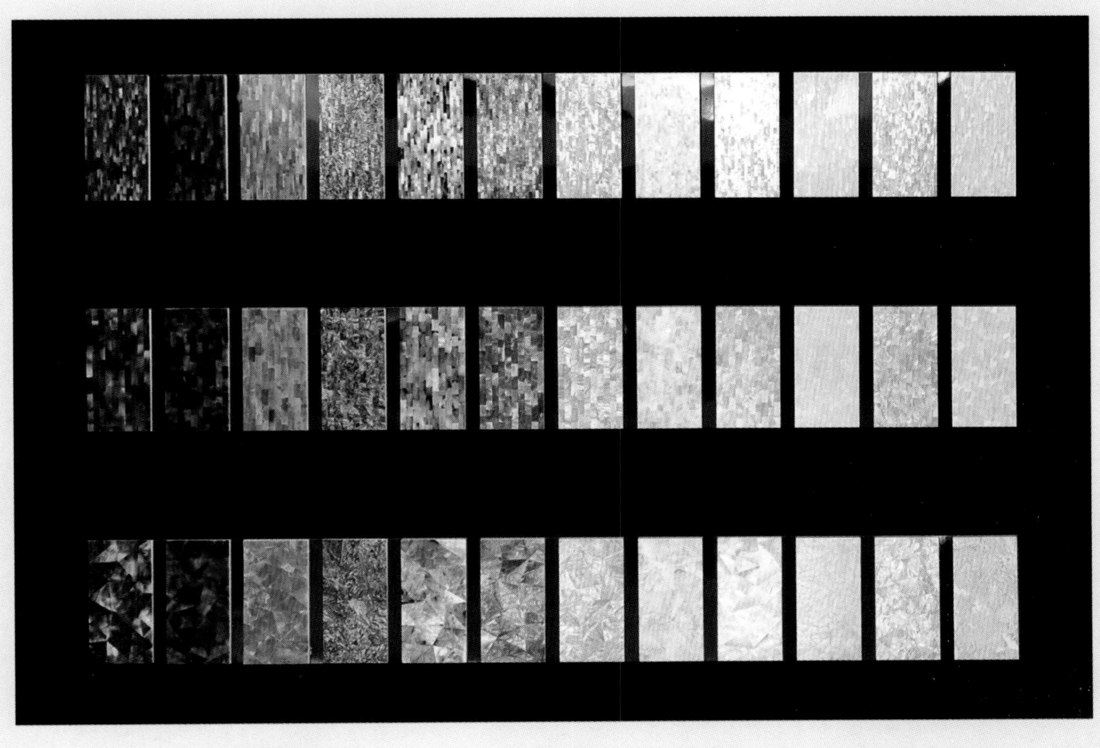

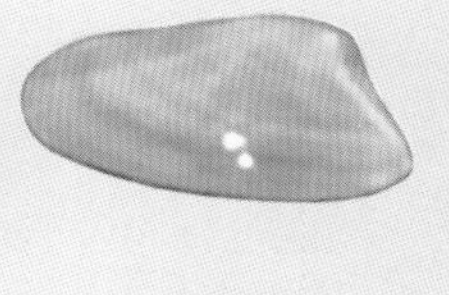

螺壳与海贝磨制成人物、花鸟、几何图形或文字等薄片，根据画面需要而镶嵌在器物表面的装饰工艺。

中国人很早就知道，许多贝壳或者螺壳内部具有珍珠的光泽，切开之后，拼接成板状，就能够起到装饰的作用。如今粘接材料的发展，能够更加容易地实现这种方式。因此，经切片后，独立做成各种板材或者与大理石合在一起，可产生独特的装饰效果。

各种颜色的螺钿

横向拼片

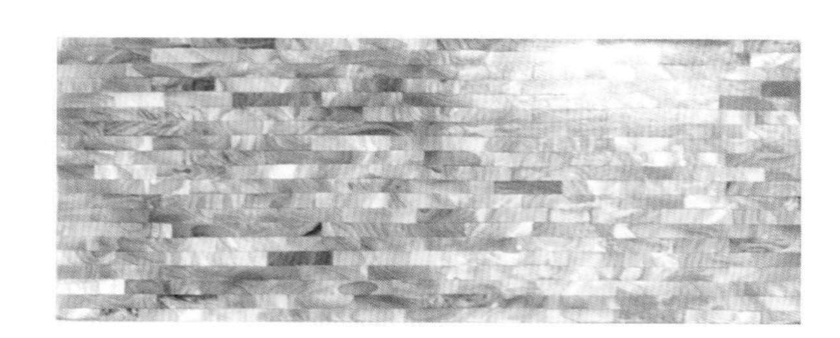

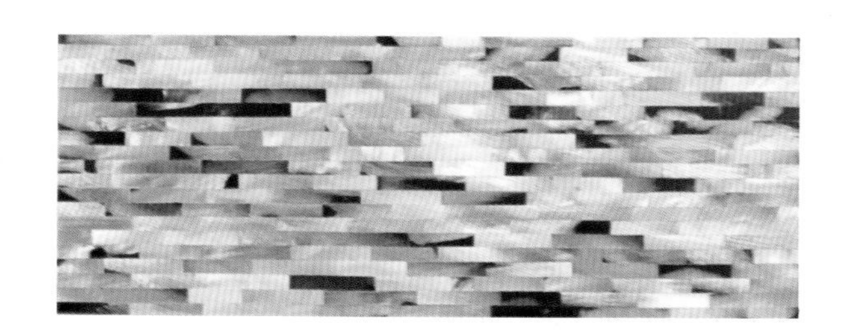

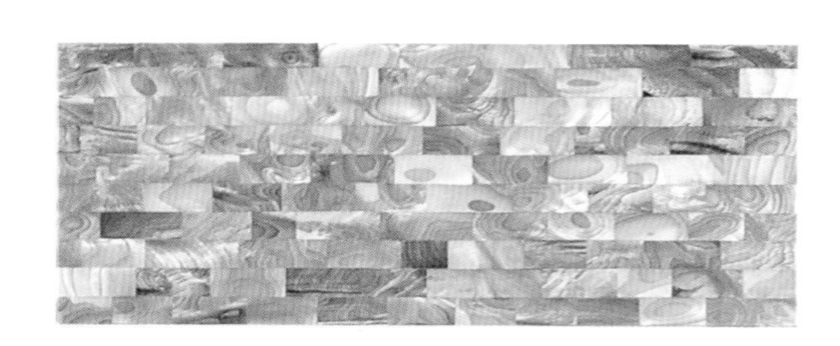

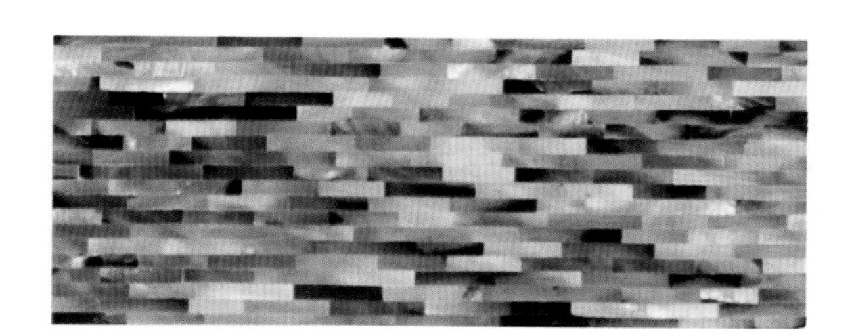

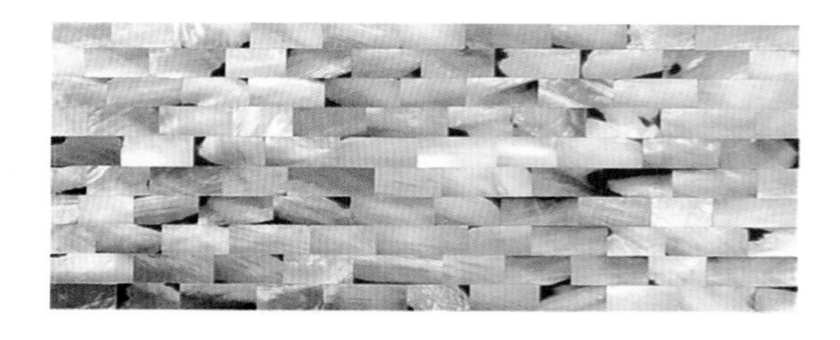

横向拼片

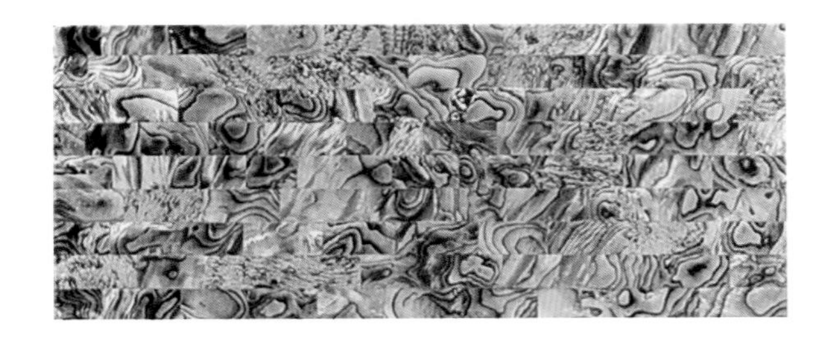

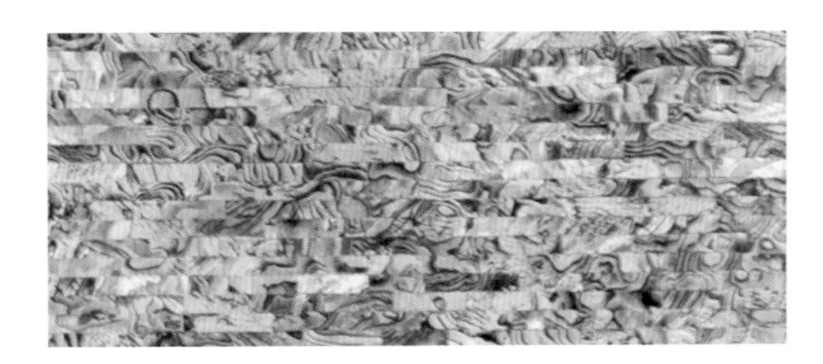

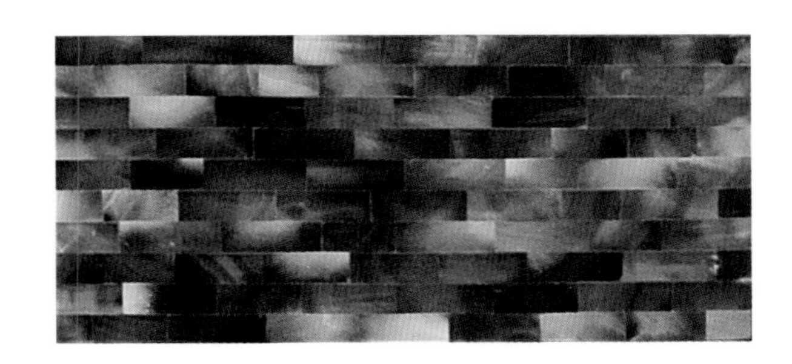

冰花拼片

冰花拼片

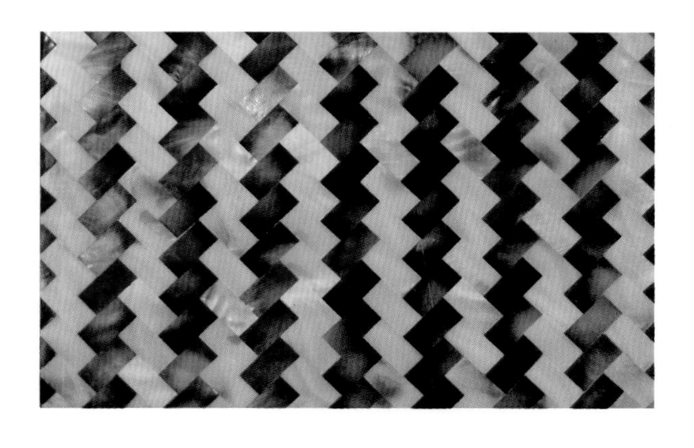

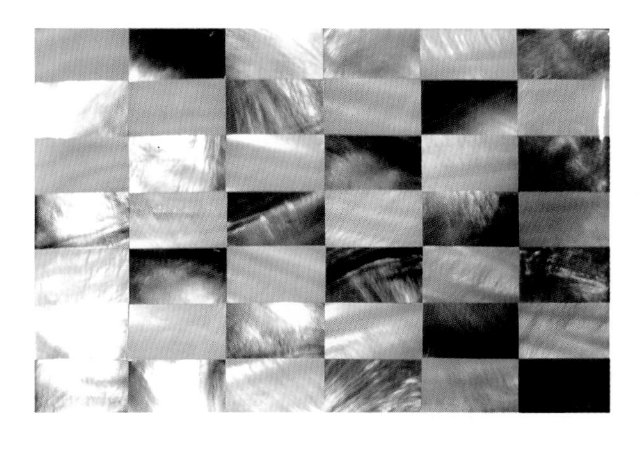

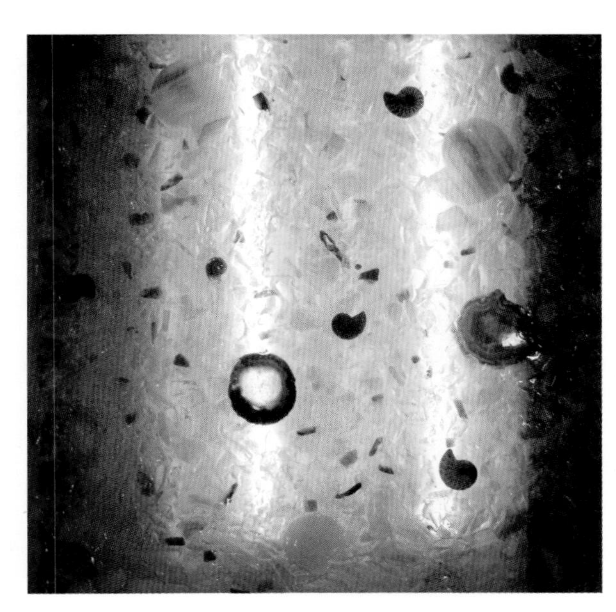

各种颜色的螺钿

粒片状彩贴

天然小玛瑙片

珍珠贝壳等

贝壳花透光石

与大理石镶嵌

与大理石镶嵌

螺钿和大理石拼画

螺钉壁画

与大理石镶嵌

螺钿镶在黄色大理石中

与大理石镶嵌

螺钿拼画，圣母玛利亚。

拼花螺钿

螺钿拼画《花》

与大理石镶嵌

螺钿装饰门细部

螺钿拼的门

螺钿装饰柱细部

贝壳镶花的地面

拼片工艺

螺钿花盆，高贵清雅。

螺钿板材

珍珠色，纯色。

金黄色

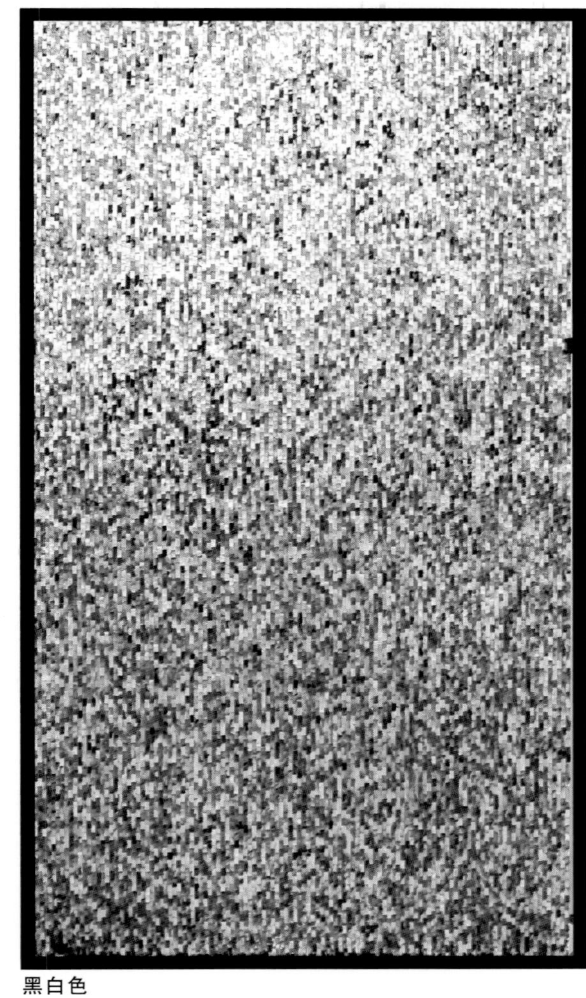
黑白色

鲍鱼贝壳贴面

现代柱装饰

现代柱装饰

螺钿圆柱

现代柱装饰

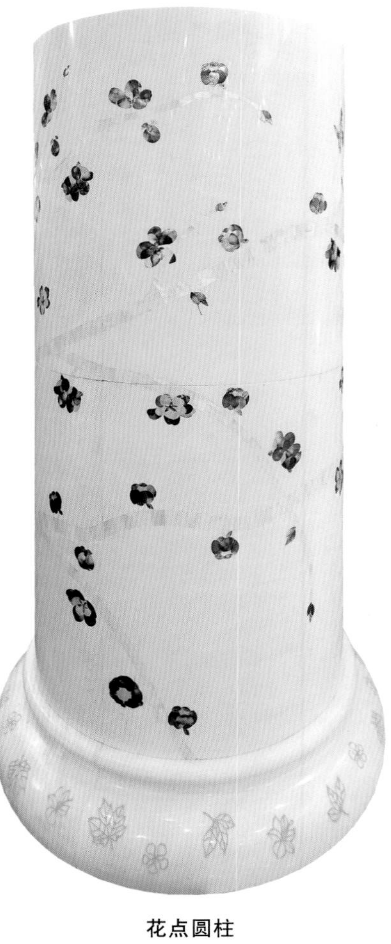
花点圆柱

青花瓷的蓝色圆柱

螺钉镶嵌的圆柱

人造宝玉石装饰材料

人造宝玉石

由于自然界宝石材料稀缺，而现代酒店、娱乐空间等装饰对这种材料的大量需求，类似玛瑙、玉石、宝石等合成有机材料应运而生。

根据合成的材料形态，一般把合成的宝石分：1、粒状透光板；2、玛瑙板；3、玉石板；4、人造水晶板；5、仿生板等。

这些板材可以在建筑局部装饰上代替自然的宝玉石，特别适合在商业空间的阶段性装饰使用。由于商业空间的使用有一定的时效，所以，使用较低成本的人造宝石既可以降低商业成本，又能达到适当的装饰效果。

合成粒状宝石透光板

透光效果 粒状透明质地、各种颜色的似玉合成装饰透光板。

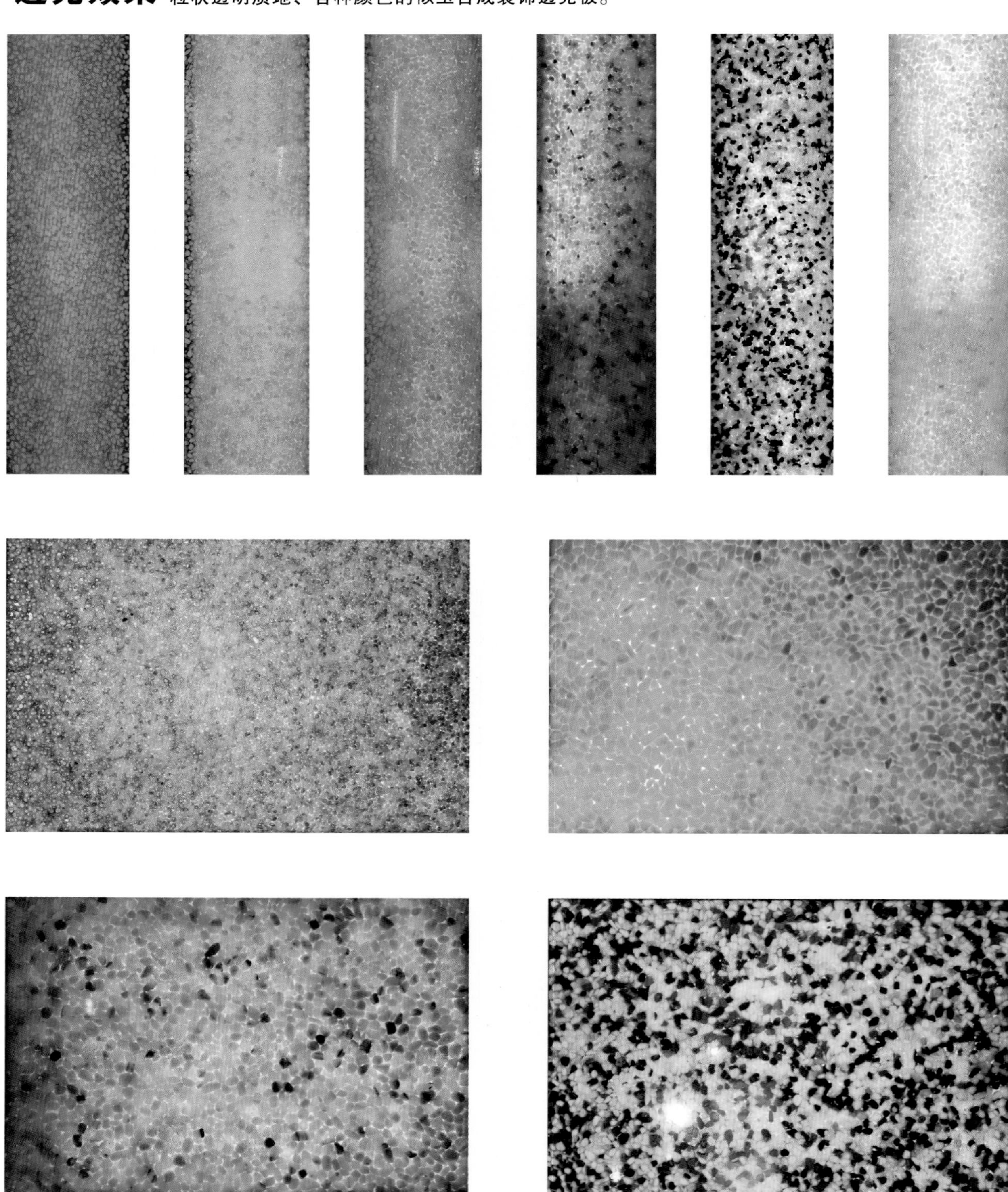

合成玛瑙石人造板

合成玛瑙石与自然的玛瑙质地、纹理都很相似，具有很强的装饰性，并且极大地降低了材料成本。

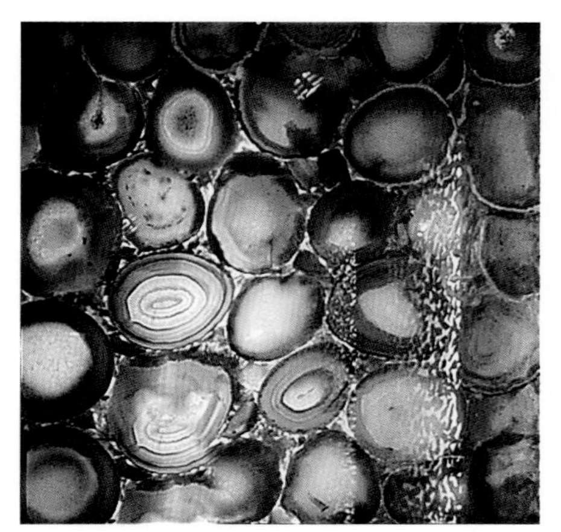

圆形组合板

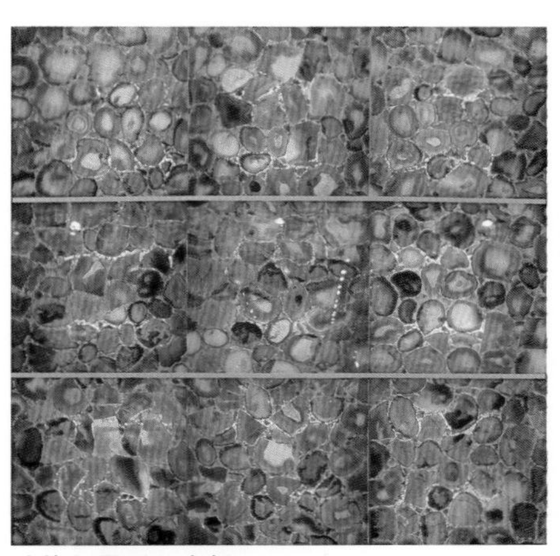

碎片和圆形组合板

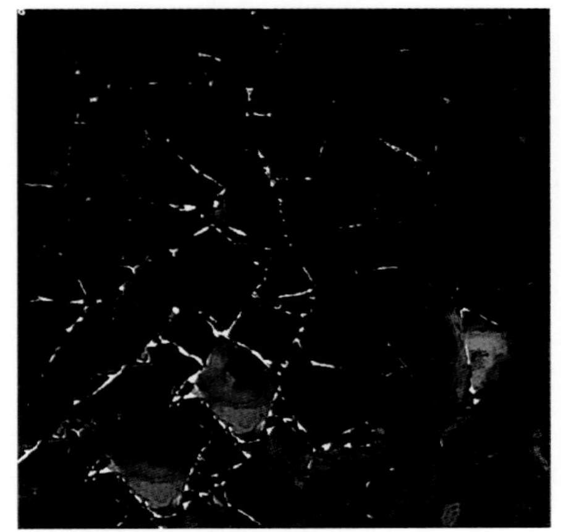

碎片粘贴板

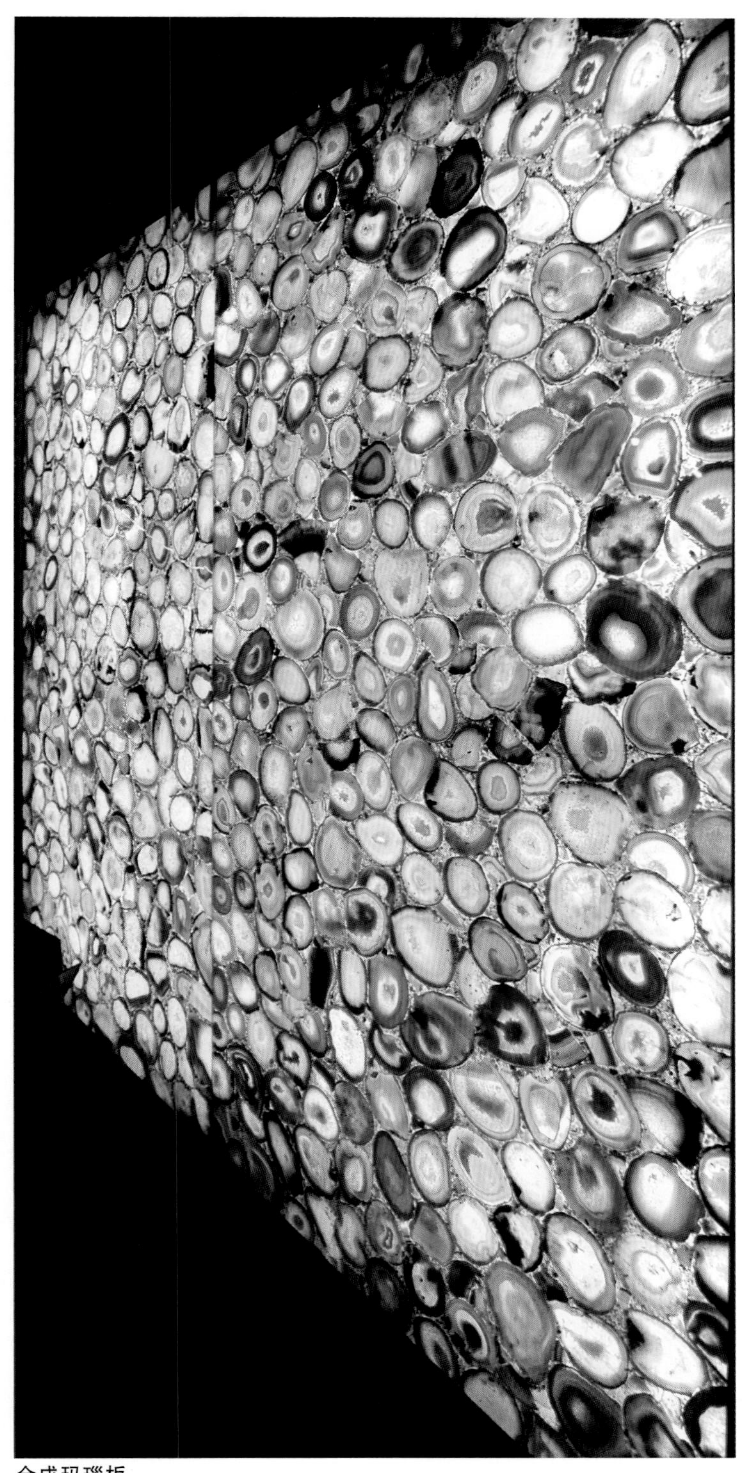

合成玛瑙板

仿玉石碎片人造板

碎片状玛瑙

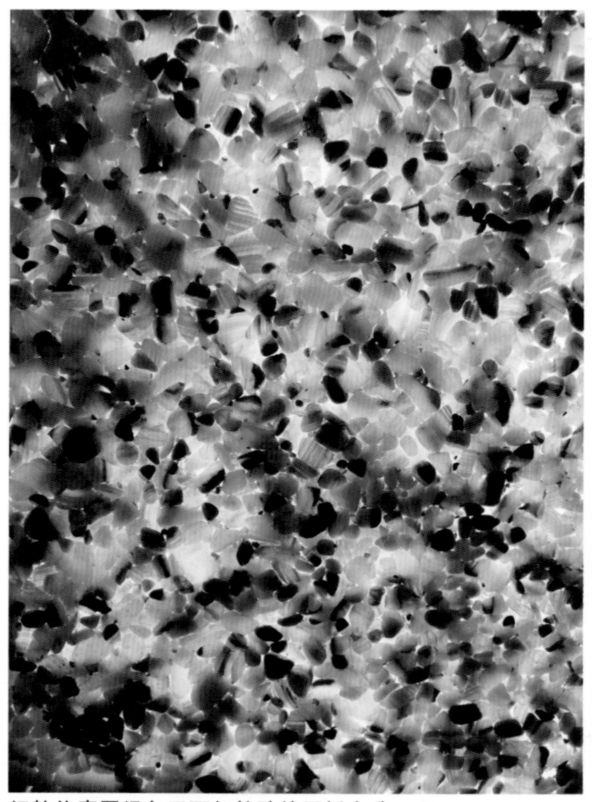

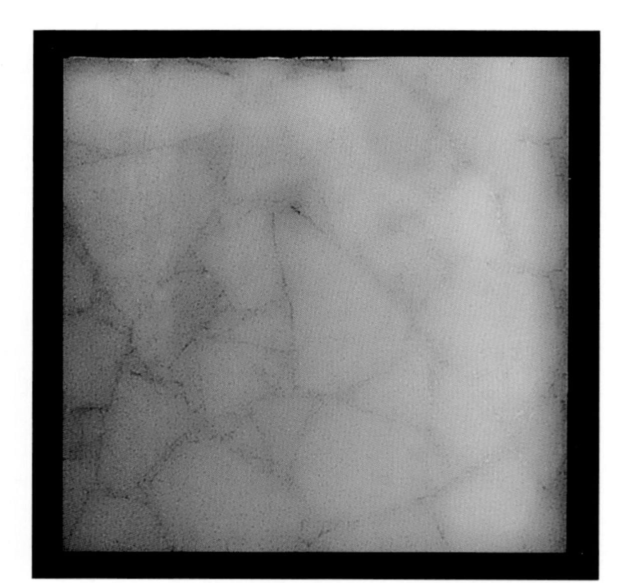

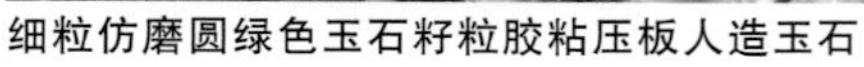
细粒仿磨圆绿色玉石籽粒胶粘压板人造玉石

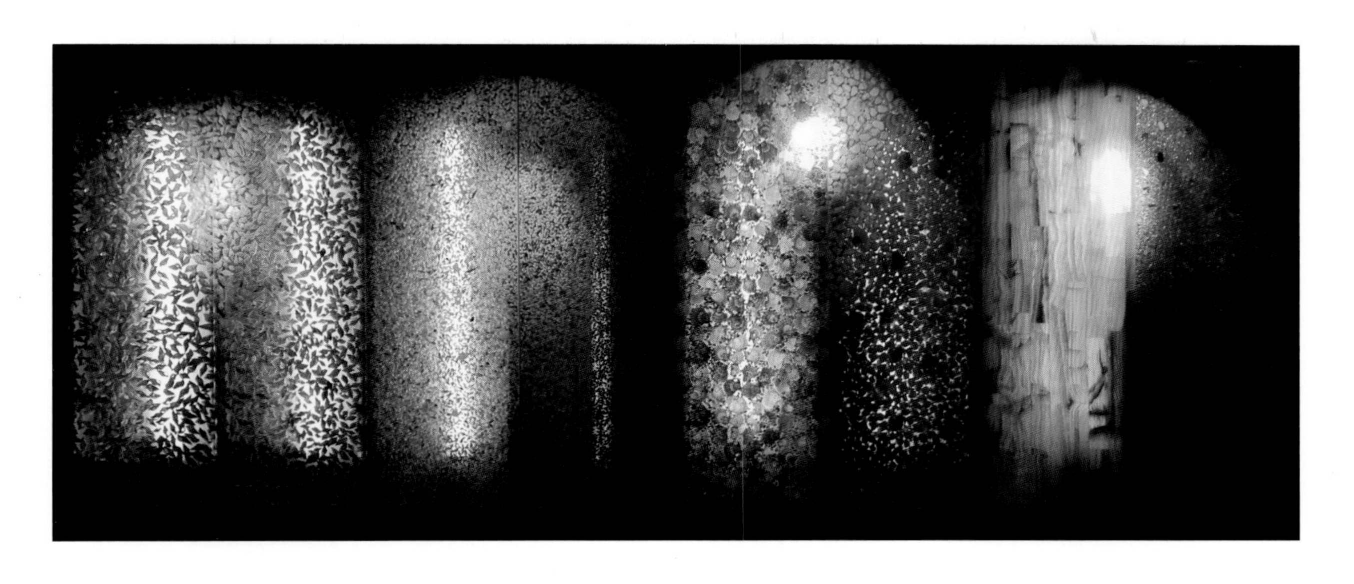

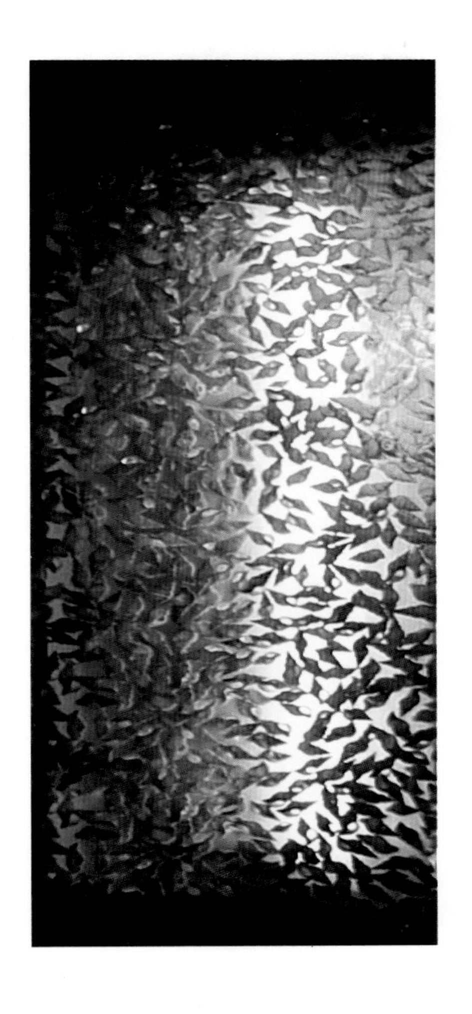

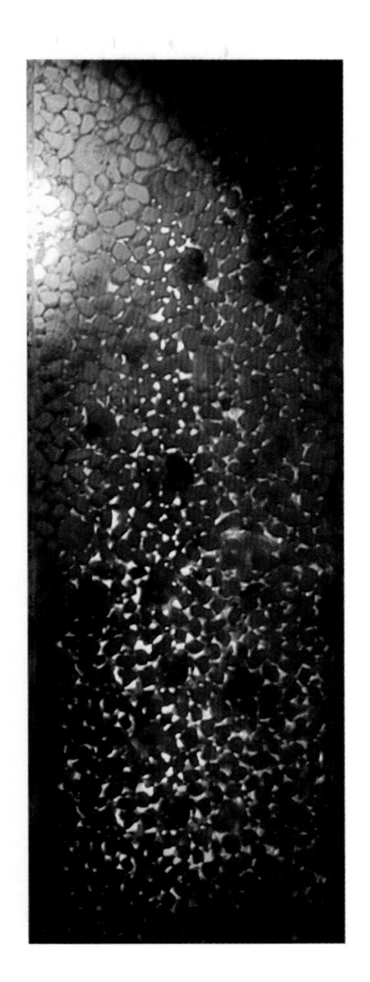

人造狂变纹理透光石

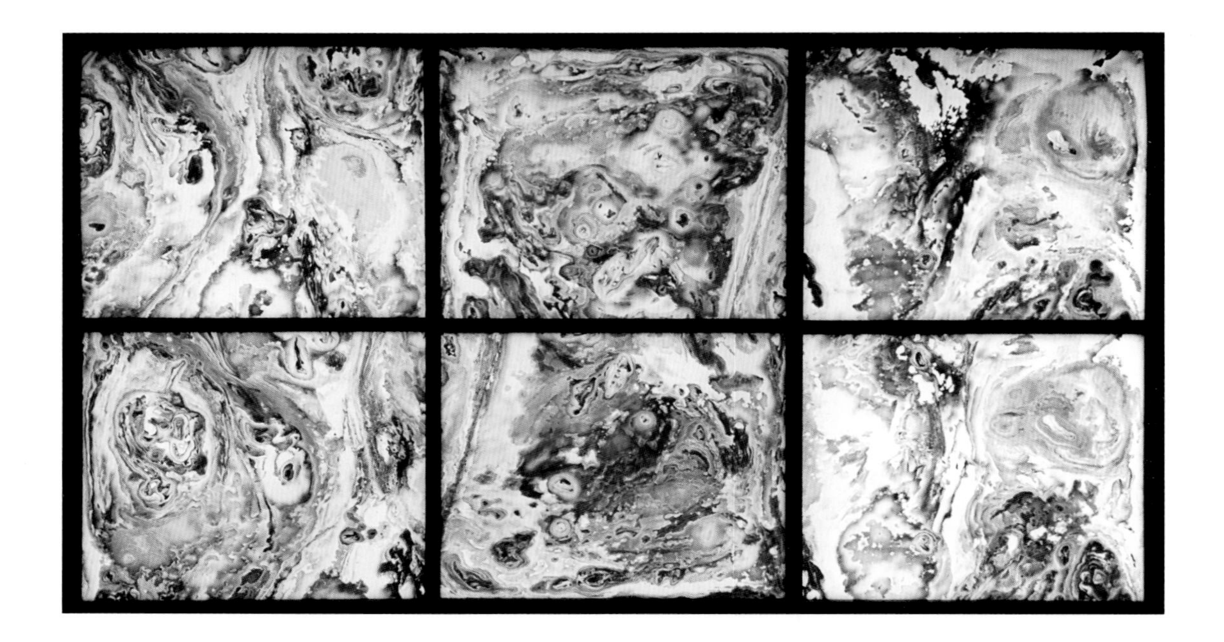

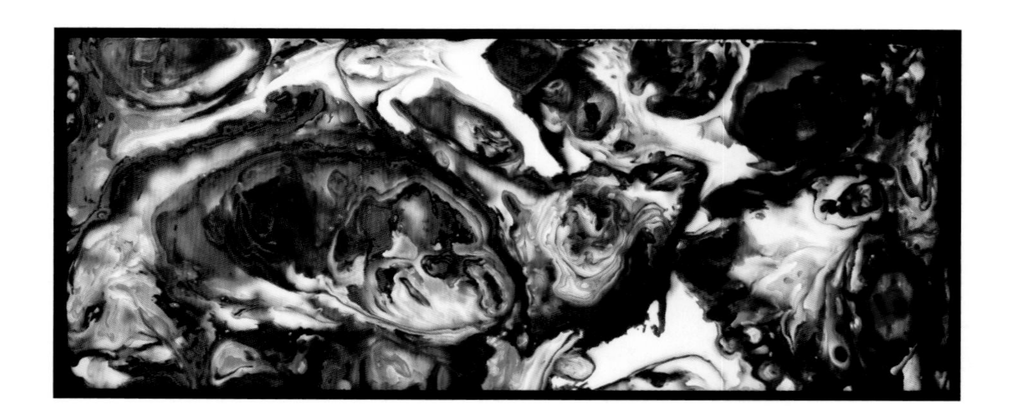

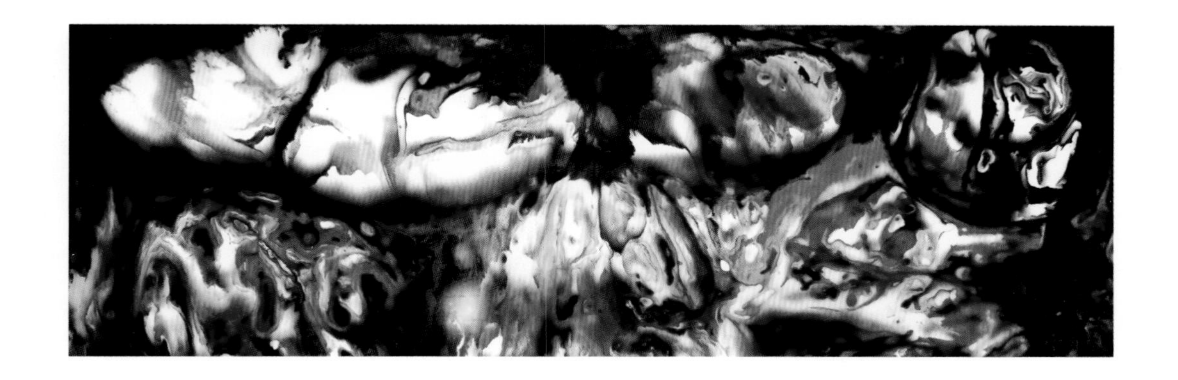

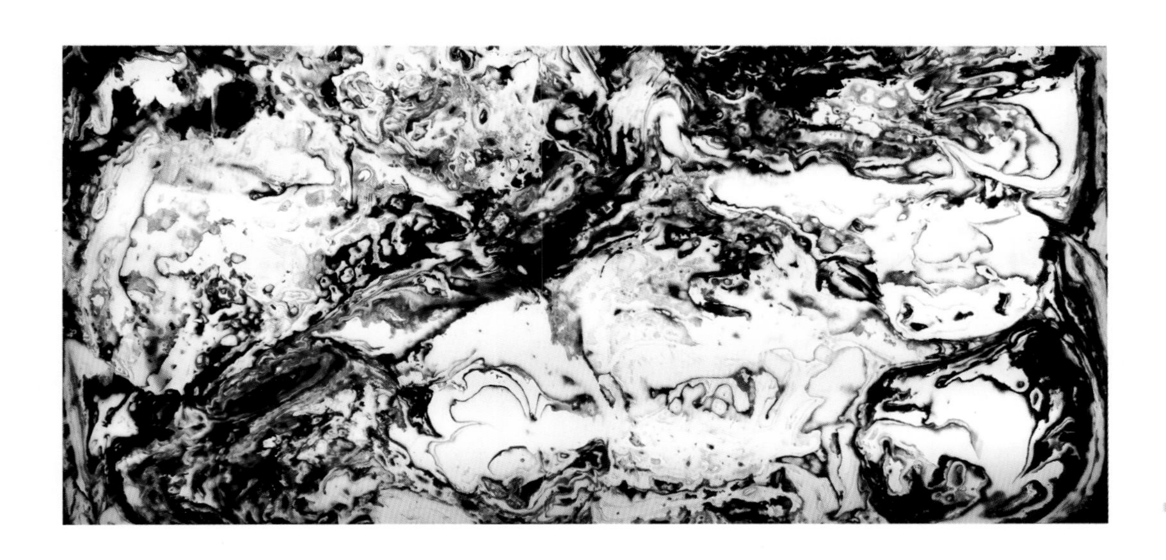

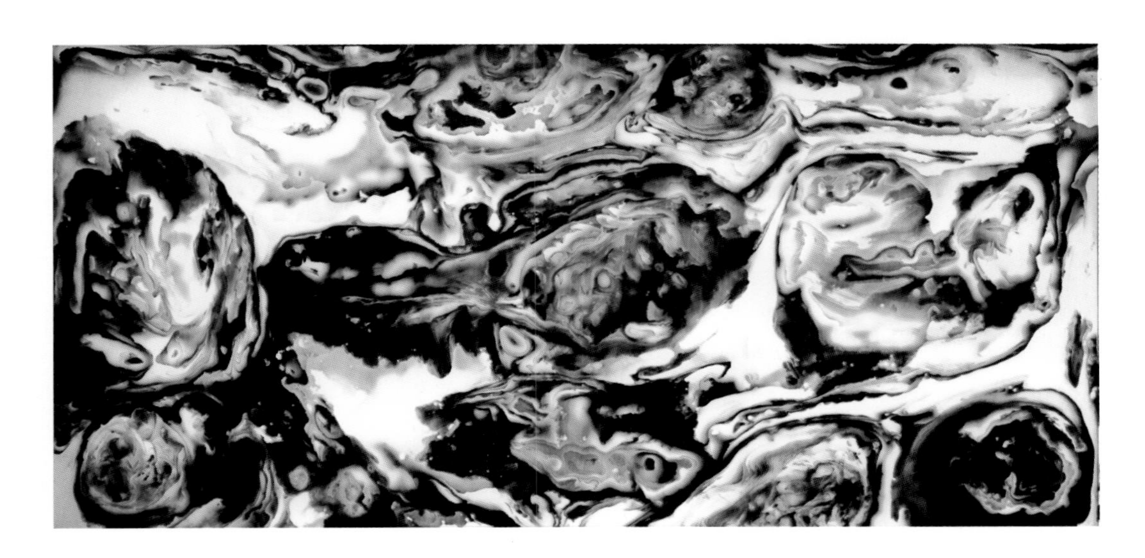

纯玉石透光板

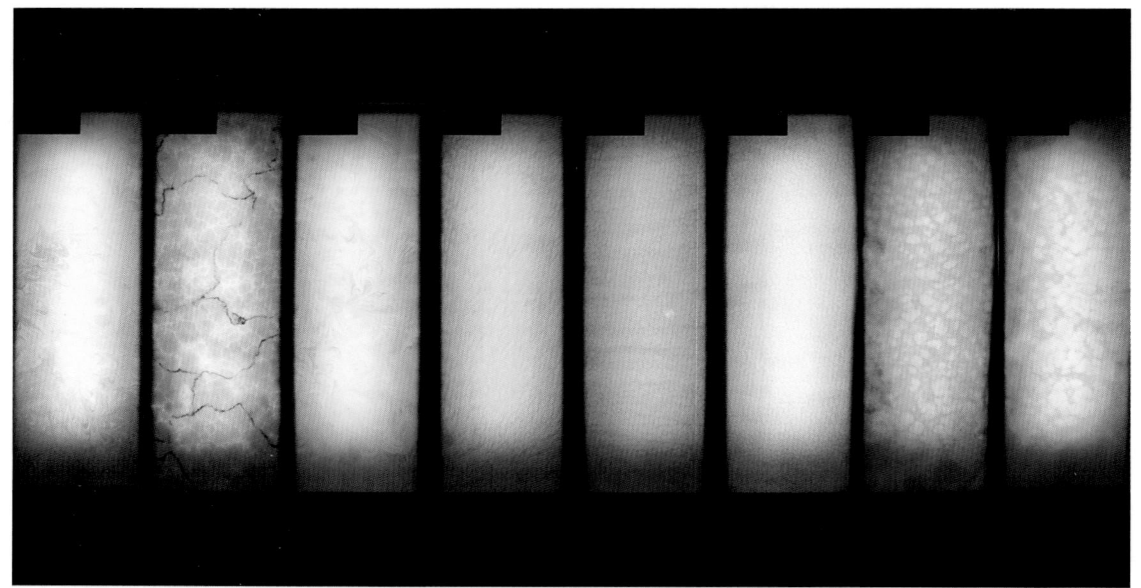
各色仿中东细花玉石

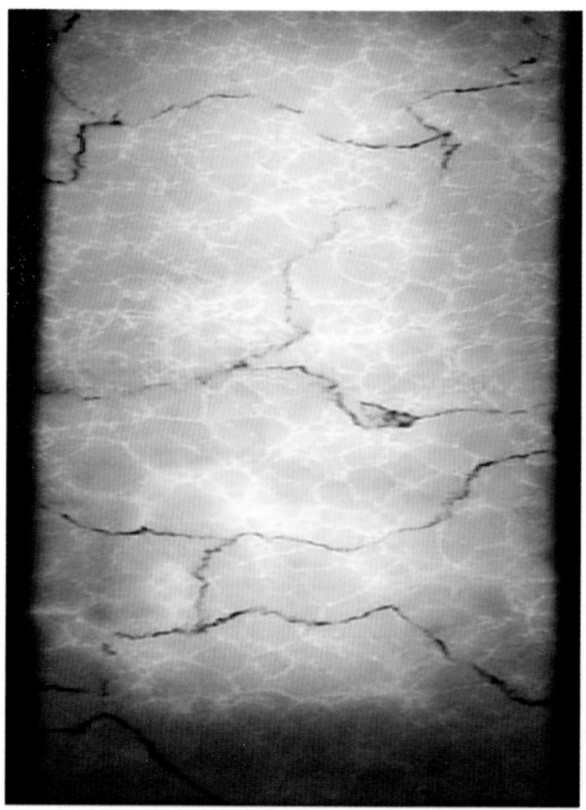
金丝线的透光玉石

鹅毛绒透光白色玉石

细纹金黄玉石透光板

细粒状粉白透光玉石板

藻丝纹柠檬黄玉石透光板

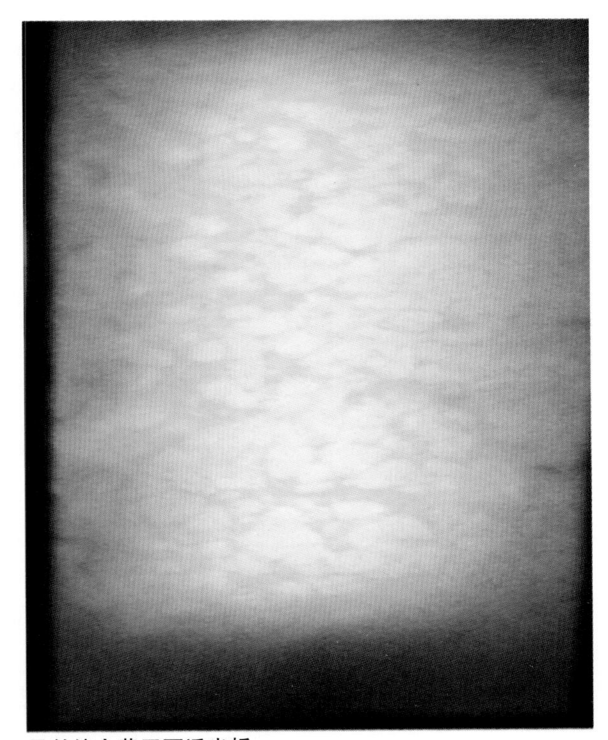
云丝纹金黄玉石透光板

人造水晶制作的脸谱

人造水晶板材

玻璃表面喷涂上玉石或彩石的纹理，通过灯光透过之后也很具似玉石的装饰性，尤其在娱乐场所上装饰，时尚又有降低装饰成本的装饰方式。

透光休闲座椅

玉石透光板装饰案例

人造玉石透光墙

乳白色玉石板

乳白色人造玉石在室内空间的装饰，空间比较通透，优雅。

人造玉石做成的中式灯花

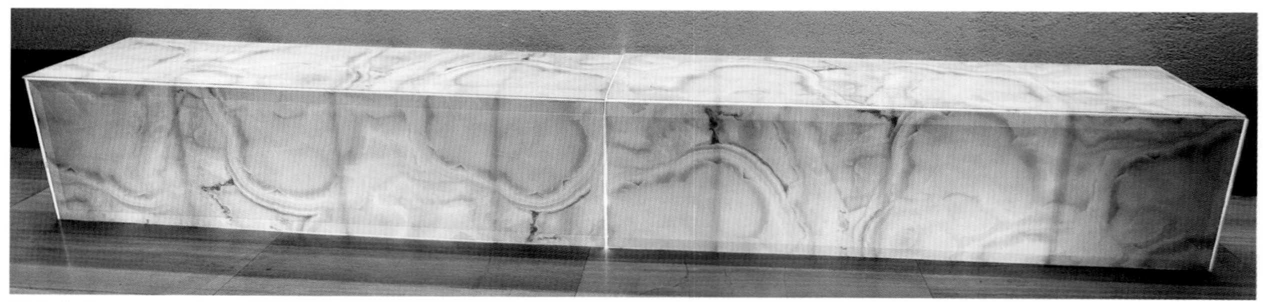

透光座椅

室内栏杆

室内楼梯

旋转楼梯

玉石透光板装饰案例

人造玉石也成柱头透光局部装饰的材料

人造玉石组成壁龛式透光壁画，采用色彩与纹理差异的组合。

玉石板装饰成古典规整的壁龛

人造玉石透光罗马柱

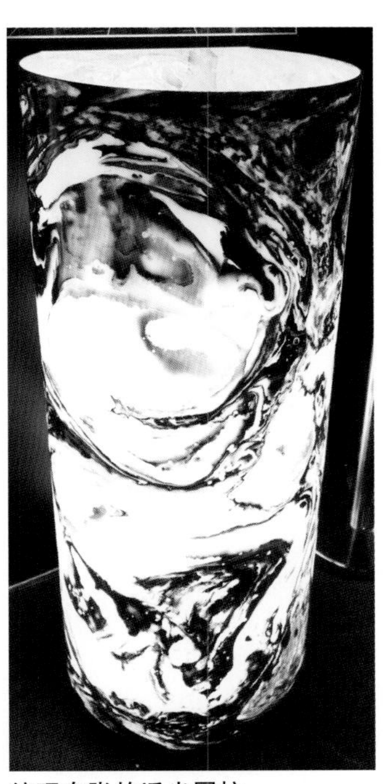
纹理夸张的透光圆柱

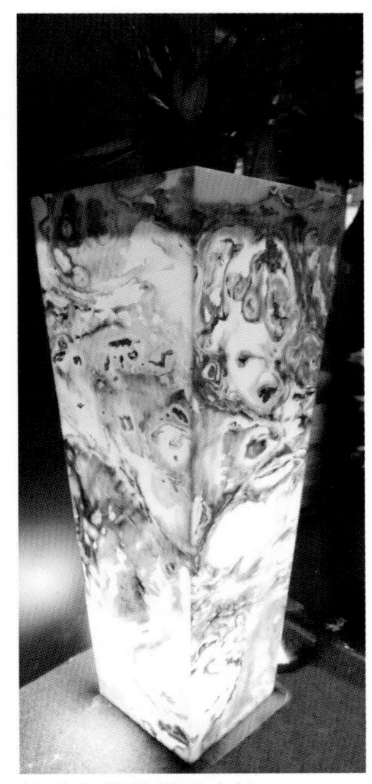
纹理夸张的透光方柱

玉石花盆

半宝石及矿物类

半宝石、彩石色谱

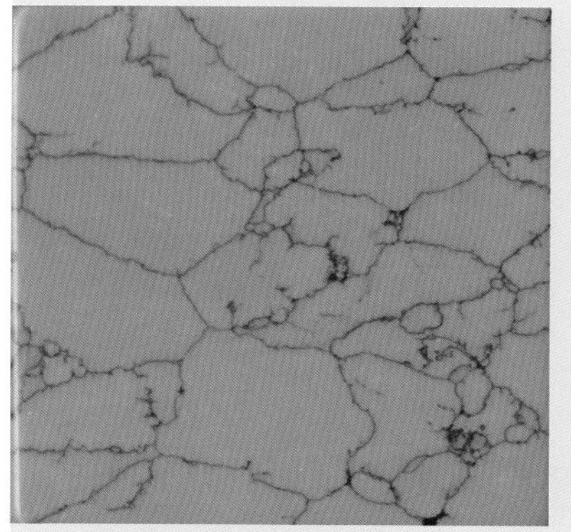
蓝松 Blue turquoise

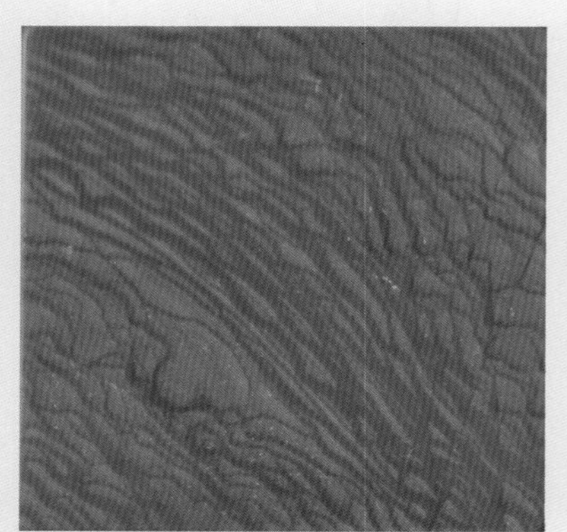
中国风景石 China picture jasper

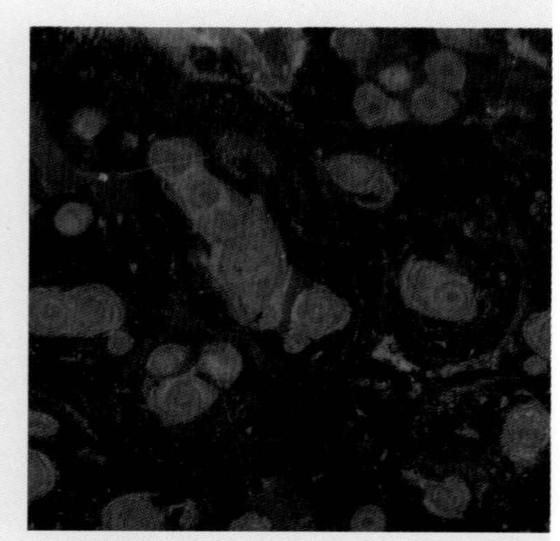
绿螺石 Green Kamballa

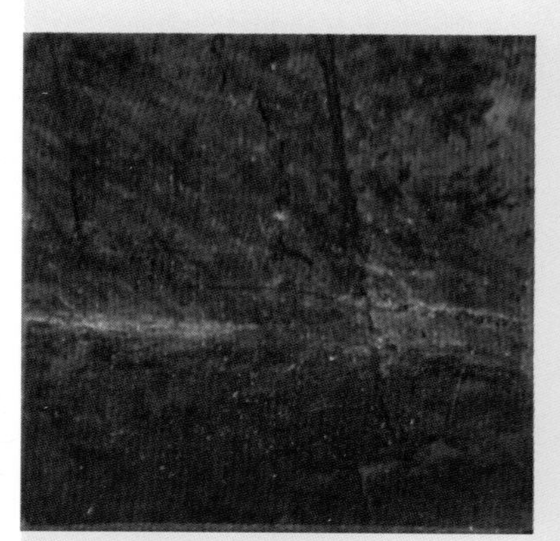
草花石 Grass flower

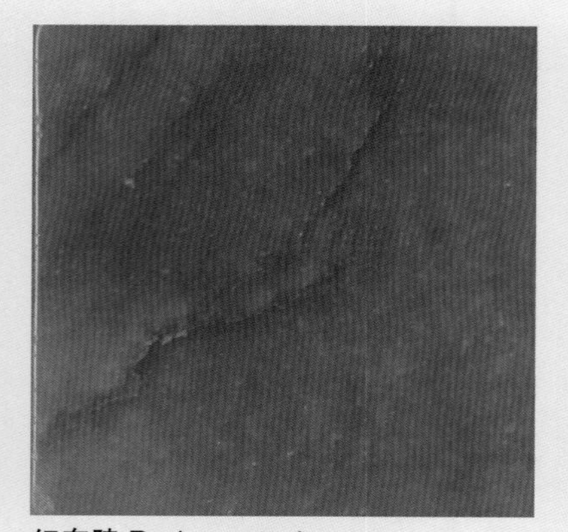
红东陵 Red aventurine

孔雀 Malachite

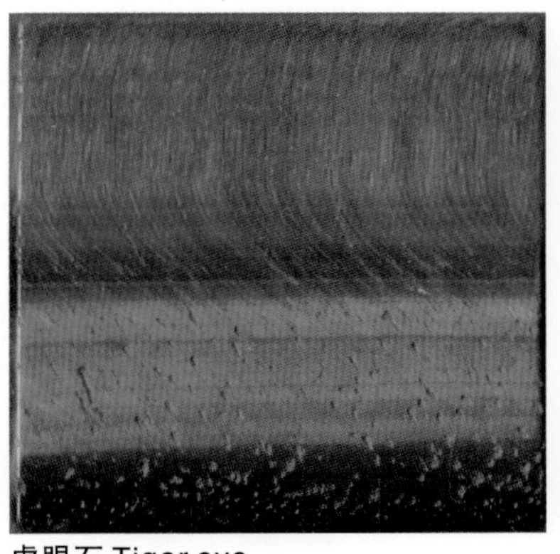

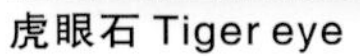

虎眼石 Tiger eye

黄蓝虎石 Yellow & blue tiger

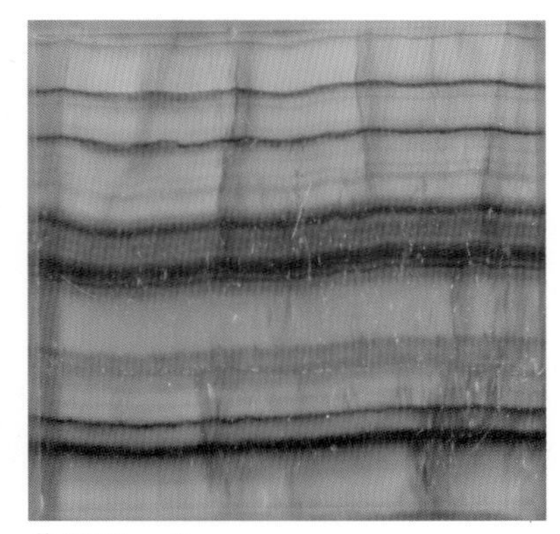

萤石 Fluorite

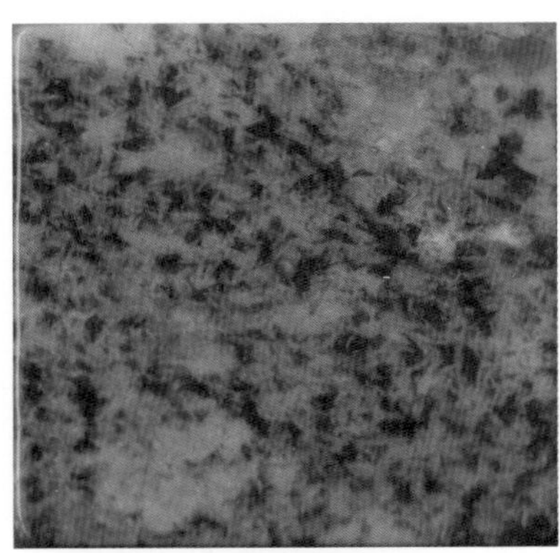

巴西蓝纹 Sodalite (Brazilian)

绿东陵 Green aventurine

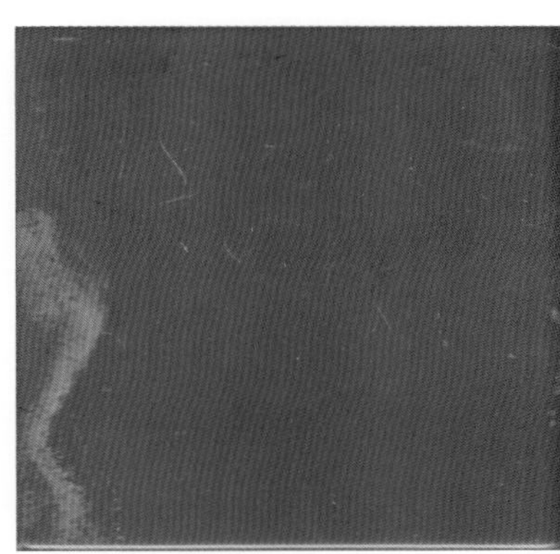

红石 Red jaspler

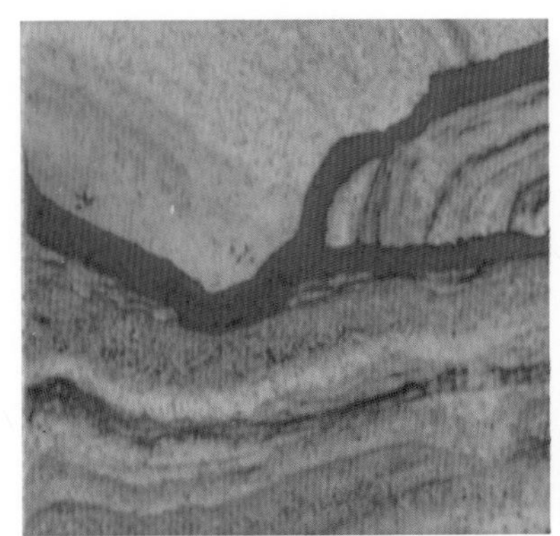

风景石 Picture jasper

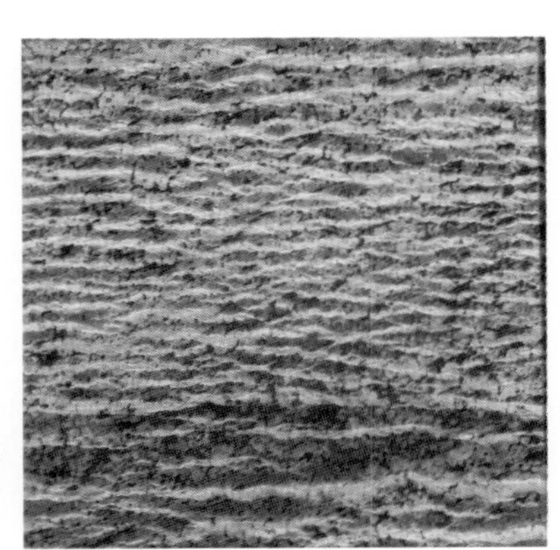

绿斑马 Green zebra

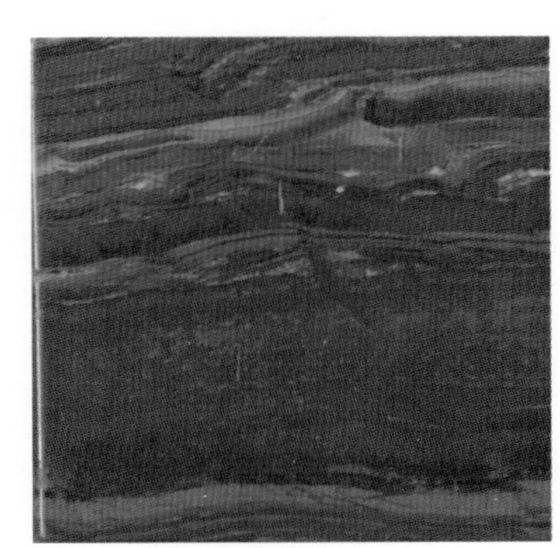

虎晶 Iron tiger

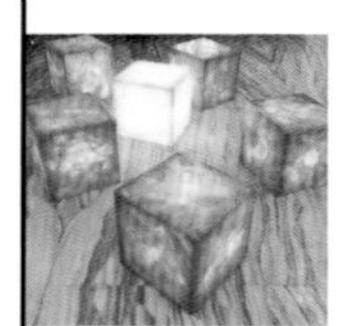

虎石 Tiger eye

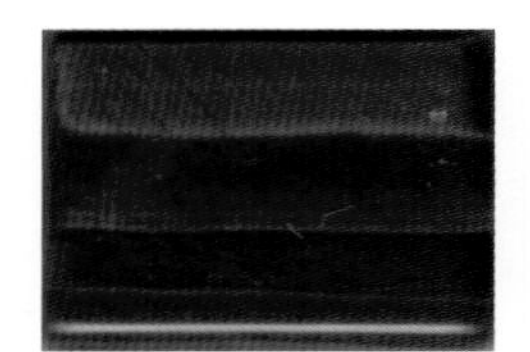
红虎 Red tiger eye

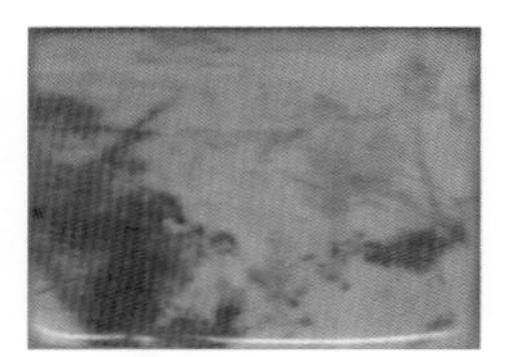
银叶石 Sliver leaf

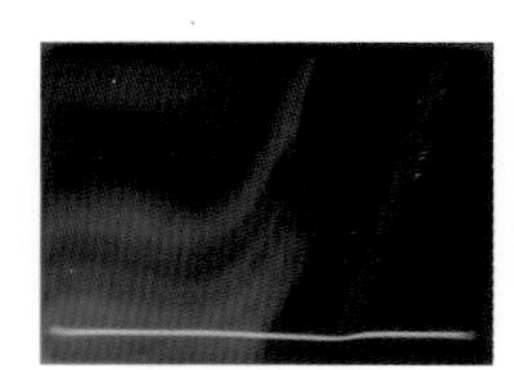
马达加斯加（黑条纹玛瑙）
Madagacar agate(black)

马达加斯加条纹玛瑙
Madagacar agate

水草玛瑙 Moss agate

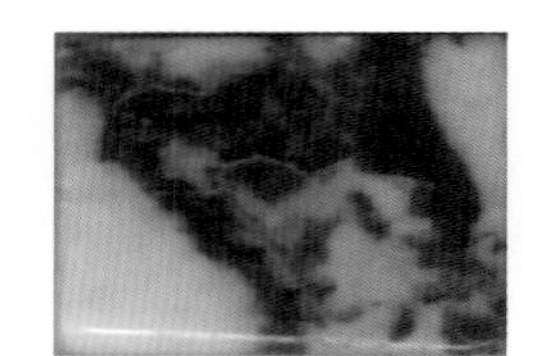
黑白斑马 Zebra

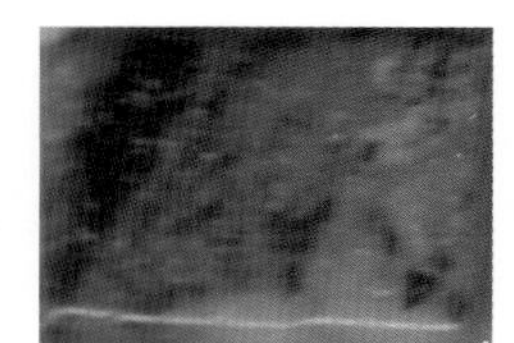
红绿宝 Ruby & zoisite

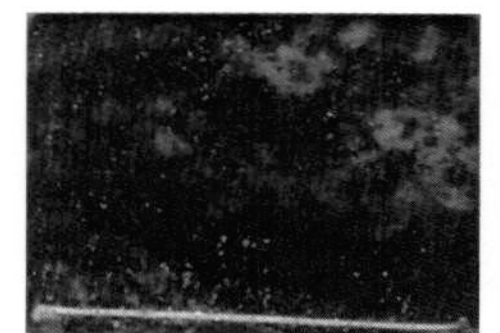
青金 Black white lapis

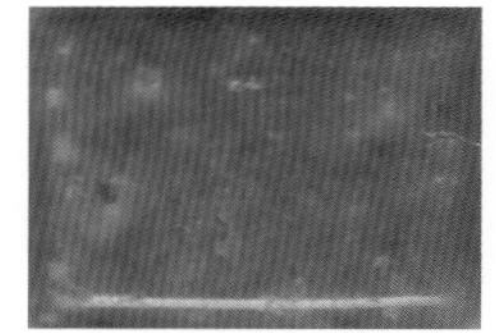
红芝麻 Red sesame

米黄玉 Rice yellow jade

黑石 Black stone

粉晶 Rose quartz

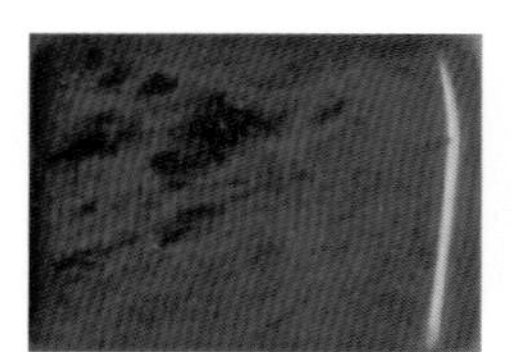
金天鹅
Mahogany obsidian

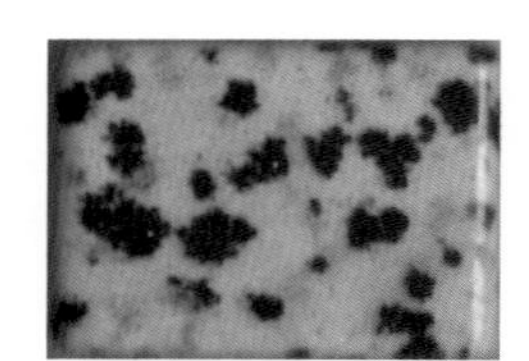
斑点 Dalamatian jasper

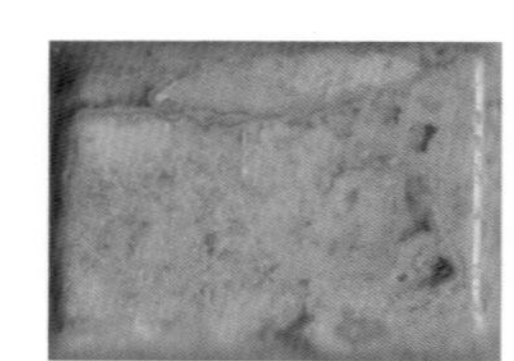
疯狂玛瑙
Grazy laceagate

原色玛瑙 Carnelian

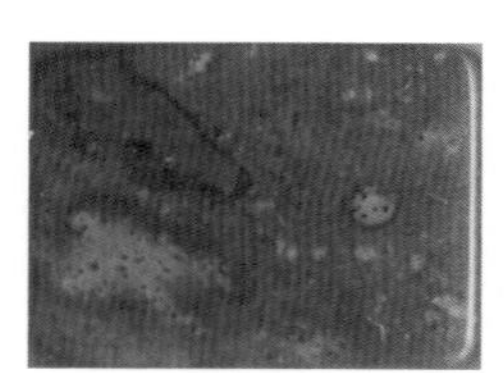
印度玛瑙 Indian agate

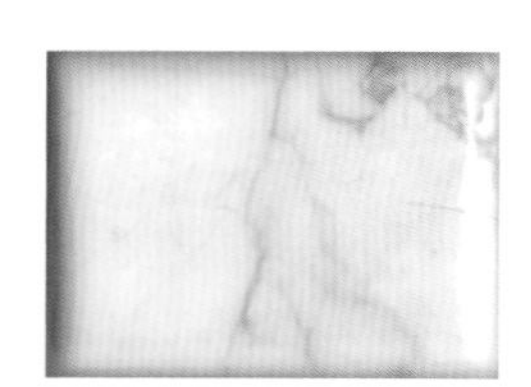
白松 Howlite

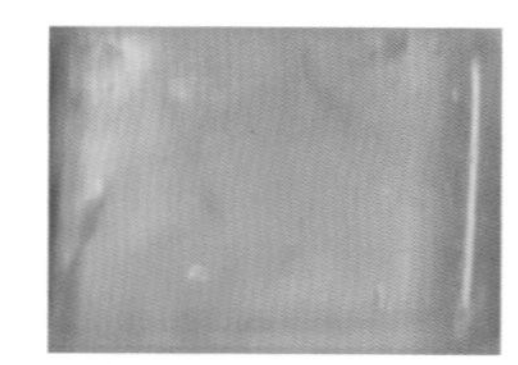
白水晶 Crystal

花绿 Unakite

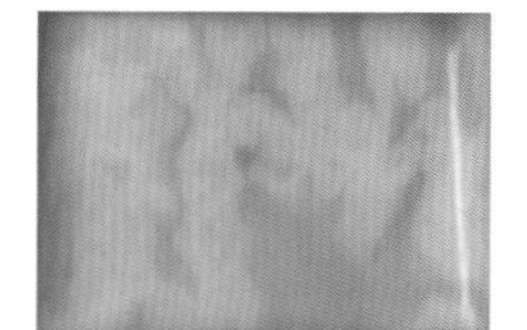
吉祥玉 Lucky jade

中国花红
China breciated

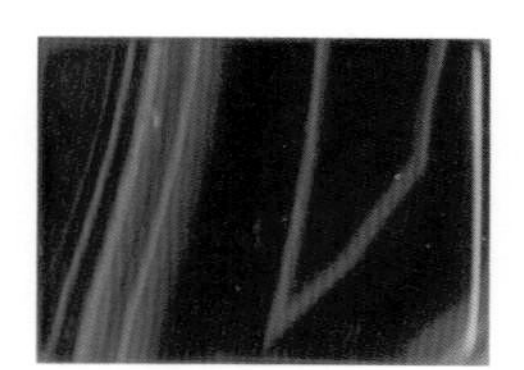
紫条纹玛瑙
Purple stripe agate

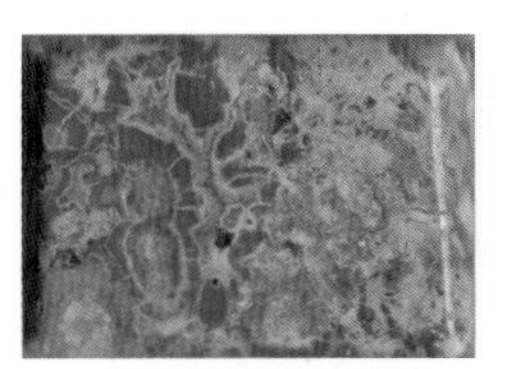

豹皮 Leopard jasper

闪光石 Labradorite

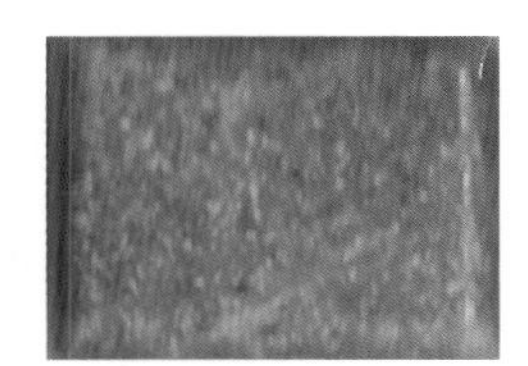

蓝晶 Blue quartz

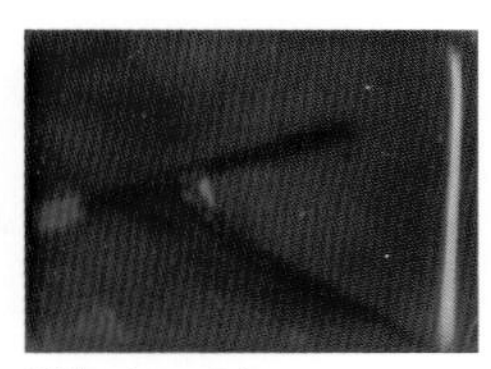

摩加 Mookite

南非蓝纹
Sodalite (African)

黄蓝虎
Yellow & blue tiger eve

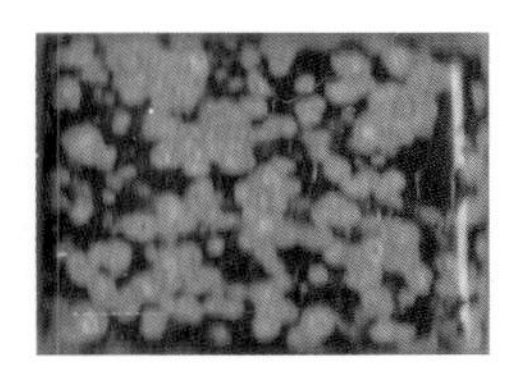

雪花 Snowflke obsidian

绿东陵 Aventurine

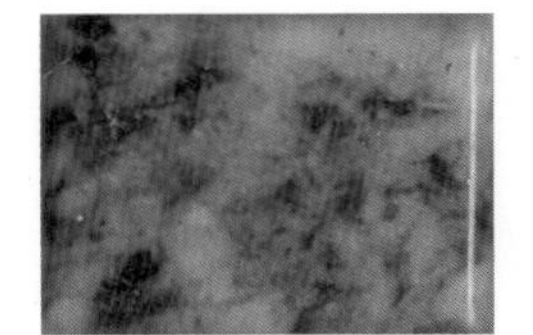

巴西蓝纹 Sodalite (brazil)

红彩带 Coloured ribbon

蓝线石 Blue line stone

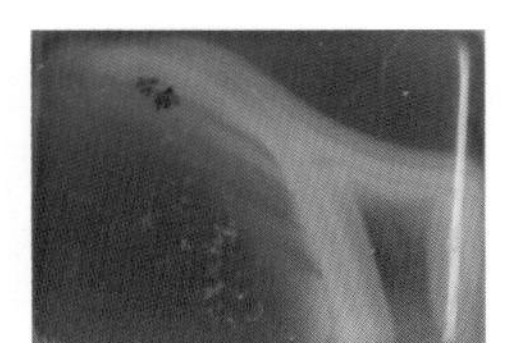

绿条纹玛瑙
Green stripe agate

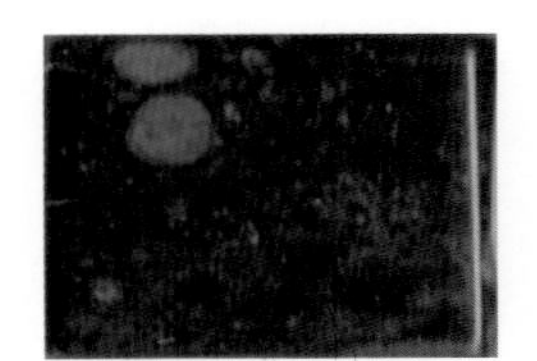

绿螺石 Kamballa jasper

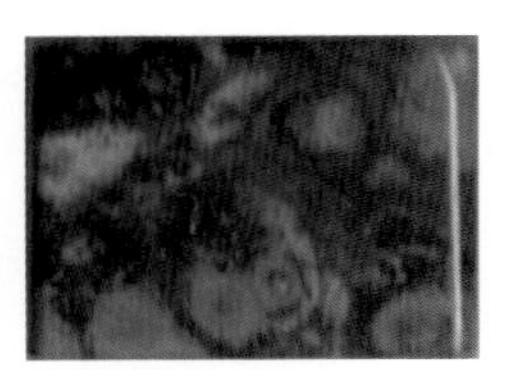

毕加索 Picasso jasper

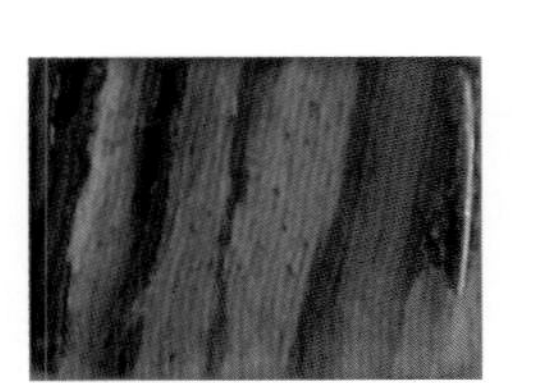

虎晶 Tiger Iron

蓝虎 Blue tiger eye

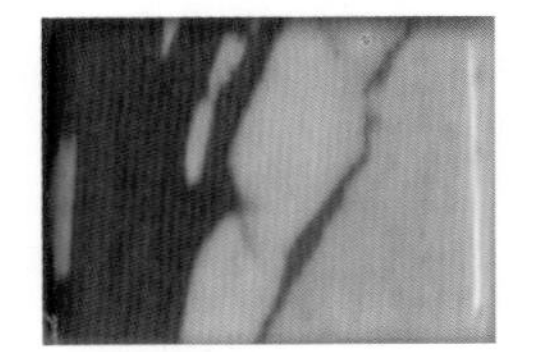

澳洲斑马
Zebra jasper (Australia)

苏联亚马逊
Amazonite (Russia)

金耀石 Golden obsidian

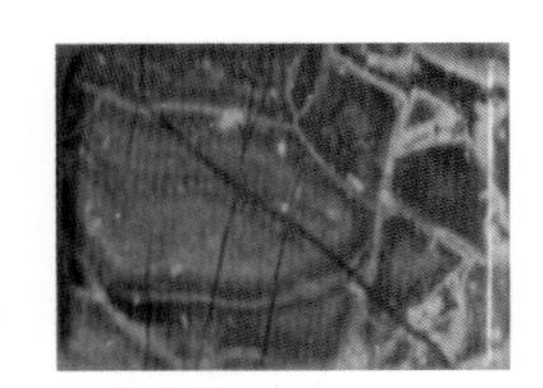

巧克力石 Chocolate stone

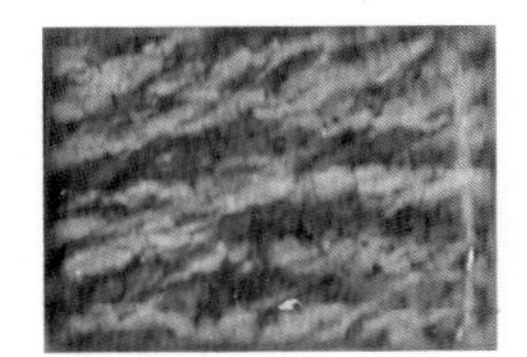

绿斑马 Green zebra jasper

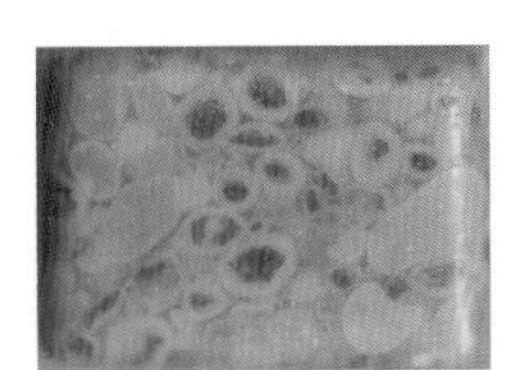

红螺石 Red kamballa

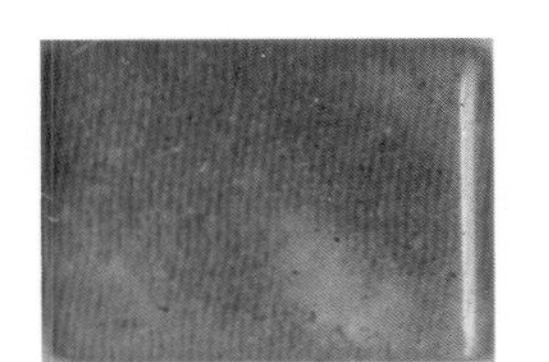

紫东陵 Purple aventurine

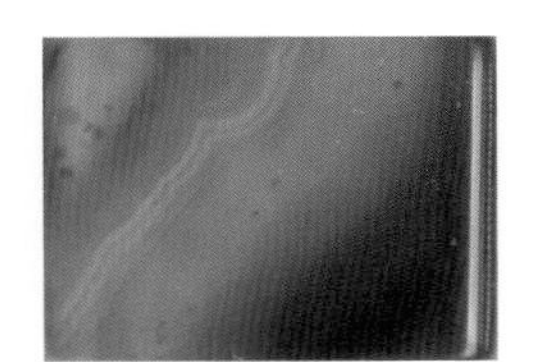

蓝条纹玛瑙
Blue stripe agate

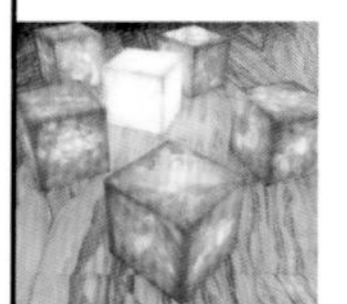

红石 Red jasper

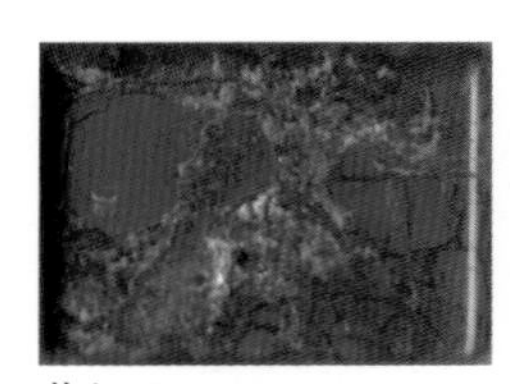
花红 Breciated jasper

草莓晶 Strawberry quartz

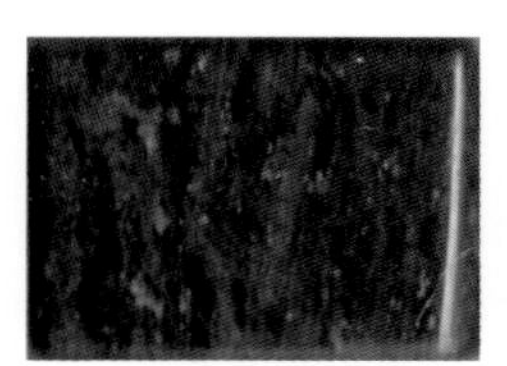
古铜石 Bronzite

茶色黑耀石（透）
Smoky obsidian (clear)

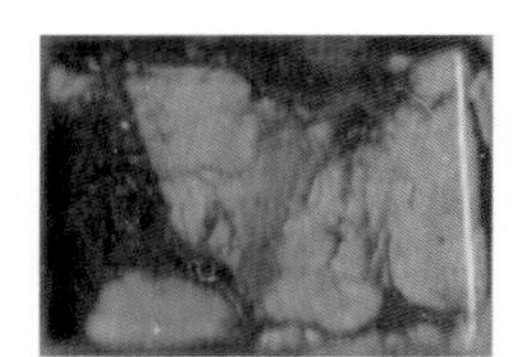
闪蓝石 Blue labradorite

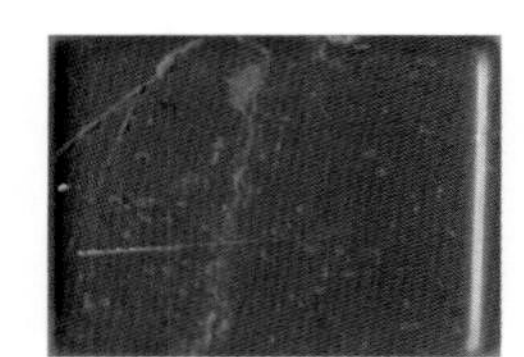
彩虹石 Rainbow jasper

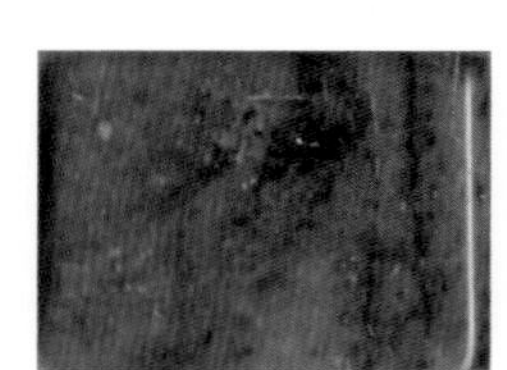
紫石 Purple stone

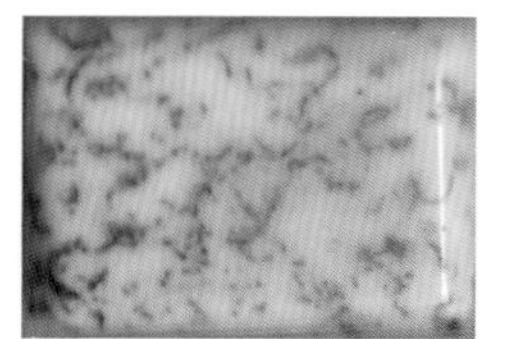
树纹玛瑙 Tree agate

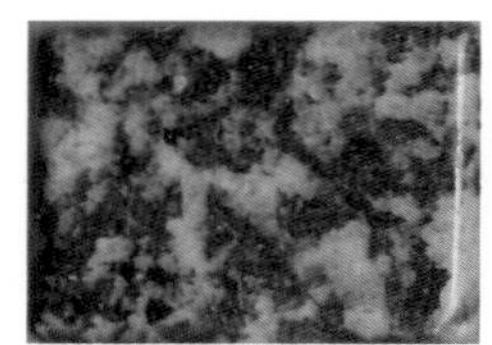
黑点石 Black spot stone

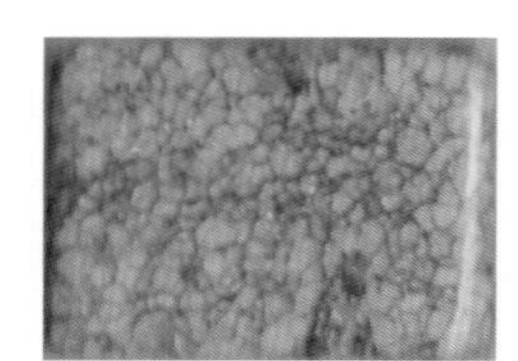
绿边石 Russia serpentine

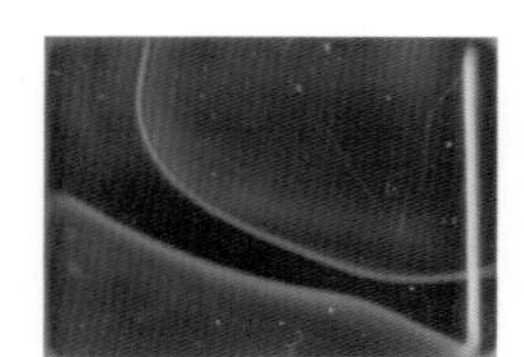
啡纹条纹玛瑙
Brown stripe agate

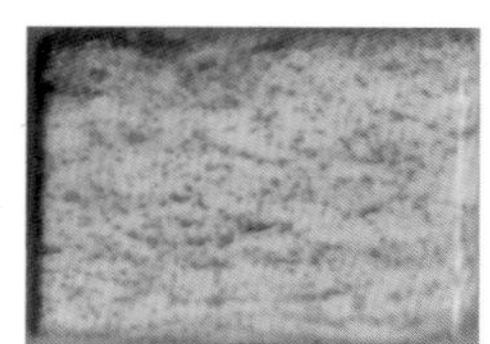
图画 Picture jasper

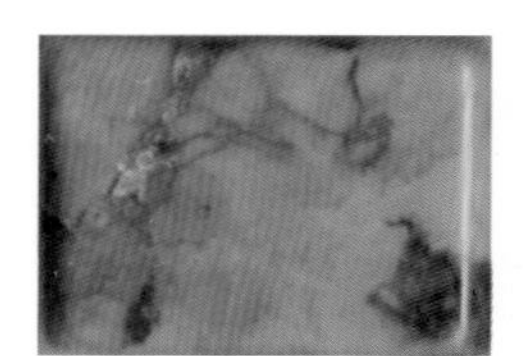
雀仔石 Kambaba jasper

黑耀石 Black obsidian

狗牙紫晶
Dog teeth amethyst

亚马逊 Amazonite

青玉 Green stone

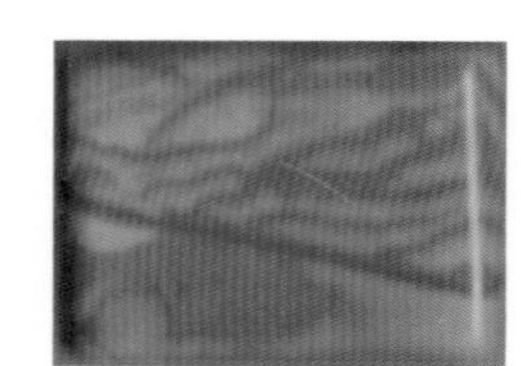
中国图画
China picture jasper

铁石 Hematite

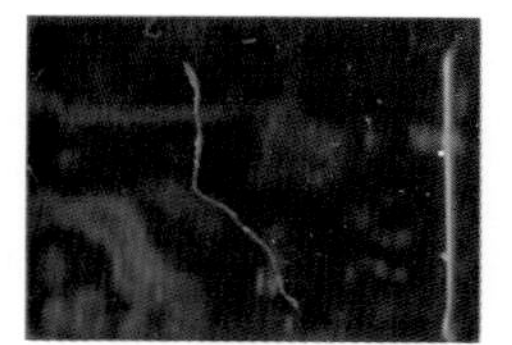
花点石 Flower dot stone

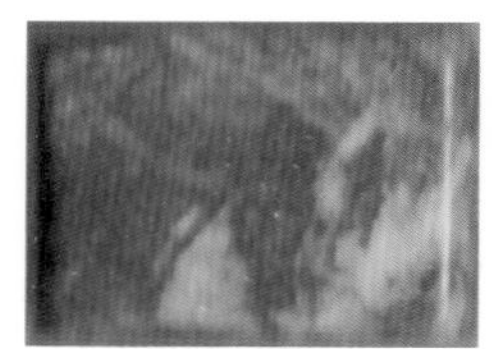
红图画
Red picture jasper

黄条纹玛瑙
Yellow stripe agate

玫红条纹玛瑙
Fuchsia stripe agate

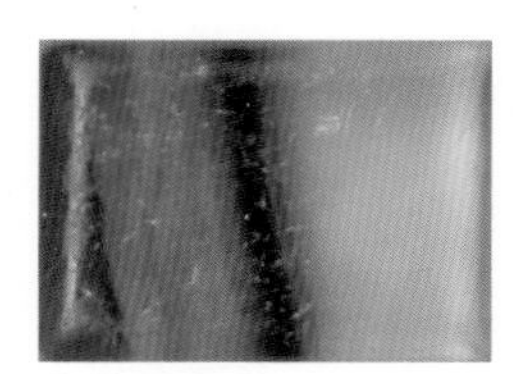
紫莹 Fluorite

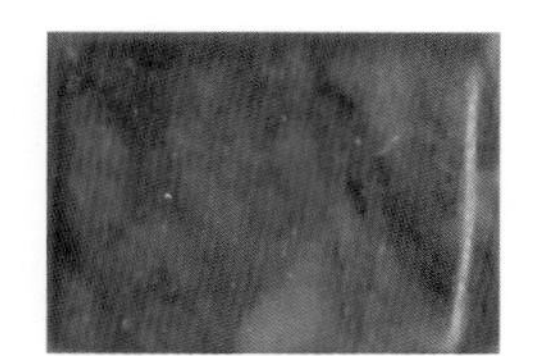
南方玉 Serpentine

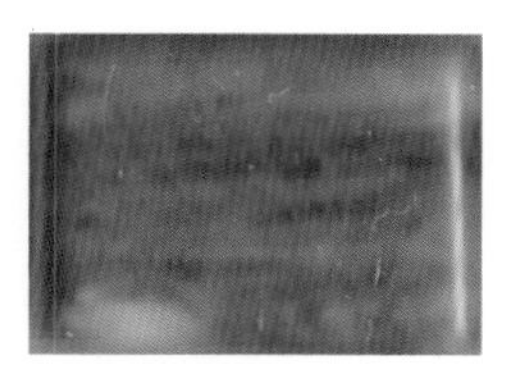
绿幽石 Lolite stone

三色玛瑙 Tri-color agate

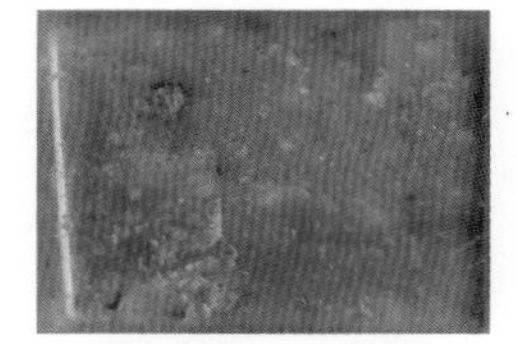
摩洛哥玛瑙 Marocco agate

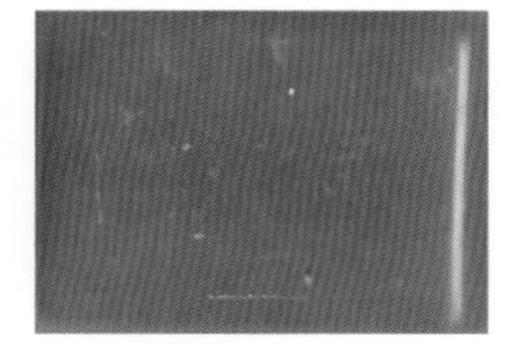
红东陵 Red aventurine

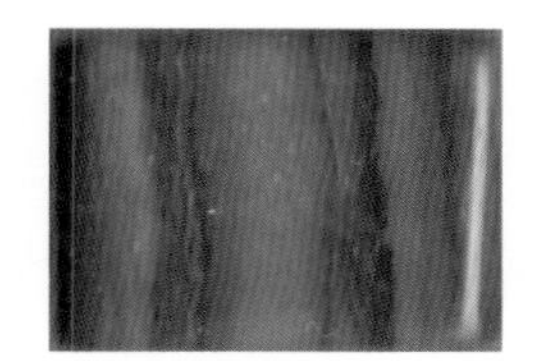
黑木纹 Grain stone

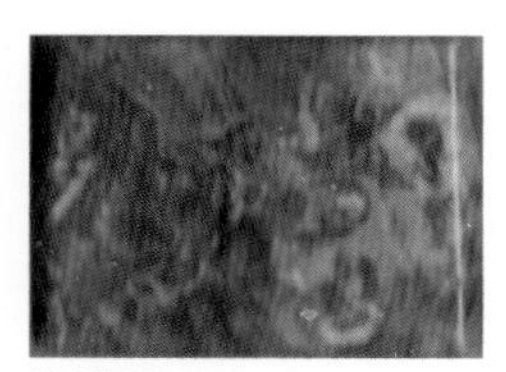
海洋石 Ocean jasper

紫丁香 Lilac stone

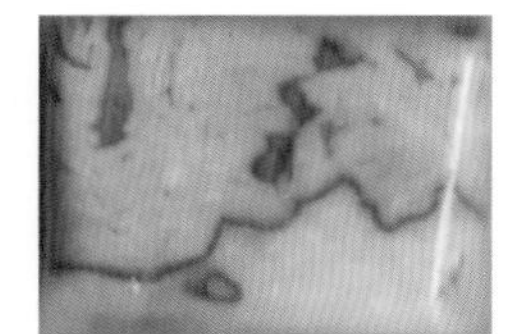
波浪石 Wave stone

淡红石 Light red stone

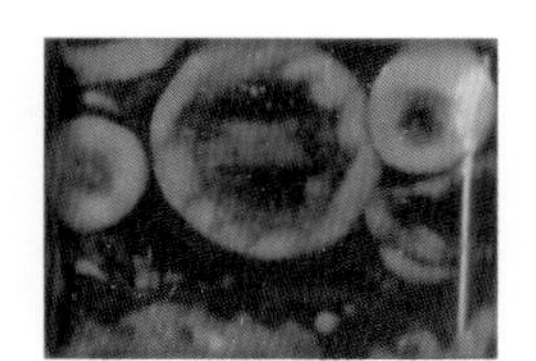
古化石 Fossil jasper

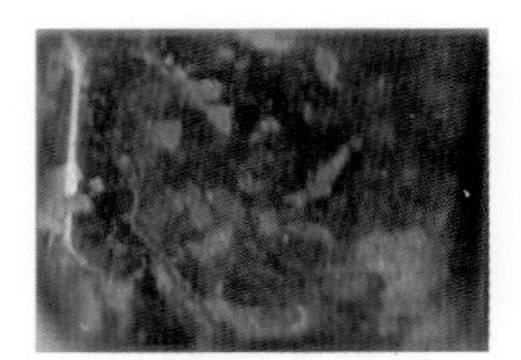
花亚马逊
Flower amazonite

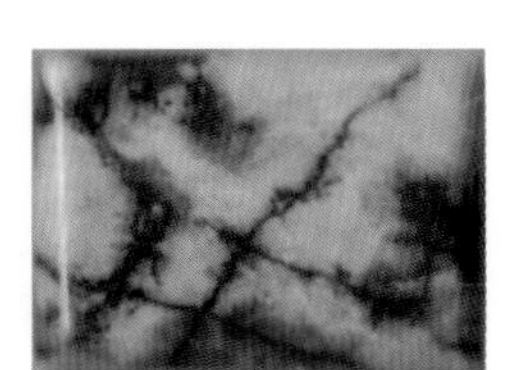
红纹 Rhodonite

绿莹 Green fluorite

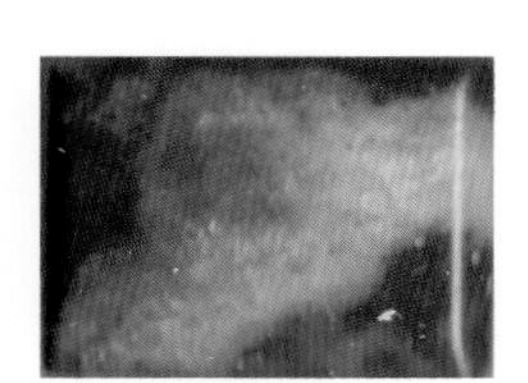
鸡血石 Blood stone

绿山玉 Green jasde

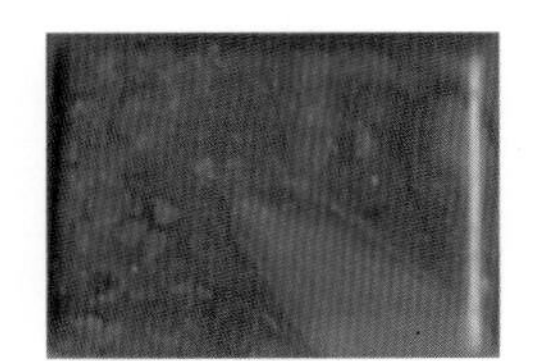
竹叶石
Bamboo stone (China)

黄玉 Yellow jade

牛油玉 Butter jade

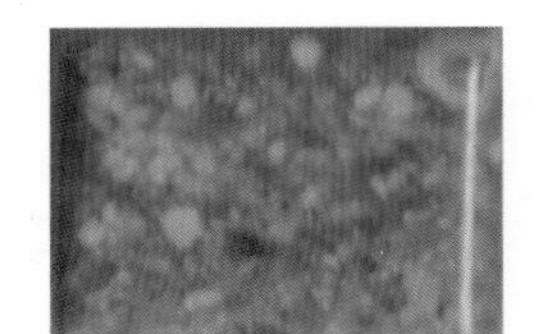
中国花绿 China unakite

老虎玻璃 Tiger glass

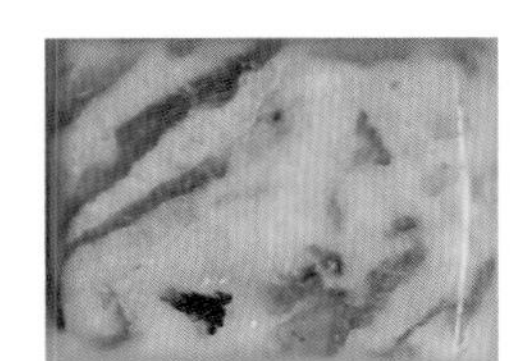
长石 Feldspar

合成松石 Syn.Turquoise

蓝砂 Blue sand stone

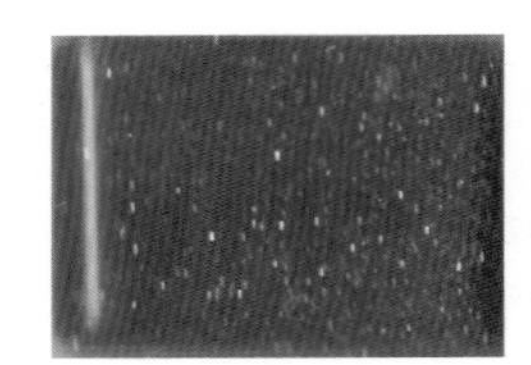
金砂 Gold sand stone

绿铁矿 Green iron ore

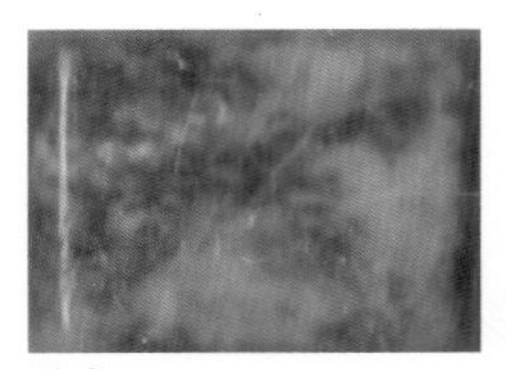
蛇龙玉 Snake dragon jade

中国闪光石
China labradorite

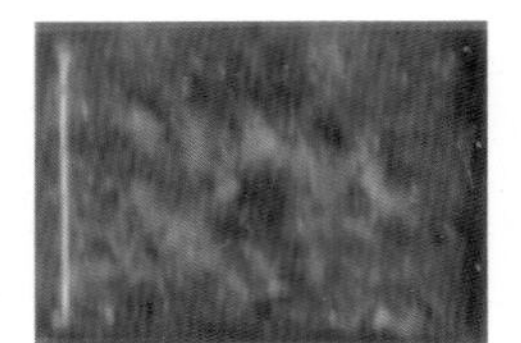
中国红绿宝 China zoisite

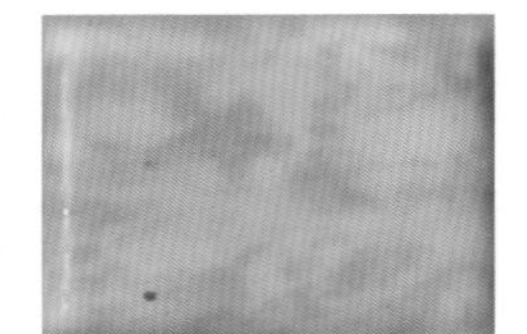
巴玉 Green spot jade

啡花石
Brown snowflake obsidian

汉白玉 Milky jade

黄石 Yellow quartzite

粉东陵 Pink aventurine

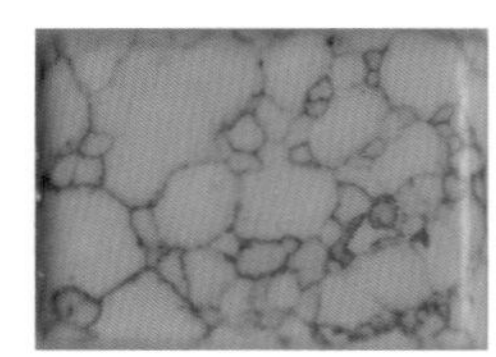
合成黑线松
Imit.Turq w/Matrix

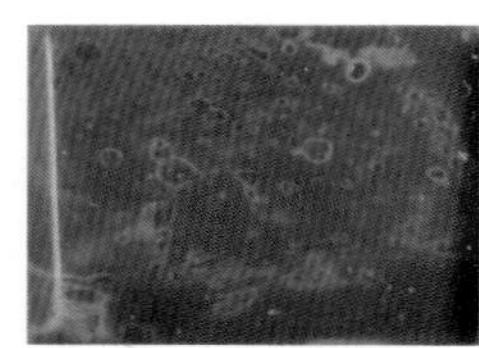
红松 Red turquoise

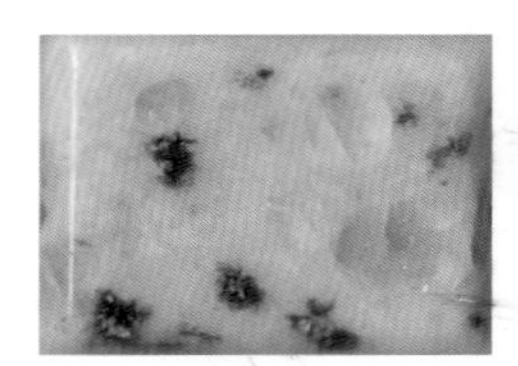
芝麻石 Sesame sone

芥辣石 Mustard stone

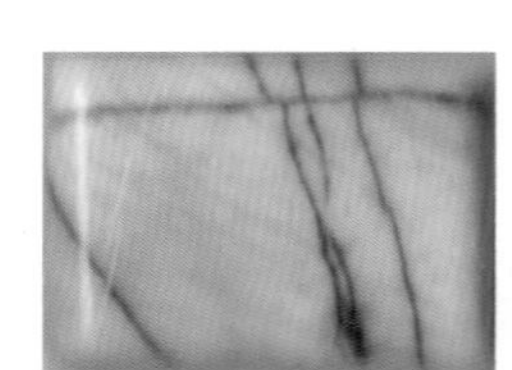
黑线石 Black line stone

中国疯狂玛瑙
Grazy lace (China)

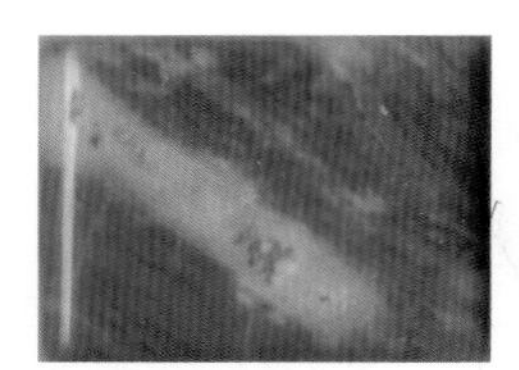
中国树纹玛瑙
Tree agate (China)

新山玉 New jade

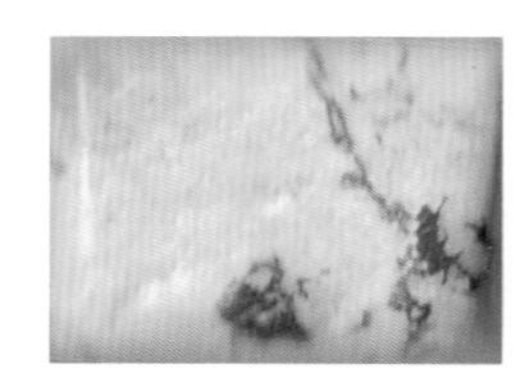
黄皮松 Yellow turquoise

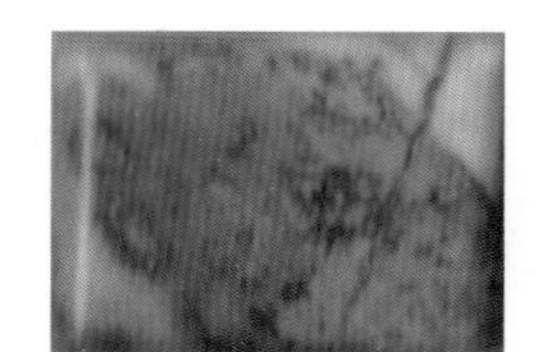
草花石 Artistic

黄木纹 Yellow grain stone

西瓜红 Cherry quartz

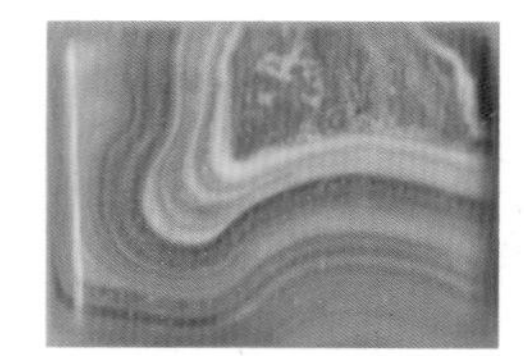
红斑马 Red zebra jasper